COMER, DEFECAR, MORIR

Joe Roman

Comer, defecar, morir

Cómo los residuos orgánicos de los animales
moldean nuestro mundo

Título original: *Eat, poop, die*

© Editorial Pinolia, S. L., 2025
    Calle de Cervantes, 26
28014 Madrid
www.editorialpinolia.es
info@editorialpinolia.es

© de la traducción: equipo Pinolia, 2025

Esta edición ha sido publicada por acuerdo con The Foreign Office
Agència Literària, S.L. y Calligraph

Colección: Divulgación científica
Primera edición: mayo de 2025

Depósito legal: M-7792-2025
ISBN: 979-13-87556-40-2

Corrección y maquetación: Palabra de apache
Diseño de cubierta: Óscar Álvarez
Impresión y encuadernación: Liberdúplex, S.L.
Printed in Spain - Impreso en España

ÍNDICE

A mi padre, José Roman; a mi tío Joe Sweeney,
y a mi amigo y colega Jim McCarthy, cuyos átomos forman
ahora parte de nuevas constelaciones.

1

LOS COMIENZOS

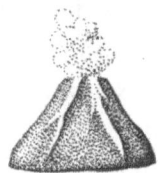

J usto antes del amanecer del 14 de noviembre de 1963, el *Ísleifur 2* había calado un palangre de fondo frente a la costa sureste de Islandia. La mayor parte de la tripulación estaba bajo cubierta, descansando antes de recuperar el palangre y desenganchar el bacalao, pero el maquinista notó un fuerte olor a azufre mientras terminaba su café matutino en cubierta. Comprobó la estela del barco. No había señales de aguas residuales, así que no había motivo para alarmarse y se unió a los otros hombres abajo.

Media hora después, el cocinero de guardia notó que el barco comenzaba a balancearse como si estuviera atrapado en un remolino. Un humo oscuro se elevaba sobre la superficie turquesa del mar. Gritó al capitán. Todos los tripulantes, ahora despiertos, miraron a ver si había un barco cercano en peligro. Pero solo vieron una columna.

A ciento veinte metros de profundidad, el fondo marino tembló. Entonces, la tefra (ceniza y lapilli, fragmentos de roca del tamaño de bolitas para conejos) brotó del océano, empequeñeciendo el barco de pesca. El humo de la explosión se elevó a mil quinientos metros sobre la superficie del mar, antes azul, ahora marrón verdoso. Cuando la columna de tefra alcanzó una altura de más de tres kilómetros, todo quedó claro: la tripulación había colocado su equipo cerca de una fisura volcánica.

No había peces en la línea cuando finalmente la sacaron del mar hirviente.

A la mañana siguiente, una nueva isla se había elevado nueve metros por encima de la superficie del Atlántico Norte. La isla siguió elevándose unos sesenta metros al día en una oleada de magma y cenizas y, en una semana, la columna eruptiva, blanca de día y rosada de noche, alcanzó los diez kilómetros de altura. Los relámpagos surcaban el cielo.

Los habitantes de Heimaey, la única ciudad de las Vestmannaeyjar, las islas Vestman de Islandia, informaron haber visto brasas brillantes en el horizonte cuando el agua de mar entró en el nuevo cráter. Seis grandes terremotos sacudieron la ciudad. El 6 de diciembre, tres periodistas franceses tomaron una lancha motora desde Heimaey hasta la nueva isla y permanecieron allí unos quince minutos antes de que una erupción los ahuyentara.

La atención de los medios de comunicación en Islandia y en el extranjero hizo que la gente se preguntara cómo debería llamarse esta nueva formación terrestre. Por un momento, pareció que la primera persona que había puesto los ojos en la nueva isla, el cocinero Ólafur Westmann, podría ser honrado con que la isla llevara su nombre: Olafsey (Isla de Olaf). Otros en Heimaey preferían Vesturey (Isla del Oeste).

Los islandeses se toman muy en serio sus nombres (el gobierno todavía tiene la última palabra sobre los nombres de bebé aceptables en el país; no hay nadie que se llame ni Lucifer ni Ariel), por lo que el gobierno islandés convocó al Örnefnanefnd, el comité de toponimia, para tomar una decisión. La elección se anunció en la radio y, poco después, uno de los compañeros de tripulación de Ólafur encontró al cocinero limpiando en la cocina, con un trapo en la mano, a punto de llorar. «Le han puesto un nombre horrible —murmuró—. Surtsey». El comité se había inspirado en la mitología nórdica: durante el Ragnarök, el profetizado fin del mundo, el gigante Surtur traerá fuego para luchar contra el dios Freyr. El respiradero volcánico era de un rojo letal con agua hirviendo a su alrededor, por lo que el comité llamó a la nueva formación terrestre Isla de Surtur, Surtsey.

Los isleños de Vestman, enfadados por no haber sido consultados, navegaron hasta la costa de Surtsey y erigieron un cartel con el nombre Vesturey. Surtur respondió lanzando piedra pómez y barro a los isleños. Nadie salió herido y Surtsey se quedó.

En su primer año, Surtsey se expandió a 27,4 metros cúbicos por segundo, añadiendo cada día un área casi tan grande como la Gran Pirámide de Guiza. La llanura de lava era de un negro brillante con cordones de lava caliente que se deshacían hacia el mar.

Sigurdur Thórarinsson, profesor de la Universidad de Islandia, fue el primer vulcanólogo en desembarcar en Surtsey, unos tres meses después de la erupción inicial. Él y algunos compañeros científicos estaban recogiendo muestras geológicas a lo largo de la costa cuando notaron trombas marinas en el océano. Las bombas de lava se estrellaron contra el agua y empezaron a caer a su alrededor. Cada una de ellas, de hasta un metro de diámetro, aterrizó en la playa con estruendosos golpes mientras la arena volcánica húmeda hervía bajo la lava al rojo vivo. «En tales circunstancias, solo hay una cosa que realmente puedas hacer —recordó Thórarinsson—: reprimir las ganas de salir corriendo, tratar de quedarte quieto, mirar al cielo e intentar no esquivar las bombas hasta el momento en el que parezcan estar a punto de caer sobre tu cabeza». Detente y mira hacia arriba, pero no demasiado tiempo, o las suelas de tus botas empezarán a arder. Thórarinsson notó que el barco de investigación se alejaba de la costa, lejos del peligro.

Los vulcanólogos pronto quedaron envueltos entre nubes «cálidas y acogedoras» de piedra pómez y granos de roca tan ligeros que flotaban en el aire. Era difícil respirar y la visibilidad era nula, pero al menos las bombas más grandes habían dejado de caer. Mientras el viento se llevaba la nube de piedra pómez, Thórarinsson y sus colegas volvieron a sus botes y remaron hasta el barco.

Nadie regresó a Surtsey hasta que la chimenea dejó de explotar.

* * *

Cuando las bombas de lava amainaron, Surtsey brindó a los biólogos la rara oportunidad de estudiar la vida desde los primeros días de la aparición de una isla. Era «el mundo soñado de los ecologistas», según Charlie Crisafulli, que ha estudiado el monte Santa Helena en Washington desde que entró en erupción en 1980. A diferencia de esa erupción, que cubrió bosques y praderas, por lo que había algo de vida residual bajo la ceniza, Surtsey se elevó en medio del océano. Al principio, era inaccesible, sin animales ni plantas y con un entorno hostil. Nada más bajar del helicóptero, se dio cuenta de que Surtsey era un lugar perfecto para estudiar cómo se formaban las comunidades ecológicas.

«Los materiales que salen de los eventos volcánicos pueden ser tóxicos con compuestos de azufre, cloro y flúor —me dijo Crisafulli por teléfono unos años después de visitar Surtsey—. Esto es un gran problema para los animales y las plantas». Había demasiadas sustancias nocivas (toxinas) y no suficientes sustancias beneficiosas (nutrientes) para que algo pudiera sobrevivir en Surtsey. Los gases, la lava y la tefra que los volcanes arrojan carecen de muchos de los componentes básicos de los ecosistemas, como el carbono y el nitrógeno, pero las rocas son ricas en fósforo. «Lo que ha sucedido en un paisaje antiguo como en el que estás sentado ahora mismo: las Montañas Verdes, las Montañas Blancas, las Montañas Adirondack (estaba hablando con él desde mi casa en Vermont), es que el fósforo se ha erosionado durante largo tiempo de esas rocas —dijo Crisafulli—. Pero los paisajes volcánicos proporcionan una nueva y fresca cantidad de fósforo que a menudo puede extraerse con bastante facilidad». Así que había mucho fósforo en Surtsey, pero el nitrógeno, al menos en la forma que podían utilizar los animales y las plantas, era bastante escaso. Ambos elementos son esenciales para la vida, ya que forman los componentes básicos del ADN y las proteínas y ayudan a alimentar las mitocondrias, los caballos de batalla de la célula.

Durante la primera década de Surtsey, había poca vegetación en la arena volcánica y la lava. Cuando llovía, el agua se filtraba a través de la lava porosa y finalmente llegaba al océano; cuando no llovía, Surtsey era como un desierto o como las Tierras Altas de Islandia, que son tan áridas que la NASA las utilizó una vez para entrenar a los astronautas para el alunizaje. Cualquier planta que apareciera en Surtsey se enfrentaba a la escasez de nitrógeno en el suelo.

Nadie lo sabía todavía, pero la respuesta al problema de los nutrientes se pudo ver incluso cuando la chimenea seguía en erupción. Un par de gaviotas tridáctilas, aves marinas de pico amarillo comunes en el continente, se posaron en las escarpadas costas de color negro vinilo. Estas aves, las gaviotas y los fulmares que las siguieron entregarían el primer nitrógeno concentrado en forma de ácido úrico, una caca pastosa tras otra.

La primera vida en este nuevo paisaje llegó por mar o cayó del cielo. Pequeñas semillas de plantas dispersadas por el viento (sauces, orquídeas y helechos) llovieron suavemente sobre la isla. Para mantenerse en el aire, estas semillas viajan ligeras, llevando consigo poca comida o nutrientes. Aparecieron en las inhóspitas costas de Surtsey, pero con recursos limitados: o nunca brotaron o se marchitaron y desaparecieron al poco tiempo.

Las semillas grandes y flotantes fueron arrastradas a la orilla por las corrientes oceánicas. «Si viajas por mar —me dijo Borgthór Magnússon,[1] uno de los naturalistas más veteranos de la isla—, puedes permitirte llevar nutrientes para tu establecimiento». La primera especie documentada en la nueva isla fue la oruga de mar, una suculenta que llegó a la orilla arenosa de Surtsey y arraigó. Su semilla tiene una cubierta similar al corcho que la ayuda a flotar y la protege del agua salada. Pero la lava seguía fluyendo hacia el mar en un drama de magma, océano gris, rompientes y vapor. La tefra, las cenizas y los residuos de una chimenea cercana sepultaron las plantas jóvenes. Al principio, los pioneros como la oruga de mar no eran rival para el volcán activo, pero seguían llegando y la isla se enfriaba lentamente. Al poco tiempo, las semillas de la arenaria marina y de la hoja de ostra, transportadas por el océano, llegaron a las desoladas costas de Surtsey. Las semillas de ambas especies están diseñadas para viajar por el océano y contienen los suficientes nutrientes como para echar raíces cuando llegan a la orilla. Adaptada al viento y al frío, la arenaria marina se aferró a las áridas arenas donde pocas otras especies podían sobrevivir. Formaba una campana de hojas suculentas y brillantes sobre el suelo; sus raíces profundas se extendían por debajo, absorbiendo agua y nutrientes de las grietas y la arena. En sección transversal, la arenaria marina se asemeja a una carabela portuguesa: una vela verde sobre la superficie y largos tentácu-

---

1 Borgþór Magnússon es la ortografía islandesa del nombre; la þ se pronuncia como la «th» en inglés, por lo que þor es «thor». Para facilitar la lectura, utilizaré la ortografía inglesa de los nombres islandeses.

los por debajo. Décadas más tarde, la arenaria marina todavía cubre partes de Surtsey en llamativos patrones como si se tratara de manadas: las plantas más atractivas de la isla.

La hoja de ostra es tan marinera como su epíteto de especie, *maritima,* implica. No se podría traer a un mejor pionero para una nueva isla en el Atlántico Norte. Las semillas de hoja de ostra suelen permanecer aletargadas hasta que sufren un choque térmico por el frío mar (las temperaturas de treinta grados favorecen la germinación). Cuando las semillas llegaron a Surtsey, estaban listas para crecer. Las plántulas de las hojas de ostra se quedaron cerca de las rocas, en los bordes rocosos de la isla, manteniendo sus cabezas fuera del viento. Durante la primera década de Surtsey, las flores bajas de las plantas proporcionaron raros toques de azul en contraste a un paisaje monocromático.

La vida seguía siendo escasa al principio. Solo las plantas más resistentes y bien provistas podían sobrevivir. No había invertebrados peatonales: ni arañas de patas largas ni hormigas obreras ni grillos, los sospechosos habituales que aparecen en la piedra pómez de los volcanes, pero llegaron algunos insectos. El primero registrado fue una polilla migratoria y luego un par de mosquitos. Muchos de estos insectos, llamados *fauna de la lluvia radiactiva,* murieron posiblemente por fatiga, desecación o bajas temperaturas. Un zoólogo describió a los primeros insectos que llegaron a un paisaje volcánico como «naufragios de dispersión».

No obstante, lenta pero inexorablemente, los animales (primero insectos y aves y luego focas) se abrieron camino hacia la joven isla.

No hace tanto tiempo que muchos científicos desestimaban a los animales como actores secundarios en el planeta y las plantas y los microbios ocupaban el centro del escenario. Pero en la última década, más o menos, ha habido un cambio radical en nuestra comprensión de cómo el mundo está formado por depredadores y herbívoros. Estudios históricos de aves marinas, ballenas, nutrias marinas, salmones, ñus, bisontes, arañas, saltamontes, cigarras y otros animales, han demostrado que pueden alterar los paisajes terrestres y marinos donde viven con importantes repercusiones en la función ecológica y los servicios que estos animales proporcionan. Gran parte de esto permanece invisible; pocas personas se dan cuenta de que cuando se recuestan en las blancas arenas de Hawái y otras playas tropicales, están tumbados en los desechos de los peces loro, los excrementos de su alimentación a base de coral.

Los animales importan. Las criaturas, a veces con pelaje o escamas, a veces con dientes y garras ensangrentados, tal vez con zarpas y alas, salvajes y en libertad, son un mecanismo fundamental para mantener la vida y una fuente de los nutrientes que esta requiere. Solo después de miles de años de agotamiento reiterado por parte de nuestra especie, los científicos están empezando a comprender la interconexión de estas transferencias de energía.

Siguiendo con los nutrientes. Los elementos esenciales de carbono, nitrógeno y fósforo se mueven en el tiempo geológico, transportados por la gravedad, el viento y las corrientes. Hacia abajo. A favor del viento. Río abajo.

Si llegan a las profundidades marinas, las moléculas de fosfato y amoníaco (las fuentes comunes de fósforo y nitrógeno) pueden quedar atrapadas en las profundidades del océano durante cientos de años, a menos que lleguen a una zona de surgencia donde las aguas son atraídas hacia la superficie (estas zonas son poco frecuentes en el océano). Hay otra forma de que estos nutrientes vitales asciendan miles de metros por la columna de agua: pueden viajar en el estómago de una ballena.

Los cachalotes se alimentan de calamares gigantes y otras criaturas de las profundidades marinas, pero deben volver a la superficie al menos una vez cada hora para respirar después de comer. Allí descansan, digieren y, a menudo, liberan enormes columnas fecales ricas en fosfatos, nitrógeno y hierro. Los nutrientes de estas pueden ser recogidos por el fitoplancton (también conocido como microalgas) y consumidos por el zooplancton, como el krill o los diminutos copépodos. El krill o sus depredadores, los peces, pueden ser consumidos por las aves marinas (gaviotas, fulmares, charranes, pingüinos, petreles, pardelas, albatros, alcatraces y fregatas magníficas) y transportados por el aire a sus zonas de reproducción. Cuando vuelven a sus nidos, las aves alimentan a sus crías regurgitando sus comidas marinas y excretando ácido úrico rico en nitrógeno (la llamativa pasta blanca que se libera junto con las heces) en la tierra.

Podemos seguir estos elementos desde las profundidades marinas hasta las costas, ríos, bosques, sabanas y montañas del mundo. Un viaje geológico que llevaría miles o millones de años (las placas tectónicas bajo Islandia se mueven a un ritmo de aproximadamente tres centímetros y medio por año, más o menos la velocidad del crecimiento de las uñas) y que puede revertirse en una sola inmersión, un corto vuelo de regreso a una roca estéril y a una salpicadura como la de un abadejo.

Los animales son el corazón latente del planeta. De la misma manera que los árboles funcionan como los pulmones de la Tierra, inhalando dióxido de carbono y exhalando oxígeno, los animales bombean nitrógeno y fósforo desde las gargantas de las profundidades marinas hasta los picos de las montañas y a través de los hemisferios, desde los polos hasta los trópicos. Billones de animales viven una vida itinerante: vuelan, corren, nadan, caminan e incluso cavan. Los animales grandes y medianos (ballenas, elefantes, bisontes, salmones y aves marinas) pueden transportar nutrientes cientos y, a veces, miles de kilómetros, a través de océanos, arroyos, montañas, valles, praderas e islas volcánicas remotas. Estos viajeros de larga distancia son las arterias del mundo. Las cigarras, los mosquitos, el krill y otros invertebrados, si llevamos esta idea un paso más allá, son los capilares que llevan los nutrientes a los tejidos de la Tierra.

No se trata solo de excrementos y cadáveres. Los animales también cambian el mundo a través de su consumo. Se alimentan de plantas. Se alimentan de animales herbívoros. Cambian la química del mundo con solo infundir miedo.

Los ecosistemas son seres vivos que emergen, maduran, mueren e, incluso en la muerte, añaden riqueza a la red de la vida. Los animales tienen una gran influencia en estos sistemas y en los ciclos geoquímicos de los que dependen los seres humanos y todas las formas de vida para sobrevivir. No se me ocurre mejor lugar para comenzar mi exploración de estos caminos que la roca antaño estéril de Surtsey.

* * *

Me quité los cordones de mis zapatillas de *trail running*, limpié el barro apelmazado con un cepillo de dientes viejo y raspé las semillas que pudieran haber venido desde mi casa en Vermont o desde la isla de Islandia. Solo se permitía la entrada a la isla a una docena de personas cada año y en 2021, Borgthór Magnússon, el líder de campo en Surtsey, me había invitado a unirme a su expedición. Había dejado claro que debía eliminar a cualquier polizón que pudiera llevar conmigo. Si una planta o un insecto querían viajar a la isla, tendrían que encontrar un pájaro o una balsa de algas.

El día anterior, había subido al volcán Eldfell en Heimaey, la mayor de las islas Vestman, para echar un vistazo a Surtsey. Un montículo oscuro a unos dieciséis kilómetros al suroeste, la isla parecía un tetrápodo del Devónico saliendo del mar gris pizarra.

Bjarni Sigurdsson, uno de los principales ecologistas de Surtsey y su estudiante de posgrado Esther Kapinga, me recogieron en el hotel. Paramos en la gasolinera local N1 para abastecernos. Había una colonia de cientos de gaviotas tridáctilas en el acantilado sobre la gasolinera, volando para alimentar a sus polluelos con los pequeños peces que habían recogido en la niebla. Sus excrementos recorrían las rocas como rayas de un paso de peatones.

Dejamos en el aeropuerto nuestro equipo, así como el suministro de gasolina y agua potable para nosotros y el equipo que ya estaba en la isla. Vestidos con impermeables negros, Bjarni y Esther identificaron las plantas alrededor de una antigua granja de piedra cerca del aeropuerto mientras esperábamos al helicóptero de los guardacostas islandeses que nos llevaría a Surtsey (en Islandia es habitual llamar a las personas por su nombre de pila; incluso la guía telefónica, cuando la gente usaba esas cosas, estaba ordenada por nombre de pila, no por apellido).

Cuando volvimos para reunirnos con los guardacostas, la niebla sobre el aeropuerto era tan espesa que el helicóptero que debía recogernos no pudo aterrizar. El piloto sugirió por radio que condujéramos hasta el único campo de golf de la isla, donde el tiempo estaba más despejado.

Aparcamos en el borde del campo, que tenía una hermosa vista del Atlántico con la niebla cubriendo los acantilados volcánicos al norte.

—Aún no han dicho nada —dijo Bjarni mientras observábamos cómo la niebla se deslizaba sobre el campo verde.

Vimos el helicóptero cuando se acercaba sobre dos farallones conocidos como Haena y Hani, la gallina y el gallo. Dio vueltas mar adentro por encima de las nubes bajas y luego se alejó.

Mientras esperábamos a que el piloto volviera a dar la vuelta, Bjarni cogió el teléfono.

—Se han ido.

—*Andskotinn!* —maldijo Esther en islandés.

Empezaba a calar que tal vez no llegaríamos a Surtsey ese día o tal vez nunca. Recuperamos el agua y la gasolina del aeropuerto y las guardamos en el todoterreno.

Bjarni consideró alternativas. Hablamos de conducir hasta Reikiavik, pero la guardia costera no estaría disponible. Era un país pequeño, explicó Bjarni, y ser demasiado insistente no favorecería al proyecto (la guardia costera organizaba estos viajes para el equipo de investigación como cortesía).

Mientras almorzábamos en un restaurante del puerto, Bjarni divisó una gran lancha neumática debajo de nosotros que se usaba principalmente para llevar a los turistas a ver ballenas y frailecillos. ¿Podría esa embarcación llevarnos a Surtsey? Preguntó por ahí por si la guardia costera había fracasado por completo y no encontraba al propietario.

La niebla empezaba a disiparse cuando terminamos de almorzar y pudimos ver varios barcos de pesca en el puerto, como en los que Bjarni había trabajado para pagarse la universidad. Musculoso, con cabello rubio, gruesas gafas retro, una sonrisa juvenil y un gran apetito, hacía honor a su nombre, que significa «oso» en islandés. Su padre también había sido pescador. «En aquellos tiempos, al menos entre dos y cuatro de los setenta y cinco barcos de la ciudad volcaban cada año con toda la tripulación —nos contó—. Así que jugabas a la lotería cada vez que cogías un barco. Sabías que había al menos un 5 % de posibilidades de que no lo lograses. Era parte de la vida».

O tenías suerte o no la tenías.

«Mi padre siempre iba con el mismo capitán y, una vez, por alguna razón u otra, llegó demasiado tarde o algo así y no lo contrataron en ese barco. Así que ese invierno se fue en otro barco. Su barco habitual se hundió con todos los hombres. Así que tuvo suerte».

Podíamos ver al otro lado del puerto a Heimaklettur o *Home Rock*, cubierta de hierba y manchada de excrementos blancos de aves marinas, un paisaje de bienvenida para los barcos que regresaban del mar y para aquellos como nosotros que esperábamos partir. Bjarni llamó a la guardia costera: «Si pueden volver esta tarde, el temporal ha amainado».

Dijeron que lo intentarían de nuevo. Fuimos al aeropuerto y recorrimos la terminal vacía como unos padres expectantes. La niebla se precipitó como una pesadilla, cubriendo el asfalto gris y húmedo. Oímos el ruido sordo de las palas del helicóptero, pero para entonces ni siquiera podíamos distinguir la pista desde la ventana de la terminal.

—Van a intentar llegar al final de la pista —informó Bjarni, todavía al teléfono.

Escuchamos el ruido sordo de las hélices sobre la niebla. Y luego se hizo el silencio. El asistente del aeropuerto nos hizo una señal con el pulgar hacia abajo.

—Nos desearon buena suerte —dijo Bjarni. Estábamos solos. Se me partió el corazón. No tendría una segunda oportunidad de visitar Surtsey. Bjarni y Esther perderían un año de investigación, ya que los biólogos de la isla se iban al final de la semana. Y las cosas también se volverían difíciles en la isla. La mayor parte del agua potable y la gasolina para los cinco investigadores de la estación estaban en la pista de aterrizaje.

—Llegaré a Surtsey aunque tenga que nadar —dijo Esther más tarde desde la parte trasera del todoterreno.

Si no podíamos «dispersarnos» por el aire como las semillas, tal vez pudiéramos hacerlo por mar. Una tripulación de la BBC tenía previsto grabar en la isla; a lo mejor podíamos acompañarlos al día siguiente en la lancha neumática que habían fletado. Bjarni se detuvo en la compañía de turismo para preguntar. El capitán pidió mil dólares por persona. Bjarni no estaba seguro de si estaba en el presupuesto del equipo de investigación.

Cenamos con tristeza y regresamos al hotel. Desde mi ventana, vi cómo el cielo se iluminaba en la noche a medida que se levantaba la niebla. El volcán Eldfell, al este de la ciudad, llenaba el marco con las formas abstractas negras y marrones de una pintura de Clyfford Still. La mayoría de los días, ver un volcán por la ventana se agradece. Esa noche, después de un largo día, Eldfell se burló de mí.

A la mañana siguiente, mientras Bjarni y Esther hacían algo de botánica, recibió una llamada de los guardacostas: «Estamos patrullando la zona de pesca. ¿Podéis estar en el aeropuerto dentro de una hora?».

Metí la ropa que había limpiado meticulosamente en mi bolsa de lona. Cargamos el todoterreno y nos dirigimos al aeropuerto. Subimos al EC225 Super Puma azul oscuro, todos preguntándonos si, por fin, era real. La vida y los viajes son una serie de golpes de suerte y oportunidades perdidas. Parecía que por fin nos estaba sonriendo la fortuna.

El piloto apretó las tapas de los depósitos de gasolina y levantó la vista cuando subí a cubierta una gran maleta Rollaboard junto con el resto de las bolsas.

—¿Vas a Londres o qué?

Cuando bajé del helicóptero a la pequeña y agrietada pista de aterrizaje, me sentí como si estuviera caminando sobre la luna, como si la luna tuviera algunas hierbas pioneras, una gaviota ocasional y un par de científicos que fueran más viejos que el suelo en el que estaban parados.

Borgthór Magnússon, el líder de campo de Surtsey, hizo su primer viaje a la isla en 1975 cuando tenía veintitrés años. Ahora tenía una barba blanca y bien recortada de capitán de barco y llevaba un pulcro cárdigan con cremallera debajo de su impermeable Norrona. Mientras caminábamos hacia las zonas de anidación, le pregunté a Borgthór qué sintió la primera vez que la visitó. «Era solo un montón de ceniza, grava y lava. Había algunas plantas y las conocíamos casi todas individualmente».

Borgthór todavía conocía muchas de estas plantas en particular y un recorrido por la isla era un poco como colarse en la hora del cóctel de los botánicos. Había algunas recién llegadas, como el tussilago y la juncia negra, y muchas habituales. «Yo diría que la *Honckenya* y la *Leymus*», la arenaria y la hierba de arena, este último un género común a lo largo de las costas del Atlántico Norte, «fueron las colonizadoras más exitosas». Estas plantas clave se extendieron sobre la tefra estéril y las arenas volcánicas. Se formaron dunas de arena alrededor de la hierba de arena. «La planta más grande de la isla —dijo Borgthór—. Es un buen refugio para que aniden las grandes gaviotas atlánticas y para que se escondan sus polluelos».

Algunas de estas gaviotas nos miraban desde los balcones de basalto a lo largo del borde de la pradera.

También hubo sorpresas. Borgthór señaló una planta solitaria de tallo grueso y hojas largas en el borde de la zona de reproducción: la orquídea verde del norte, *Platanthera hyperborea*. «Es bastante sorprendente que una orquídea crezca en Surtsey», dijo Borgthór, porque necesita micorrizas, los hongos simbióticos que son esenciales para proporcionar nutrientes a las raíces de la planta.

Más tarde, mientras caminaba desde la zona intermareal hasta la cabaña, noté docenas de estacas delgadas, talladas por el viento, en la arena volcánica. Muchas de las primeras plantas de la isla crecieron en el extremo oriental de Surtsey, donde las corrientes marinas y aéreas las habían traído desde las islas cercanas. En los primeros veranos, Borgthór y otros investigadores registraron todas las plantas de la isla. Algunas de estas estacas debían de marcar las plantas que Borgthór y sus colegas llegaron a conocer casi por su nombre. Las primeras se plantaron en 1968 y se utilizaron hasta la década de 1980, cuando fueron sustituidas por el GPS. Décadas más tarde, la parcela parecía un cementerio que conmemoraba a los primeros pobladores de la isla.

Una mañana de otoño de 1963, cuando Erling Ólafsson tenía catorce años, vio una columna gris elevarse por encima de las montañas al este. Cuando el magma golpeó el océano, enormes nubes de vapor con forma de coliflor llenaron el cielo. Una cortina oscura de ceniza se derramó de nuevo en el mar.

«Vi el humo desde la ventana de mi baño en Hafnarfjordur —me dijo Erling—. Me quedé mucho tiempo observando el humo. Sin hacer nada, sin moverme, como una seta».

Erling nunca olvidó la sensación de ver la erupción de Surtsey, pero pronto se centró en algo aún más cercano: la entomología. Cuando era joven, Erling recibió un regalo de su abuela: una serie llamada *Averdens Dyr* (algo así como «Animales del mundo»), unos libros solo disponibles en danés. Como quedó prendado de las imágenes, aprendió el idioma por su cuenta para entender el texto. Se sentía atraído por los pequeños invertebrados. Cuando llegó a la universidad, Erling sabía más sobre los insectos de Islandia que casi nadie y llamó la atención de un famoso entomólogo sueco que estaba iniciando un proyecto de investigación en Surtsey.

Erling llegó a la isla por primera vez en 1970 en una pequeña lancha neumática. Colocó algunas de las primeras estacas que marcaban las plantas pioneras en las arenas grises de lava. Había un valle superior con tefra marrón, una llanura abierta y plana, un pequeño estuario y acantilados escarpados. Surtsey pronto se convirtió en su hermano pequeño. La masa de tierra más nueva de la Tierra estaba todavía en su infancia geológica. «Esta es la primera vez que los científicos tenemos una tierra que es totalmente estéril», dijo.

El primer viaje de Erling a Surtsey coincidió con el mayor acontecimiento ornitológico de la historia de la isla. Una pareja de araos, pequeños álcidos negros con patas de color rojo brillante, anidó en la isla: las primeras aves marinas reproductoras de Surtsey. Para estos habitantes del Ártico, la isla recién formada tenía mucho que ofrecer: fácil acceso a pequeños peces y krill en el océano y tierra virgen libre de depredadores. Sin zorros árticos. Sin ratas. Sin gente… hasta que llegaron Erling y sus colegas, aunque tuvieron cuidado de no perturbar a las aves del incipiente ecosistema de la isla.

Después de los araos, empezaron a aparecer otras aves marinas. Los fulmares son aves marinas clásicas que obtienen casi toda su comida del océano en forma de pequeños peces, calamares y crustáceos. Pudimos ver sus huevos, que parecían pelotas grandes de golf en una trampa de arena volcánica, sobre los acantilados. «El único lugar de toda Islandia donde los fulmares anidan en el suelo es Surtsey», me dijo Bjarni, presumiblemente porque los depredadores y los humanos los dejaron en paz. Las gaviotas atlánticas de mayor tamaño se alimentan de peces, aves e invertebrados marinos o buscan carroña a lo largo de la costa; las gaviotas sombrías más pequeñas son conformistas, por lo general se contentan con las larvas de insectos que saca un granjero de su granero o con la vegetación y ellas y las gaviotas argénteas son relativamente comunes en Reikiavik.

Después de que los primeros fulmares y gaviotas llegaron a Surtsey, los gaviotas atlánticas se abrieron camino a base de músculo hasta el mejor terreno. Las gaviotas sombrías ocultaron sus nidos a lo largo del borde de los campos de lava. A medida que la colonia se expandía, también lo hacían las hierbas verdes, un efecto dominó de plumas, excrementos y fuerza.

Lo que estas aves tienen en común es que todas aportan nutrientes a la isla. Las vetas blancas de guano alrededor de sus nidos son ricas en carbono, fósforo y el tan necesario nitrógeno. Además de caca, hay cadáveres y huevos. Durante sus primeras visitas, Erling registró cada ave que encontró, creando una línea temporal desde las recién llegadas. A mediados de la década de 1980, habían llegado suficientes gaviotas y fulmares como para cambiar Surtsey; cada una de los cientos de aves que anidaban liberaba hasta unos 85 gramos de excrementos al día, una doble dosis de guano rico en nutrientes.

Cerca de la cabaña de investigación, la lava afilada deshilachó el cuero de mis impecables botas. Cuando llegamos a los extensos pastos de la colonia de aves marinas, fue como entrar en un mundo diferente. Aquí, el suelo se sentía sólido bajo mis pies, reconfortante. Había un ligero olor a amoníaco y una explosión de verde tan brillante que se podía ver la colonia desde el espacio, un oasis en la arena volcánica.

En el borde de las hierbas del prado, que llegaban hasta las rodillas, noté un aumento de *Rumex,* acederillas de hoja ancha tan altas y con tanto cuerpo que casi parecían árboles. Era difícil creer que aquí casi no hubiera hierba hasta hace veinte o treinta años. Y no habría hoy si no fuera por la caca de pájaro.

¿Cómo se puede saber que el nitrógeno proviene de las aves y no de la atmósfera? Los isótopos o firmas químicas del nitrógeno en el suelo y las plantas indicaban que el 90 % provenía de aves marinas y el resto de la atmósfera. En el centro de las zonas de reproducción, las aves depositaban unos 27 kilos de nitrógeno por acre al año. Fuera de la zona de aves marinas, solo había alrededor de una libra por hectárea al año (a modo de comparación aproximada: los agricultores suelen aplicar unos 45 kilos de nitrógeno por hectárea de tierra de cultivo activa. Muchos pastizales permanentes, para pasto y heno, reciben menos que eso, tal vez entre 11 y 22 kilos por hectárea).

Con el aporte de guano rico en nitrógeno, el pasto de escorbuto, que en su día fue una fuente de vitamina C para los marineros, y la poa de los prados, originario de Europa e Islandia (conocido en Norteamérica como pasto azul de Kentucky), comenzó a prosperar. Las colonias de aves marinas en Surtsey, verdes con pastos anuales, ahora tienen treinta veces más nutrientes y unas cincuenta veces más de biomasa que los campos de lava negra que las rodean debido al guano, los huevos y los cadáveres de las aves.

Estas zonas de anidación son ahora tan exuberantes, los suelos tan ricos, que «podríamos tener vacas allí —bromeó Erling—. Podríamos tener leche fresca todos los días».

Arenas de Surtsey sin aves marinas (arriba) y praderas en la colonia de gaviotas (abajo). (Borgthór Magnússon)

A medida que llegaban las aves, las plantas y las estacas que las conmemoraban se extendían por las vastas arenas volcánicas hacia el suroeste. Las plantas han ideado varias estrategias para esparcir sus semillas. Pueden volar. Pueden flotar. Pueden adherirse a las plumas y patas de un ave o atravesar su vientre y aterrizar en su excremento rico en nutrientes.

Mientras Borgthór y yo caminábamos por los bordes de las zonas de reproducción, nos vimos rodeados de gaviotas sombrías, que nos miraban con ojos rodeados de anillos rojos, con sus cabezas blancas y lisas destacando sobre la escarpada lava oscura. Era como estar a la deriva entre olas blancas. Estas aves marinas estaban hechas casi en su totalidad de océano.

Una gaviota llamada *Tut-tu-gu* por encima de nuestras cabezas, la palabra islandesa para «veinte», o al menos así es como la oí. Si no podía aprender islandés en este viaje, al menos podía aprender o aproximarme, al lenguaje de las plantas y las aves y llegar a admirar las gaviotas atlánticas y las gaviotas argénteas, a menudo difamadas en la ciudad y en otros lugares.

Antes de partir hacia Surtsey, había caminado por el paseo marítimo de Reikiavik en busca de algo para comer. Una gaviota argéntea se posó en la mesa de una cafetería y se apoderó de una porción de pizza que había sobrado. Varias gaviotas se abalanzaron sobre ella. Una gaviota atlántica se apoderó del premio. Un par de turistas pasaron por allí y el hombre golpeó el suelo con el pie para ahuyentar a las aves; él y su acompañante se rieron. Las gaviotas se fueron volando. Pero no sin la pizza.

Me senté en el borde de la pradera de aves marinas y observé cómo llegaban los fulmares. Era bastante tarde, pero no oscurecería esta noche ni en ningún momento de nuestra estancia. Me había perdido en el expresionismo abstracto de los excrementos de los pájaros, pero aquí había una naturaleza muerta de Surtsey: un ala de gaviota, arenaria verde, un huevo de fulmar blanco sobre la arena volcánica oscura. Parecía que la cresta de palagonita beis, mitad volcán, mitad océano, había estado meditando sobre el Atlántico Norte desde siempre, aunque era más joven que muchos de los que estábamos en la isla. Alguien cruzó el campo de lava. Podía oír cómo se desmoronaba.

Una carcajada sorda se elevó bajo mis pies mientras caminaba por las praderas: un fulmar me advertía que me alejara de su nido. Hay unas doscientas y trescientas parejas reproductoras en Surtsey. En el continente, hay hasta 2 millones en verano (más de la mitad de los fulmares del mundo anidan en Islandia), pero se limitan a salientes y grietas, escondiéndose de depredadores como los zorros. *Fulmar* en nórdico antiguo significa «gaviota asquerosa». Se alimentan de los hígados malolientes de los peces y les ha ido bien en los tiempos modernos, ya que disfrutan de los desechos procesados y la basura de los barcos de pesca.

Los jóvenes fulmares, que antaño se valoraban por su aceite y plumón, se protegen vomitando por estrés una veta de grasa de color naranja brillante. No te acerques demasiado. «El vómito huele a aceite de hígado de pescado podrido y tiene una textura similar», dijo Borgthór. La distancia no es mucha, pero pueden proyectarla a unos metros. Erling me advirtió que, si me manchaba con el vómito en Surtsey, no podría deshacerme del olor durante toda la expedición o incluso más tiempo. Las aves que cometen el error de atacar a un fulmar quedan cubiertas de la sustancia viscosa maloliente, lo que las incapacita para volar y las pone en riesgo de ahogarse.

Un adulto regresó a su nido desde el mar abierto y vomitó una comida de pescado fresco. Por mucho que lo intentara, el polluelo no se lo tragó todo. Comer sin cuidado también debe aportar algunos nutrientes al prado en ciernes. Me mantuve alejado de ellos.

Aquí, en el centro de la colonia de cría, donde abundan los nutrientes, el número de especies vegetales ha disminuido desde que Borgthór y sus colegas comenzaron a evaluar la diversidad y la productividad en 1990. Superadas por las cuatro hierbas dominantes que llegan hasta las rodillas, muchas de las plantas pioneras han desaparecido. Ahora hay una densa pradera donde antes crecían diez especies diferentes.

Las cosas se ponen interesantes en los bordes. Los procesos ecológicos son más dinámicos en la frontera entre el caos de la lava y la esponjosa riqueza de la hierba, en el límite de la ondulación, donde se están instalando las nuevas aves, en su mayoría gaviotas sombrías y gaviotas argénteas, ayudando a *gentrificar* Surtsey, transformándola de una comunidad pionera a una pradera. Se han identificado setenta y ocho especies de plantas en la isla. La menor diversidad se encontraba en el campo de lava, lo cual no es de extrañar, pero el número de especies, si no su abundancia, también es relativamente bajo en la colonia de aves, donde los nutrientes son abundantes.

Solo unas pocas plantas dominan. Las partes más exuberantes de los pastizales son prácticamente monocultivos en comparación con los márgenes, donde las plantas dan paso a la lava estéril.

Esta zona fronteriza me recordó a lo que los ecologistas llaman «la hipótesis de la perturbación intermedia», desarrollada para describir los árboles de las selvas tropicales y los animales que viven en las zonas intermareales. Las zonas estables, como los prados de Surtsey, donde unas pocas hierbas dominantes con abundantes nutrientes superan a otras plantas, permiten que prosperen unas pocas especies. En cambio, los ecosistemas en constante cambio son lugares difíciles para los animales y las plantas. La costa rocosa de Surtsey, donde caen continuamente nuevas rocas de lava, es demasiado dinámica para que muchas especies prosperen. El musgo no crece en una roca rodante. El punto óptimo para la biodiversidad donde las nuevas especies de plantas pueden encontrar un nicho, suele ser la zona intermedia: no hay tantos nutrientes ni tanta estabilidad como para que unas pocas especies se apoderen de ella, pero sí lo suficiente como para que una comunidad emergente no sea aniquilada por completo por un cambio repentino en el paisaje e, incluso, los recién llegados pueden sobrevivir.

Me recordó a la historia del origen de los vikingos islandeses. Al principio era el caos: en el norte, nieve y hielo; en el sur, calor y fuego. La vida surgió en la tierra entre ambos.

Hace unos años, varios científicos que realizaban un crucero de investigación en la bahía de Baffin, una zona virgen del Ártico canadiense, se sorprendieron al encontrar una zona con altas concentraciones de amoníaco, algo que cabría esperar encontrar a lo largo de una costa industrializada y contaminada. Los modelos que habían elaborado científicos atmosféricos como Jeff Pierce, de la Universidad Estatal de Colorado, sugerían que no debería haber amoníaco en esa remota parte del Ártico.

Y entonces los científicos miraron por la ventana o tal vez solo a un gráfico. «Las concentraciones de amoníaco eran más altas cuando el barco estaba cerca de lugares conocidos por tener colonias de aves marinas en verano», me dijo Pierce. Eso tenía sentido; la caca de las aves marinas en grandes colonias a menudo emite gases ricos en nitrógeno. Él y sus colegas añadieron un inventario de aves marinas migratorias al modelo. «Nos dimos cuenta de que las aves marinas eran, casi con toda seguridad, la fuente de amoníaco que faltaba en el Ártico».

Este gas acre puede unirse al ácido sulfúrico, abundante en la región, para formar partículas. Las partículas forman gotas. Las nubes con más gotas son más densas y parecen más blancas y brillantes. Pierce lo comparó con mirar hacia abajo una copa de agua sobre una mesa negra. «Si pones tres cubitos de hielo, habrá algo de luz reflejada por esos cubitos, pero en su mayor parte, verás la superficie negra. Ahora bien, si tomas esos cubitos de hielo y los aplastas en pequeños fragmentos de hielo, reflejaran mucho mejor la luz desde arriba». Así que, si miras el vaso con el hielo picado, parecerá blanco, aunque tenga la misma cantidad de hielo. El amoníaco de las colonias de aves marinas formó muchas gotitas pequeñas. Las nubes seguían conteniendo la misma cantidad de agua, pero, al igual que el hielo picado, ahora tenían mucha más superficie y reflejaban más luz solar al espacio.

«Así que tienes este efecto sobre el clima», dijo Pierce. Las nubes sobre las colonias de aves marinas mantienen la Tierra más fría porque son más brillantes, con el mayor efecto en las zonas con más aves. Se encuentran grandes colonias desde el archipiélago ártico, al norte de Canadá continental, hasta Islandia; la difusión del amoníaco puede extenderse cientos de kilómetros desde las colonias de aves marinas. Las aves ayudan a mantener el Ártico un poco más frío, tal vez es su pequeña manera de amortiguar los efectos del cambio climático, una salpicadura a la vez.

En cada año de su existencia, se han registrado una o dos especies nuevas de plantas en Surtsey. Las primeras llegaron por mar, otras por aire y echaron raíces a medida que el nitrógeno se acumulaba en la isla. Pero la gran mayoría, alrededor de tres cuartas partes de las setenta plantas establecidas, llegaron en las alas, las tripas, las plumas y las patas de las aves, en su mayoría gaviotas.

Los insectos, algunos llegados con el viento, otros en las alas de las aves, comenzaron a asentarse. En la isla se han encontrado más de trescientas especies de escarabajos y otros invertebrados terrestres, incluido un gorgojo tan raro que se pensó que era nuevo en el planeta hasta que se encontraron otros frente a la costa de Escocia. Los insectos se recogen minuciosamente con pinzas, pinceles o pajitas o arrastrando sábanas blancas sobre la hierba. Se considera que al menos ciento cuarenta y tres especies son colonizadoras permanentes. Independientemente de su estatus, cada nueva especie es motivo de celebración.

Con el tiempo, los insectos atrajeron a aves insectívoras: escribanos nivales, bisbitas pratenses y lavanderas. Unos cuantos gansos comunes llegaron volando desde el interior de Islandia. Las gaviotas no estaban impresionadas. Gritaban y graznaban entre sí. «Definitivamente no existe una buena relación entre gaviotas y gansos», me dijo un ornitólogo.

Cada año, el tejido de la isla se ha vuelto más grueso, lustroso y diverso. Las focas grises aparecieron en la década de 1980. Se arrastraron a lo largo de la lengua de tierra del norte de la isla, dieron a luz y amamantaron a sus cachorros de pelo blanco. Las crías defecaban. Los adultos defecaban. Si a eso le sumamos las placentas y algún cadáver ocasional, tenemos un subsidio marino, un suministro de nutrientes que se traslada del océano a la tierra. Es menor que el de las aves marinas, unos 5 kilos de nitrógeno por hectárea, pero en una zona nueva con mayor acceso al mar. Para las aves carroñeras y las plantas de la isla, estos nutrientes han sido una bonificación anual fiable y sustancial. A las focas les gustan las llanuras costeras, no los acantilados, por lo que su reproducción abrió las costas bajas a la hoja de ostra, la oruga de mar y el «arbusto de sal». Crearon un oasis para las focas entre las arenas gris oscuro y las rocas de lava del norte.

Las focas de Surtsey, al igual que sus aves marinas, demuestran cómo los animales pueden trasladar nutrientes a tierras áridas y, al hacerlo, crear ecosistemas completos desde cero. La isla de Sable, una franja de arena a más de 160 kilómetros de la costa de Nueva Escocia ofrece otro ejemplo entre muchos. En los últimos cincuenta años, el número de focas grises que crían en la isla ha pasado de unos pocos miles a más de noventa mil, lo que la convierte en la mayor colonia de cría de focas grises del mundo. El nitrógeno que aportan las focas fertiliza las dunas de la isla que ahora albergan una población de caballos salvajes, prueba viviente de que la manada de vacas de ensueño de Erling en la pradera de aves marinas de Surtsey es posible.

La columna de nitrógeno de las heces de las focas se extiende hasta las aguas más allá de la isla de Sable, aumentando el fitoplancton en su lado de sotavento en un 20 %. Aunque las algas son microscópicas, se puede ver la firma de las focas, una salpicadura de clorofila de color verde brillante, desde el espacio, como la de las aves marinas en Surtsey.

«Siempre que la gente de mi generación tiene una pesadilla, soñamos con huir de un volcán, ¿verdad?», dijo Freydís Vigfúsdóttir, una bióloga de aves marinas que nació en las Islas Vestman en la década de 1980, mucho después de que Surtsey se enfriara. «He caminado por muchos campos de lava antes, pero el de Surtsey es diferente. Podía oír las rocas cayendo debajo de mí. El sonido de las olas. Obviamente, había cuevas debajo de nosotros y recuerdo haber pensado: «Si me caigo, nadie me encontrará».

En Surtsey y en otras partes más accesibles de Islandia, como la península de Snæfellsnes, me ha invadido una sensación de asombro en algunas ocasiones. El paisaje árido (montañas negras como el carbón y rojas como el ladrillo, envueltas en vientos huracanados bajo una luna creciente) me recordaba al aspecto romántico de lo sublime. Había belleza en ello. Pero también había temor.

«Si la naturaleza decide que es el momento —dijo Freydís cuando charlamos unos meses antes de que viajara a Surtsey—, entonces estás acabado». Se encogió de hombros.

La mayoría de los islandeses no tenían ningún interés en dejar que la naturaleza siguiera su curso. «La lava se consideraba como algo muy, muy feo —me dijo Bjarni en Heimaey—. Es totalmente psicológico. Si los lugareños pudieran controlar los campos de lava, los aplanarían y pondrían césped». O al menos plantarían algunos altramuces, una planta con flores de color púrpura introducida desde Alaska que puede suministrar su propio nitrógeno a través de simbiontes en sus raíces.

Durante su estancia en Surtsey, Bjarni y Esther se centraron en las diferencias microscópicas y microbianas del suelo de Surtsey, que van desde las zonas de cría de las aves con vegetación hasta la pura piedra pómez. Los seguí hasta uno de sus lugares de muestreo. Bjarni desenterró del suelo bolsitas de té de hace dos años. «Les pregunto a los microbios: "¿Queréis té rojo o verde?"». El TBI (índice de bolsitas de té) se utiliza en todo el mundo. Para mantener la coherencia, solo utilizan Lipton. «Todos estamos nerviosos —me dijo—, porque Lipton va a dejar de hacer té rojo».

Esther tomó una muestra del núcleo de un pájaro muerto.

Mientras realizaban transectos ese mismo día, Bjarni había notado un chorlito gris que los miraba a Esther y a él. Cuando lo miró directamente, el ave se alejó revoloteando, en parte corriendo, en parte volando, manteniéndose cerca del suelo, pero claramente visible. Ya se habían visto chorlitos en la isla, pero nadie había encontrado nunca un nido.

«Cuando veas un chorlito corriendo o volando bajo, ve siempre en la dirección opuesta para encontrar su nido», dijo Bjarni. El chorlito es un ave humilde, cuyo nido no es más que un rasguño en la arena volcánica. Bjarni ignoró el intento del ave de atraerlo y encontró tres huevos moteados en la lava. Una novedad en la isla y la decimoséptima especie de ave reproductora.

La ausencia de seres humanos, al parecer, requiere una cuidadosa supervisión. En 1969, uno de los investigadores de Surtsey encontró una planta que parecía tener unas patas alargadas con hojas en forma de sierra que destacaba entre las orugas de mar y la hierba. Parecía una especie nueva para la isla, así que llamó a un experto que removió las rocas y encontró un suelo inusualmente rico en medio de la lava. Era *Solanum lycopersicum*. Una tomatera había echado raíces en los excrementos de un visitante. Embolsaron la planta y la caca y se las llevaron.

Para evitar el mismo error, soltamos lastre al borde de las olas. Con techos altos —una vez se levantaba la niebla—, con gran distancia entre las paredes y una vista de las islas Vestman, blancas como la tiza por el guano de alcatraz, es el baño más magnífico de toda Islandia. Incluso puedes tirar de la cadena, pero hay una trampa. Tienes que posarte en las rocas redondas de lava y calcular bien el momento, preferiblemente cuando la marea esté baja para que toda tu caca se vaya al mar. El océano puede hacer un ruido feroz, haciendo rodar las rocas antes de arrojarlas a la orilla.

El ecologista de volcanes Charlie Crisafulli piensa en la colonización tras las erupciones como si fuera el juego de las sillas musicales. La suerte y el tiempo juegan un papel importante en lo que persiste en el paisaje volcánico del continente. Si un grupo de árboles o de animales escapa de la lava, pueden dispersar sus semillas o salir de su refugio cuando termine la erupción. Un saltamontes o un escarabajo en el borde de la erupción puede saltar, volar o arrastrarse hacia adentro.

Sin embargo, Surtsey se parece más a la ruleta del océano. «Es un objetivo muy pequeño en un gran mar helado y la mayor parte de la tierra adyacente ya está empobrecida», señaló Crisafulli. El territorio continental de Islandia está aislado a lo largo de la dorsal mesoatlántica, con solo unos pocos animales y plantas. No tiene mamíferos terrestres nativos, excepto el zorro ártico (que cruzó el hielo marino en la Pequeña Edad de Hielo); no tiene ni anfibios ni reptiles ni mosquitos. Solo hay unos pocos animales cerca de Surtsey y los que llegan a la isla tienen dificultades para sobrevivir. No hay agua dulce estancada, por lo que para los patos y las aves zancudas es un lugar inhóspito para reproducirse. Además, hace frío, viento y niebla.

Lo aprendimos por las malas en la pista de Heimaey. Llegamos aquí en parte gracias a la determinación de Bjarni y a la generosidad de la guardia costera de Islandia. Pero, sobre todo, fue suerte: una pequeña ventana meteorológica cuando el helicóptero estaba en la zona. Los cámaras de la BBC se esforzaron por llegar a la isla, pero cuando aparecieron en su barco frente a la lengua de tierra del norte, el viento, las olas y las rocas hicieron que el aterrizaje fuera demasiado peligroso. Años antes, señaló Bjarni, una foto de Surtsey había sido elegida como una de las fotos del año de Islandia: «Era una foto de mi estudiante de doctorado cayéndose del barco cuando estábamos desembarcando».

El equipo de grabación de la BBC tuvo que dar la vuelta y ese pudo haber sido también nuestro destino. De todos los pájaros, plantas e insectos que llegaron a Surtsey, muchos otros no lo hicieron; murieron, tomaron otro rumbo o nunca abandonaron las comodidades de su hogar. Para cualquiera de nosotros, pudo haber salido de una forma u otra.

Poco después de que surgiera Surtsey, los botánicos, geólogos y ornitólogos de Islandia se unieron para mantenerla prístina, limitando los visitantes anuales a unos pocos investigadores. Incluso con plena ocupación durante la expedición, la isla solo albergaba a un puñado de científicos. Pero durante más de trescientos cincuenta días al año, Surtsey está completamente libre de humanos. Las aves, los insectos y las plantas son los verdaderos dueños de esta isla. E incluso las aves abandonan la isla en invierno. Con menos de seis horas de luz solar entre noviembre y enero, la oscuridad consume Surtsey. Las plantas mantienen la isla durante la penumbra sin más visitantes que algún que otro mamífero marino que pasa nadando.

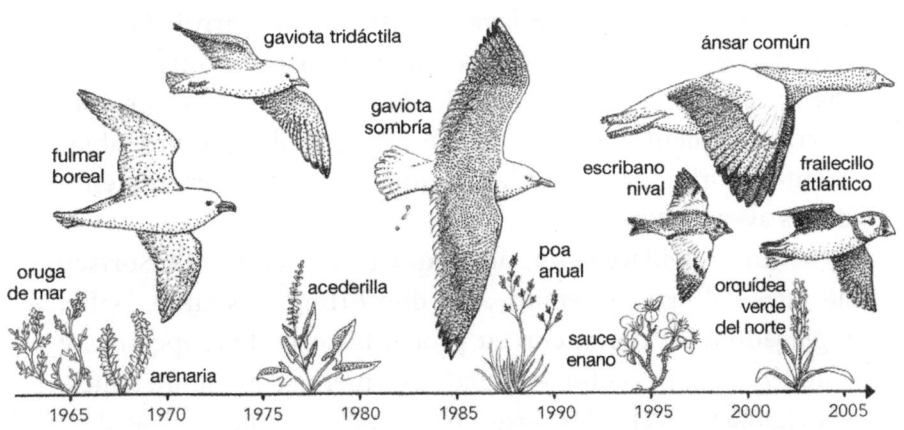

Un eje cronológico de Surtsey. Las primeras plantas en establecerse en la isla fueron especies marinas que almacenaron sus nutrientes para el viaje. Después de la llegada de la gaviota sombría y otras aves marinas, el nitrógeno del guano ayudó a catalizar el establecimiento de pastos. El futuro podría pertenecer al frailecillo a medida que la isla se erosiona (Basado en Magnússon *et al.*, 2009).

Hay muchas rocas en el océano, pero Surtsey es una de las más jóvenes y con menos huella humana. «Surtsey es la única isla volcánica que se ha estudiado de cerca desde el primer día», dijo Erling. En 2008, se añadió a la Lista del Patrimonio Mundial de la UNESCO debido a esta protección y a los estudios biológicos realizados allí.

Ha habido muchas erupciones en el continente, pero hay animales y plantas alrededor de esos campos de lava o comunidades relictas que sobreviven a las explosiones para ayudar a la recolonización con las semillas. «Surtsey nos enseñó que las aves marinas podían traer nutrientes, semillas e insectos en el material de anidación», dijo Erling. Hay tantas especies de invertebrados en la isla que la fuente solo puede ser las aves que anidan.

Mientras estaba sentado en el borde de la pradera, pensé en otra isla volcánica a medio mundo de distancia, descrita por otro científico que había desembarcado allí por primera vez cuando era un joven de veintitantos años. Las Galápagos, «un campo roto de lava basáltica negra, arrojada a las olas más escarpadas», acercaron a Darwin a «ese misterio de los misterios: la primera aparición de nuevos seres en esta tierra». Al menos algunos de los seres que observó probablemente se originaron en islas enriquecidas por el excremento de las aves marinas.

«Nunca olvidaré la sensación que tuve cuando dejé Surtsey después del primer verano», me dijo Erling más tarde. Había regresado a Heimaey, con su propia historia de erupciones y colonización. Las colinas cubiertas de hierba eran inquietantes. «No había visto el color verde en tres meses —dijo. Incluso después de que Erling regresara a Reikiavik, Surtsey nunca estuvo lejos. Las colinas marrones y las arenas grises se convirtieron en la paleta de su vida—. Es el hogar de mi corazón. Así de simple».

Pálsbær, la cabaña de investigación que lleva el nombre de Paul Bauer, un filántropo estadounidense, navega por el borde del campo de lava como un barco de pesca en el oscuro mar invernal del Atlántico Norte. Los investigadores se reunieron alrededor de la mesa de madera en el corazón de la cabaña durante el largo crepúsculo que pasó por la noche en Surtsey en julio, bañados por la luz de dos velas. Las islas Vestman podían verse por la ventana. Un bloque calcáreo, salpicado de alcatraces y cubierto de guano, brillaba como la luz de un faro.

Había un ambiente de celebración. Poco antes, Borgthór había estado caminando por el borde de la colonia de cría y, cuando regresó a Pálsbær, mencionó casualmente: «Hace una hora encontré una nueva especie en la isla». Era una juncia azul que crecía entre la pradera y el campo de lava. La *Carex flacca* es común en Islandia, pero aquí fue un gran descubrimiento. Probablemente dispersada por aves, quizá por gansos, había estado en Surtsey durante algunos años. Era la septuagésima novena especie de planta encontrada en la isla, evidencia de que su diversidad seguía creciendo gracias a las aves.

Borgthór echó un poco de vino en una taza marrón, la copa honorífica de Sturla, y me la entregó. (Sturla Fridriksson escribió varios libros sobre Surtsey, incluido el que yo había utilizado como referencia antes de llegar). Se sirvió cordero islandés. Los investigadores habían pasado el día contando plantas, pájaros y unas pocas tiras finas de algas y la conversación inevitablemente giró en torno a las propiedades culinarias de las aves marinas. Aunque la población de Islandia es inferior a cuatrocientos mil habitantes, las tradiciones culinarias varían en toda la isla. Algunos prefieren los polluelos de fulmar, otros las gaviotas atlánticas jóvenes. Los polluelos de alcatraz se recogen en los escarpados acantilados blancos que podíamos ver por la ventana. La sopa de frailecillos, con las cabezas incluidas, es una de las favoritas en Heimaey, donde los lugareños capturan a las aves con redes alrededor de las zonas de anidación. En los fiordos del este, los cormoranes se asan, se salan o se ahúman. «Tienen una carne marrón deliciosa», señaló uno de los investigadores. Quizá no fuera la rivalidad nocturna entre el biólogo marino y el pescador en el *Orca* (el barco de Quint en *Tiburón*), pero había un aire de camaradería y competición en el implacable crepúsculo.

Las aves podían contraatacar. Un gran págalo, un excelente pájaro pirata, atacó una vez al tío de Bjarni. «Era un hombre grande, pero nada pudo hacer contra este Messerschmitt. El págalo lo dejó inconsciente».

Borgthór admiraba a los fulmares no por sus propiedades culinarias, sino como supervivientes. A mi ojo inexperto, parecían gaviotas, pero están estrechamente relacionados con los albatros gigantes. Y tienen buenos genes. «Hay una foto de mi mentor, George Dunnet —dijo Borgthór— poniendo una etiqueta a un fulmar cuando era joven. Los fulmares no se reproducen hasta los diez años y luego tienen una cría al año». Me mostró dos fotos en blanco y negro. La de la izquierda, un fulmar y un hombre de cabello oscuro y piel suave, fue tomada en 1951; la de la derecha, un fulmar y un hombre mayor con entradas y surcos faciales, era de 1986.

—Es la misma persona y el mismo pájaro —dijo Borgthór. El fulmar no había envejecido ni un día.

El último día de la expedición, todos se levantaron a las seis para revisar las trampas de insectos, terminar las muestras del suelo y volar un dron sobre la lengua de tierra del norte. Nos reunimos a las ocho para inspeccionar los nidos de aves. Borgthór utilizó una cuerda de unos diecinueve metros para definir un círculo de mil metros cuadrados. Sujetando la cuerda con fuerza, caminamos en círculo alrededor de Borgthór, comenzando en el centro de la colonia de cría.

«*Hreidur!*», gritó alguien, la palabra islandesa para «nido». En el primer círculo, solo había un nido de gaviota, un anillo de hierba muerta entre el más denso hierba de arena y la pamplina. Después de veinte años de albergar aves marinas, el suelo era blando y esponjoso, disimulando los huecos en la lava de abajo. Era un poco como caminar sobre un trampolín, con alguna que otra pluma blanca flotando entre la hierba a la altura de la cintura.

Hicimos todo lo posible por contar las aves y minimizar las molestias. Oí un croar bajo mis pies: un fulmar listo para vomitar a modo de proyectil un asqueroso bolo de tripas de pescado. Lo esquivé por completo. Las gaviotas se habían retirado, sus nidos eran poco más que un remolino: un pequeño lecho de paja, algunas plumas y tal vez los restos de un huevo. Como naturalista empedernido, hice todo lo posible por sujetarme a la cuerda a través de la pradera. La lava retorcida escondida bajo la hierba parecía un mar congelado en medio de un fuerte temporal.

—*Hreidur!*

Ese día registramos treinta y cuatro nidos, muchos de ellos en el borde de la pradera, lo cual ayudó a que el hábitat se expandiera con el tiempo.

Los investigadores también se dispersaron por las alas o, en este caso, por las palas del rotor. Mientras esperábamos al helicóptero, mencioné que estaba pensando en reservar una habitación de hotel. El fotógrafo se inclinó hacia mí. «Yo me esperaría». Esto era Islandia y era demasiado pronto para planificar. El helicóptero todavía estaba a unos veinte minutos.

Lo vimos acercarse por el horizonte, aterrizar en la pequeña pista de aterrizaje y descargar a los geólogos que ocuparían nuestro lugar en la cabaña. Nos pusimos los auriculares, cargamos nuestro equipo y nos fuimos. No tenía ni idea de adónde íbamos. ¿De vuelta a Heimaey? ¿A Reikiavik? El lema no oficial de Islandia es *Thetta reddast,* que se pronuncia «*Thay*-ta *ray*-dast» y que se traduce más o menos como «Todo saldrá bien».

Mientras nos elevábamos sobre el Atlántico Norte, me sentí como un autoestopista, poco más que una brizna en el vientre del helicóptero.

Estuve en la isla unas setenta y dos horas en total, aunque me pareció un tiempo interminable y sin pausas, ya que nunca oscurecía. Surtsey desapareció. Uno de los guardacostas me pasó una nota: *Reikiavik a las 18:15.*

Cuando hablé por primera vez con Erling en 2019, acababa de celebrar su septuagésimo cumpleaños; era un hombre moldeado por las aves marinas y las focas del Atlántico Norte, al igual que la propia Surtsey. Los setenta es el punto de inflexión entre el trabajo y la jubilación en Islandia. Pero incluso en su último viaje, Erling me dijo, con su escasa cabellera gris que emergía como si de fumarolas en la brisa se tratara, «Siempre existe la misma emoción. Siempre. Nada más bajar del barco o del helicóptero, lo primero que hago es coger un puñado de arena y darle un beso».

Al final del último viaje de Erling, en 2020, Surtsey no estaba dispuesta a dejarlo ir. La salida del equipo de investigación se retrasó un día y luego varios más debido al mal tiempo. El helicóptero de los guardacostas no pudo aterrizar en la pequeña pista de aterrizaje y la idea de un barco ni se mencionaba. Los suministros se estaban agotando y el siguiente equipo iba con retraso. Al final, los guardacostas lanzaron una cuerda y Erling y su equipo fueron arrancados de la isla como flores silvestres.

Cuando lo visité en su oficina, en un edificio al borde de un aparcamiento y un campo de lava, Erling estaba rodeado de los miles de escarabajos, moscas y arañas, inmovilizados y montados en cajas, que había recogido en Islandia a lo largo de décadas. Estaba organizando el trabajo de su vida para la próxima generación de entomólogos y parecía un poco como un hombre en el exilio.

Todavía parecía tener el corazón apesadumbrado por haber dejado Surtsey. «Era como si me hubieran desgarrado la garganta», dijo Erling con lágrimas en los ojos. «Erling casi nació en esta isla —dijo Borgthór—. O al menos, creció aquí». Erling me dijo con nostalgia que había considerado unirse a la expedición a Surtsey este año, pero que no podía soportar el dolor de despedirse una vez más.

Me detuve en el baño al salir. Sobre el inodoro, había una foto de un cormorán defecando en la orilla. Era una de las fotos más preciadas de Erling.

Comer, defecar, repetir. El efecto guano se extiende mucho más allá de Surtsey. Las aves marinas se reproducen en el Ártico, en la Antártida y en islas de todo el mundo. El océano Antártico alberga el mayor número de aves marinas (pensemos en pingüinos, petreles y albatros) y alrededor de cuatro quintas partes de todo el excremento de aves marinas del planeta, junto con el nitrógeno y el fósforo que contiene. La historia de Surtsey se ha repetido en islas de todo el mundo, en algunos casos durante siglos, incluso milenios. El guano es un recurso natural precioso y sus altas concentraciones en el hemisferio sur provocaron en su día una persecución mundial, desde Perú hasta las islas de guano del Pacífico Sur.

En el siglo XIX, los veleros de Europa y Norteamérica hacían escala en islas remotas de todo el mundo. Fue una época de auge para el aceite de ballena y la caca de pájaro. El aceite se utilizaba para la iluminación y la lubricación en las grandes ciudades del norte. El guano aportaba nitrógeno y fósforo a los campos y tierras de cultivo empobrecidos en nutrientes; se consideraba el mejor fertilizante del mundo, como veremos más adelante. La extracción de guano puso en peligro a muchas aves marinas al destruir sus madrigueras en las islas y sus hábitats de anidación. Los recolectores a menudo perseguían a los depredadores nativos de las aves marinas, como los cóndores andinos y los halcones peregrinos y sus desplazamientos entre los puertos y las islas de cría también transportaban depredadores invasores. Quizá ninguno haya sido más dañino que *Rattus rattus*, la rata de barco.

«Es como la noche y el día», dijo Nick Graham, de la Universidad de Lancaster, sobre la diferencia entre una isla con ratas y una isla sin ratas. Cuando hablamos, estaba esperando a que pasara la pandemia de coronavirus con sus tres hijos en el Reino Unido. Graham ha trabajado en el archipiélago de Chagos, en el océano Índico, durante más de una década. Las islas que estudia son más o menos idénticas, excepto que algunas tienen un historial de naufragios y ratas fugitivas. Para la fauna autóctona, fue otra partida a la ruleta rusa oceánica y la llegada de un nuevo depredador fue como una bala en la cabeza. En las islas con ratas, los roedores se comían huevos de aves marinas, polluelos e incluso aves adultas en ocasiones. Esto tuvo un efecto dominó en todo el ecosistema.

«Cuando pones un pie en una isla sin ratas, los cielos están llenos de aves marinas. Hay un ruido constante por la cacofonía que hacen esas aves. Y huele a guano y amoníaco, sobre todo si ha llovido recientemente. Es un entorno realmente rico, penetrante y ensordecedor».

«Pero cuando pones un pie en una isla con ratas —dijo Graham—, apenas hay aves marinas. Los cielos están vacíos». No hay olor y el único sonido proviene de las pequeñas olas que rompen en la playa.

Graham se preguntó cómo estas diferencias podrían afectar a los arrecifes y la vegetación de las islas, así que se arriesgó y gastó el dinero que quedaba de la subvención que le había concedido el Consejo de Investigación de Australia. En seis islas con ratas y seis sin ellas, él y sus colegas recogieron muestras de suelo y hojas nuevas de un arbusto costero, luego se sumergieron en las llanuras del arrecife y recogieron macroalgas y esponjas solitarias. Desde el principio, la diferencia en el número de aves marinas fue obvia: había setecientas cincuenta veces más aves marinas en las islas sin ratas que en las que las tenían. Más aves significaba más excremento. El depósito de nitrógeno era doscientas cincuenta veces mayor en las islas con aves, un recurso enorme para las plantas y animales nativos.

Se zambulleron en la cresta del arrecife donde los corales descienden a aguas más profundas y contaban peces y recogían algas de césped y peces damisela joya, que se alimentan de algas marinas. Los peces damisela crecen a un ritmo más rápido en los arrecifes de las islas sin ratas. Conocidos como los jardineros del arrecife, defienden sus granjas de algas, protegiendo a los pequeños camarones y los nutrientes que sus excrementos proporcionan a las algas. La biomasa de los peces es un 50 % mayor en los arrecifes con aves marinas que en los que no las tienen, lo cual es sorprendente, teniendo en cuenta que los arrecifes no estaban siendo explotados y ya estaban en buen estado. Graham y sus colegas están ahora interesados en el impacto de las aves marinas en la fecundidad de los peces. Con más nutrientes, los peces podrían tener más descendencia que se dispersara a las islas cercanas, ampliando la huella, la huella de caca, de las aves.

Pero ¿pueden ser demasiados nutrientes perjudiciales para los corales? Hemos visto disminuciones alrededor de ciudades sin un buen tratamiento de aguas residuales. «La gente suele pensar que los nutrientes son una mala noticia para los arrecifes de coral», señaló Graham. Eso se debe a que muchas de las aportaciones humanas proceden de fertilizantes y aguas residuales, que tienen poco fósforo y mucho nitrógeno. Si los corales se ven afectados por este exceso de nitrógeno, se blanquearán a una temperatura más baja, expulsando a sus simbiontes esenciales. «Pero si aumentas los nutrientes con una aportación equilibrada de nitrógeno y fósforo, que es lo que proporciona el guano de las aves marinas, los corales crecen más rápido», dijo. Los corales se mantendrán sanos a temperaturas más altas, conservando sus simbiontes, y serán más resistentes térmicamente frente al cambio climático.

No es de extrañar que las aves y sus excrementos, huevos y cadáveres mejoren el crecimiento de las plantas (Surtsey y otros estudios lo demostraron hace años), pero los peces marinos también responden a este subsidio.

Después del estudio de las aves, Borgthór y yo nos sentamos en el borde del vertiginoso acantilado sur de Surtsey. Podíamos oír cómo la isla se desmoronaba debajo de nosotros. Yo había supuesto que las rocas redondas de lava con las que me tropecé mientras caminaba por la orilla tenían un par de décadas, pero Borgthór dijo que probablemente muchas habían caído al agua hacía apenas unos meses y que el oleaje las había hecho rodar y quedar redondeadas.

Pasé mucho tiempo contemplando las manchas blancas en la lava oscura durante esa interminable tarde de verano. Cuando alcé la vista, las aves marinas que regresaban a los acantilados cosían el cielo como una costura oscura en una pelota de béisbol. Después de alimentarse en alta mar de capelán, lanzón y krill, llevaban algo en el pico o en la garganta para sus polluelos. Un fulmar, probablemente con un gusto por los descartes de los barcos de pesca, pasó volando por encima. Un frailecillo daba vueltas en el borde del acantilado. Los araos negros regresaban del mar, batiendo rápidamente sus alas antes de descender en picado hacia sus nidos, con las rayas blancas de las heces como pistas de aterrizaje. Llamando desde arriba, las gaviotas sombrías se dirigían al prado que habían formado. Aunque en otros lugares no son más que gaviotas tal vez peleando por un trozo de pizza, en Surtsey siempre serán aves gloriosas.

Se produjo un tira y afloja entre las fuerzas físicas que habían construido esta isla y que ahora la erosionaban inexorablemente y las biológicas, los nutrientes y la biomasa acumulada en las estribaciones de la árida palagonita. Muchas de las aves marinas de Surtsey son más antiguas que las rocas y algunos de los fulmares podrían ser incluso más antiguos que la propia isla. Aquí había una oportunidad única de observar cómo los animales podían construir un ecosistema casi desde cero. Se podía ver el proceso de desarrollo durante una corta caminata por la tarde o, si se era biólogo, se podía seguir a lo largo de una carrera. Cualquier científico te dirá que los proyectos de investigación suelen tener una alta rotación, con jóvenes que van y vienen a medida que se mueven hacia carreras académicas, gubernamentales y sin fines de lucro, pero el equipo que estudia Surtsey ha tenido una excelente retención. Muchos científicos, como Borgthór y Erling, han realizado visitas anuales a lo largo de sus carreras. Esta sería la última expedición de Borgthór. Se jubilaba ese mismo año.

Nada dura para siempre. Varias de las islas más pequeñas al este emergieron hace unos cinco mil años. La erosión las ha reducido a fragmentos basálticos, acantilados escarpados con nidos de alcatraces y praderas con pocas especies. Son un presagio del futuro de Surtsey. Y Surtsey nos muestra cómo eran los antiguos afloramientos de aves marinas en su juventud: flexibles, en constante cambio.

Con unas ciento veintiún hectáreas aproximadamente, Surtsey ya se ha reducido a la mitad en las cinco décadas transcurridas desde su formación. Su perfil es un poco más cincelado, con acantilados más empinados y la lengua de tierra del norte que ahora sobresale como el sombrero de un elfo.

«En el futuro —me dijo Borgthór—, esta será la tierra de los frailecillos». Las adorables aves marinas de pico brillante se esconderán bajo la espesa hierba, como hacen en las islas vecinas de escarpados acantilados (más de la mitad de los frailecillos atlánticos del mundo viven en Islandia). La frágil lava se desprenderá en el mar, dejando tras de sí un núcleo interno duro de palagonita, el vidrio basáltico que se formó cuando la lava, aún caliente, fluyó hacia el agua del mar. «Con el tiempo, tal vez dentro de diez o quince mil años —dijo—, Surtsey probablemente habrá desaparecido».

Dejó que la idea calara.

«Pero entonces tendremos otra erupción y una nueva Surtsey».

2

CACA PROFUNDA

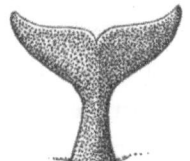

En la gran extensión de los océanos, los animales no parecen importar mucho. Desde la superficie, todo parece más o menos igual. Mucho depende del viento y las corrientes, las fuerzas físicas en juego. El fitoplancton, unas plantas microscópicas, son los responsables. De tamaño diminuto, pero con una cantidad de billones por kilómetro cuadrado, forman la base de la red alimentaria, absorbiendo la luz solar, el dióxido de carbono y otros nutrientes y convirtiéndolos en floraciones estacionales que alimentan al zooplancton, a los peces y, en última instancia, a los animales más grandes que jamás hayan existido. Si alguna vez tienes la suerte de ver una de estas ballenas de cerca, escuchar su soplo, oler su aliento y saborear la salmuera, tu perspectiva sobre el vacío del océano podría empezar a cambiar. ¿Y si estos enormes mamíferos, a través de su caca y su pis, afectaran a uno de los principales impulsores de la fotosíntesis y, por tanto, de la productividad en el planeta, de la misma manera que las aves marinas impulsaron la vida vegetal en Surtsey?

En los años noventa, fui voluntario en el Proyecto de Investigación de la Ballena Franca, con sede en el Acuario de Nueva

Inglaterra, que trabaja para salvar a una de las ballenas más amenazadas del mundo. Viajamos hacia el este desde Maine hasta la bahía de Fundy en las Provincias Marítimas de Canadá a bordo del *Nereid,* el buque de investigación de nueve metros del acuario. Me pusieron de guardia y me dijeron que estas ballenas filtradoras descansan en la superficie después de largas y profundas inmersiones en el fondo fangoso de la bahía. Mientras navegábamos por la isla de Grand Manan, vi una sombra al este. Nos detuvimos, alzamos los prismáticos y observamos la superficie enjoyada de la bahía. Esta ballena flotante resultó ser, bueno, un tronco de madera, probablemente una pícea muerta arrastrada por las mareas.

Poco después de esa falsa alarma, vimos una tenue niebla en la distancia, como una mota de polvo en el horizonte. Al acercarnos, pude ver los soplos en forma de V y el ceño oscuro típicos de una ballena franca, los góticos de los mamíferos marinos. Uno de los investigadores reconoció a la ballena como 1227, un macho adulto que posteriormente engendró tres crías y que aún es avistado regularmente en la región de las Marítimas. Sliver, como se le conocía, salió a la superficie, respiró varias veces y luego levantó sus anchas aletas negras. Justo antes de sumergirse de nuevo, 1227 soltó una enorme mancha de color rojo ladrillo.

—¡Caca! —gritó alguien.

Como si necesitáramos que nos lo dijeran. Un olor abrumador a salmuera y descomposición voló hacia nosotros. Esa columna fecal marcó el comienzo de un nuevo rumbo en mi vida. En ese momento, no tenía ni idea de que seguiría persiguiendo ballenas y recogiendo sus heces más de veinte años después.

La caza comercial de ballenas se remonta a por lo menos mil años. Muchas poblaciones disminuyeron, primero en Europa y luego en el resto del mundo, conforme los balleneros ampliaban su territorio en busca de barbas y aceite. A principios del siglo xx, los balleneros tenían arpones explosivos, barcos a diésel de persecución y barcos factoría que podían sacrificar en el mar ballenas azules enteras, los animales más grandes del planeta, y ninguna ballena estaba a salvo de la caza industrial. En la década de 1960, muchas especies estaban al borde de la extinción. La población de ballenas francas del Atlántico Norte se había reducido probablemente a menos de cien individuos. Noventa y nueve de cada cien ballenas azules habían sido eliminadas de las vastas zonas de caza de ballenas del océano Antártico.

Protecciones como la Ley de Protección de Mamíferos Marinos de EE. UU. y la moratoria sobre la caza comercial de ballenas impuesta por la Comisión Ballenera Internacional, ayudaron a revertir estas tendencias en los años setenta y ochenta. El regreso de las ballenas en grandes cantidades desde su casi extinción ha sido motivo de celebración en gran parte del mundo, pero también ha habido algunas reacciones adversas. A partir de la década de 1990, Japón y otras naciones balleneras hicieron fuertes declaraciones en defensa de la caza comercial. Además de la afirmación cultural de que la caza de ballenas era importante para el patrimonio y las tradiciones japonesas, la nación tenía otras dos líneas de defensa: en primer lugar, las ballenas comían mucho pescado y demasiadas ballenas tenían un impacto negativo en las comunidades pesqueras. En segundo lugar, las ballenas eran perjudiciales para la conservación. En la década de 1990, las diminutas ballenas Minke, que eran objetivos de caza en Japón, Noruega e Islandia, eran tan numerosas que estaban superando en número a las ballenas más grandes en peligro de extinción, como las ballenas de aleta y las ballenas azules, o eso decían los japoneses. Al matar a las ballenas Minke comunes, sostenían que los balleneros reducían la competencia de las ballenas más amenazadas.

Esta perspectiva, que consideraba a las ballenas y a otras especies simplemente como consumidoras, no era infrecuente en aquella época. Gran parte de la ecología de los mamíferos marinos en ese momento se centraba en la alimentación, es decir, en los efectos de consumo que las especies tenían entre sí. En 1997, cuando cursaba el máster de Ecología Marina en la Universidad de Florida, el argumento de «las ballenas se comen nuestros peces» podía estar en mi cabeza de manera inconsciente, ya que recientemente había ido a Japón con investigadores que estaban examinando productos de ballena que se vendían en el canal comercial utilizando técnicas genéticas. Habían descubierto que parte de la carne de ballena que se comercializaba en mercados y restaurantes de sushi de todo el país procedía de especies en peligro de extinción, lo que constituye una violación del derecho internacional y eso me hizo preguntarme si había otros conceptos erróneos que guiaran nuestra gestión de las ballenas y de otras criaturas oceánicas.

Así que probablemente estaba soñando despierto en el fondo de la sala cuando Larry McEdward, ecologista de larvas y profesor de zoología, dibujó la bomba biológica en la pizarra. Este es un concepto básico en oceanografía biológica, cuya premisa es que el carbono y otros elementos se mueven desde la superficie hasta las profundidades del mar. En la superficie del océano, hay luz y, por lo tanto, fotosíntesis, así como un intercambio de dióxido de carbono con la atmósfera. Cuando el fitoplancton, el zooplancton y los peces mueren, transportan carbono y otros nutrientes al fondo del océano cuando se hunden. Este transporte también ocurre durante la migración vertical del zooplancton.

El movimiento del zooplancton es una de las grandes migraciones, en su mayoría invisibles, del planeta. El krill y los copépodos suelen alimentarse de fitoplancton en la superficie durante la noche y luego migran de vuelta a las oscuras profundidades del océano durante el día, presumiblemente para escapar de los depredadores. Esta migración vertical diaria constituye uno de los mayores movimientos de animales de la Tierra. Sus defecaciones y muertes en aguas profundas transfieren miles de millones de toneladas de carbono lejos de la superficie del océano cada año. Las aguas superficiales, el único lugar donde hay suficiente luz para que se produzca la fotosíntesis, pueden agotarse de nutrientes, pero estos se acumulan en las profundidades del mar. Este sistema estratificado de aguas superficiales cálidas y pobres en nutrientes y aguas profundas frías y ricas en nutrientes, se produce generalmente en verano, cuando hay mucho sol y poco viento que mezcle las cosas. Los nutrientes de la superficie disminuyen, al igual que pasa en tu jardín, después de una temporada productiva. En algunas zonas costeras, los vientos y las surgencias pueden hacer que los nutrientes vuelvan a subir en otoño.

Mientras tanto, la nieve marina (pequeñas partículas biológicas formadas por bolas fecales, fitoplancton muerto y otros desechos) también se hunde en las profundidades. La combinación de estos dos procesos traslada los nutrientes a la zona afótica, la cual tiene muy poca luz para la fotosíntesis. Esta bomba biológica desempeña un papel importante en la exportación y el almacenamiento de carbono, nitrógeno, fósforo y hierro a las profundidades del mar y el fondo oceánico.

Pero aquella tarde faltaba algo importante en la presentación de McEdward. Recordé aquellas ballenas francas que salían a la superficie con barro en la cabeza después de alimentarse en las profundidades durante diez o quince minutos. Muchos animales suben y bajan una vez al día, pero las ballenas que bucean en las profundidades y otros vertebrados que respiran aire pueden viajar desde la superficie del agua hasta las profundidades del océano y volver varias veces por hora. Las inmersiones son energéticamente costosas, por lo que estos animales desactivan muchos procesos metabólicos básicos mientras se alimentan. Las ballenas regresan a la superficie para respirar, por supuesto, y también para descansar y digerir. Y, a veces, justo antes de sumergirse de nuevo, dejan enormes columnas fecales. Esto era lo contrario de la bomba biológica, pensé; en este caso, los animales llevaban nutrientes a la superficie en lugar de exportarlos a las profundidades del mar.

Dibujé un diagrama en mi cuaderno que reflejaba lo que había visto en el mar durante los años anteriores (ballenas francas comiendo copépodos en el fondo de la bahía, nadando hacia la superficie para respirar y defecar) y lo que supuse que sucedía: los nutrientes de las heces eran recogidos por el fitoplancton que finalmente alimentaba a los copépodos y a las ballenas. Olvidé este dibujo y lo perdí de vista en una serie de mudanzas, pero el concepto se quedó conmigo. Luego, un verano, cuando nuestra familia estaba aislando nuestro ático y tuve que sacar cosas que había guardado allí, encontré mi cuaderno de ecología marina en una vieja caja de licor. Se abrió en el boceto original.

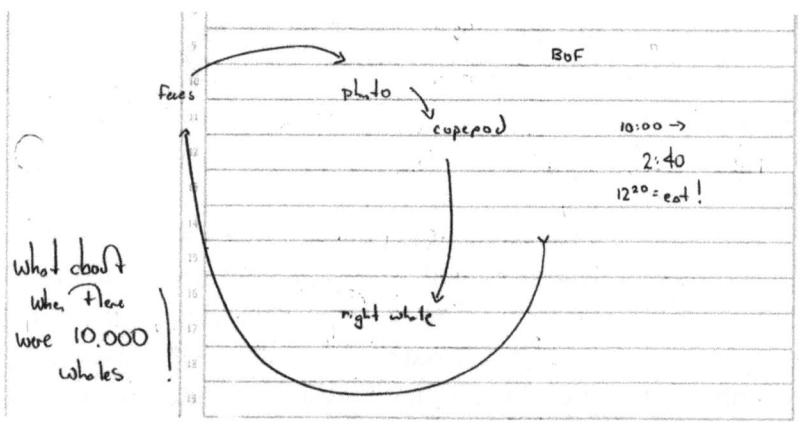

La bomba de ballena tal y como la dibujé en mi cuaderno de ecología marina durante una clase en la Universidad de Florida en 1997. BOF: bahía de Fundy (tened en cuenta que, como estudiante de posgrado, tenía que recordarme a mí mismo que tenía que comer).

Había discutido la idea con colegas de la Universidad de Florida, pero no fue hasta una conversación durante una cena unos años más tarde con Jim McCarthy, un amigo cercano y mentor en Harvard, que encontré un oceanógrafo dispuesto a considerar la idea de que los animales grandes podrían ser ecológicamente importantes en los océanos. Podrías pensar: «Bueno, claro que las ballenas importan, son grandes y cosmopolitas, se encuentran en todos los mares». Pero no es así como se había desarrollado el campo de la oceanografía en el siglo xx. La mayoría de los oceanógrafos biológicos que conocía se centraban en las fuerzas ascendentes: las relaciones entre los nutrientes, las corrientes oceánicas, el fitoplancton y el zooplancton. Jim tenía una mente abierta y era un experto en el ciclo del nitrógeno marino. Tenía las habilidades para medir estos nutrientes.

Para comprender las implicaciones de este trabajo, es útil esbozar algunas características básicas de los ecosistemas oceánicos. En el golfo de Maine y en gran parte del Atlántico Norte, el océano está bien mezclado en invierno, lo que significa que tiene muchos nutrientes, pero el viento y la reducción de la luz solar limitan el crecimiento del fitoplancton (plantas microscópicas). Luego, en primavera, las aguas se calientan y se forma una capa estratificada o termoclina; esto mantiene el fitoplancton cerca de la superficie donde hay mucha luz para el crecimiento y muchos nutrientes de la mezcla invernal. El fitoplancton se vuelve tan abundante que crea una floración primaveral. El zooplancton, como los copépodos y el krill, responde alimentándose en la superficie. El arenque, el lanzón y otros peces pequeños se alimentan del zooplancton. Muchos de estos animales se esconden en la zona afótica profunda por la noche. Con toda esta potencial comida, grandes depredadores como el atún, las aves marinas, las focas y las ballenas migran a la zona.

Aquí es donde entran las ballenas. Cuando se sumergen para alimentarse y luego salen a la superficie para respirar, descansar y digerir, mueven nitrógeno y otros nutrientes limitantes (fertilizantes) a través de la termoclina. Los nutrientes que estaban encerrados en las aguas profundas, oscuras y frías, se trasladan a las aguas superficiales, claras y cálidas, donde pueden utilizarse para la fotosíntesis. Las ballenas pueden hacer esto físicamente, nadando a través de esa barrera y también moviendo nutrientes a través de las heces y la orina desde las profundidades hasta la superficie. Este movimiento se vuelve aún más importante durante el verano, cuando los nutrientes cerca de la superficie comienzan a agotarse y las ballenas están fertilizando sus áreas de alimentación.

Las ballenas, las aves marinas, los delfines y las focas (animales que se alimentan en el océano y están atados a la superficie para respirar) desempeñan un papel en el reciclaje del nitrógeno en el golfo de Maine, pero las ballenas, con su gran tamaño, tienen el mayor impacto de todos, un hallazgo que es aún más notable si se tiene en cuenta que las poblaciones actuales de ballenas son una fracción de lo que eran hace unos cientos de años, antes de la llegada de la caza industrial de ballenas. Estimamos que las ballenas movían veinticuatro mil toneladas de nitrógeno a las aguas superficiales cada año en el golfo de Maine, más que todos los ríos juntos, una fuente natural de nutrientes para la región.

Un colega sugirió un término para este proceso: la bomba de ballena. McCarthy y yo enviamos nuestro primer artículo sobre la bomba de ballena, basado en un modelo que habíamos creado, a una revista líder a finales de la década del 2000. Fue rechazado. Hubo rechazo por parte de algunos miembros de la comunidad oceanográfica que se centraban en los procesos de abajo hacia arriba. Algunos argumentaban que eran los pequeños actores (las bacterias y el fitoplancton) los que impulsaban los ecosistemas marinos junto con procesos físicos como las surgencias y las tormentas. ¿Qué diferencia podría suponer unas pocas ballenas? Uno de los revisores que estaba dispuesto a considerar la idea de que este movimiento podría ser un proceso importante pasado por alto, señaló que teníamos un grupo de ballenas nadando a lo largo de la costa de Nueva Inglaterra, no lejos de donde estábamos. ¿Por qué no salir al campo, recoger muestras y medir el efecto directo de las columnas fecales en el sistema? «Empezad de nuevo» era lo último que queríamos oír, pero los colegas estaban colocando etiquetas con ventosas a las ballenas jorobadas ese año para seguir sus movimientos bajo el mar, así que en junio me uní a ellos en el banco de Stellwagen, frente a la costa de Massachusetts. Recogimos tantas columnas fecales de ballenas jorobadas como pudimos, junto con muestras ocasionales de ballenas de aleta y de ballenas francas.

Popular Science calificó en una ocasión el de «investigador de heces de ballena» como uno de los peores trabajos de la ciencia, pero yo no lo veo así. Las columnas fecales de las ballenas pueden ser de color verde neón o rojo brillante. Hay ladrillos flotantes y heces de color marrón cuero. A veces, brillan con escamas, por el sol reflejándose en el agua. Cada defecación de ballena es única.

«Descubrí que los copos de nieve eran milagros de la belleza —escribió Wilson Bentley después de fotografiar miles de cristales en su casa de Jericho, Vermont—. Cada cristal era una obra maestra del diseño y ningún diseño se repetía nunca» (el meteorólogo se ganó más tarde el apodo de «Snowflake» Bentley por su trabajo). Puede que sea exagerado decir que la columna fecal de una ballena tiene la simetría y la belleza de un cristal de hielo, pero no hay dos cacas iguales. Cuando las ballenas se alimentan de crustáceos ricos en lípidos, sus excrementos tienden a flotar y agruparse en heces floculantes de color rojo brillante (los lípidos son moléculas ricas en carbono y energía; las formas comunes son la grasa y la manteca). Cuando se alimentan de peces, sus excrementos pueden ser más sutiles, una nube de desconocimiento, como el té verde demasiado infusionado. Una tarde, notamos un enorme chorro vertical en la popa de nuestra Zodiac. El sonido era tan profundo como una sirena de niebla; destellos de acero inoxidable brillaban en un costado azul pizarra que se arqueaba sobre el agua. Una ballena de aleta grande y rápida, pasó junto a nosotros como un tren bala, y terminó con una aleta dorsal relativamente pequeña. Allí, en la huella de la aleta, una columna rosada: krill.

Columna fecal de cachalote en el Pacífico Sur (cortesía de Tony Wu).

El olor también varía. Cuando se alimentan de peces, las ballenas jorobadas y las aletas tienen excrementos que huelen algo más suaves, como a salmuera con un toque de azufre. Los excrementos de las comidas de krill o copépodos son más apestosos y las columnas de la ballena franca del Atlántico Norte son las más asquerosas de todas. Es un hedor tan espeso que, si se impregna en la ropa, nunca desaparecerá.

Y cuando examinamos las heces, ¿qué encontramos? En todas las columnas fecales había altos niveles de amoníaco, un compuesto de nitrógeno que se encuentra en los desechos animales. Este nitrógeno podría ser recogido por el fitoplancton.

También había altos niveles de fósforo, otro nutriente esencial. Las ballenas son comunes en el golfo en verano, que es cuando más importa. La bomba fertiliza el fitoplancton cuando la termoclina mantiene muchos de los nutrientes encerrados en las profundidades, las algas alimentan al zooplancton y a los peces y estos a su vez, alimentan a las ballenas. Es un círculo virtuoso: cuantas más ballenas, más peces.

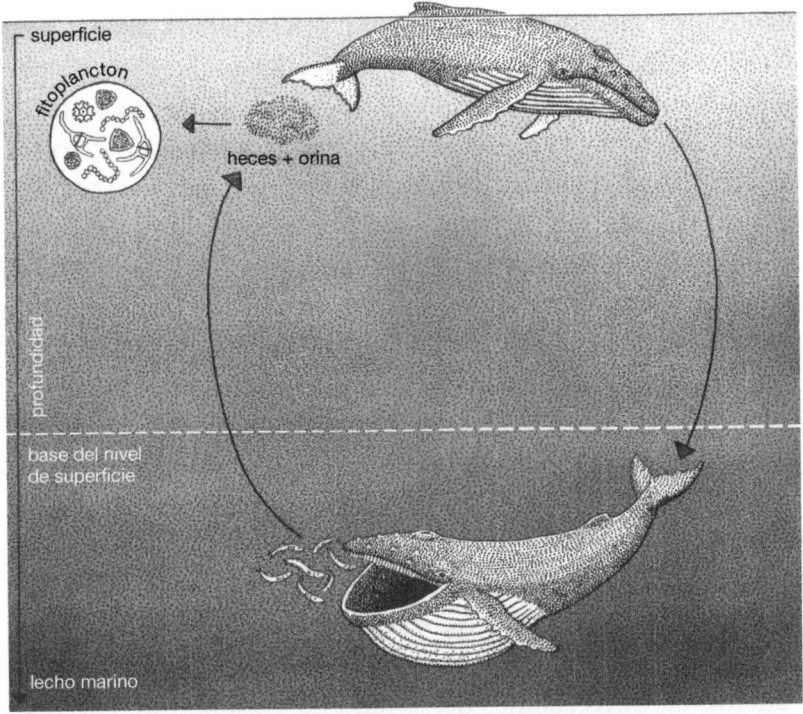

La bomba biológica es un mecanismo para exportar carbono y otros nutrientes a las profundidades marinas; se conoce desde la década de 1970. En cambio, la bomba de las ballenas, que se muestra aquí, es un concepto relativamente nuevo en el que los mamíferos marinos y otros vertebrados que respiran aire llevan nutrientes como nitrógeno, fósforo y hierro a la superficie, donde están disponibles para el fitoplancton y otros productores primarios.

El ciclo de la vida es fundamentalmente el mismo para cualquier criatura. Si sigues a un animal el tiempo suficiente, defecará. Al final, morirá. Pero incluso cuando sigues a las ballenas todo el día, puede ser un todo reto encontrar sus heces y un reto aún mayor el recogerlas. Una tarde, una ballena de aleta nadó hacia nosotros frente a la isla de Grand Manan, en la bahía de Fundy. Justo antes de que la ballena se sumergiera, vi un destello blanco: las escamas de una comida de pescado reciente. Para cuando llegamos allí, ya no estaba. ¡Qué putada!

Entonces, ¿cómo mejorar nuestras posibilidades? Hace unos veinte años, mis colegas Roz Rolland y Scott Kraus, del Acuario de Nueva Inglaterra, tuvieron una idea loca. Llevaban un par de años midiendo las hormonas en las heces de las ballenas para evaluar los niveles de estrés y el estado reproductivo (es decir, haciendo pruebas de embarazo fecales), pero les costaba encontrar muestras. Se emplearon perros detectores de excrementos para encontrar excrementos de osos pardos, de pumas y de perros raros salvajes africanos en tierra. ¿Podrían estos perros ayudar a encontrar excrementos de ballenas en el agua?

Rolland y Kraus llamaron a Barbara Davenport de PackLeader, una organización de adiestramiento de perros, y la preguntaron si tenía algún perro detector disponible para el verano. Resultó que tenía dos. Fargo era un rottweiler de veintisiete kilos y seis años. Había empezado como perro de compañía para una anciana, pero cuando ella ingresó en una residencia de ancianos, él empezó a trabajar como perro rastreador para Davenport, que en aquel momento trabajaba para el Departamento de Correcciones del Estado de Washington. Fargo se especializó en cocaína y narcóticos durante un tiempo y luego consiguió el que debió de ser el trabajo de sus sueños: perro detector de vida silvestre. Había encontrado muchos excrementos en las montañas y bosques del oeste, pero nunca había trabajado en el mar. Su colega, Bob, un perro mestizo rescatado de la perrera, tenía un gran olfato y una gran disposición.

¿Cómo funciona la detección de excrementos? En tierra, los perros siguen un olor, invirtiendo el rumbo cuando lo pierden, dirigiéndose al objetivo a medida que el olor se hace más fuerte. Es un trabajo más duro de lo que parece porque los olores pueden perderse detrás de una vegetación espesa o en un terreno accidentado. Debería ser más fácil en aguas abiertas, ya que no hay ningún lugar donde se pueda ocultar un olor. Quizá sea más fácil para el perro, pero leer el lenguaje corporal canino (muchas veces señala con el hocico, adopta posturas y mueve la cola) requiere habilidad, experiencia e intuición por parte del adiestrador. Fargo tenía la cola cortada; sus compañeros de barco lo llamaban «la pulgada feliz» cuando estaba siguiendo un rastro. Pronto lo olimos nosotros mismos. Aunque se necesita el olfato agudo de un perro para captar el olor de los excrementos de ballena a distancia, incluso los humanos pueden percibir el complejo aroma a aceite y crustáceos triturados con un toque de acidez y, bueno, de ballena, a unos cien metros. Los investigadores humanos pueden recoger una o dos muestras al día observando a las ballenas en la superficie, pero un perro como Fargo puede olfatear una cada hora más o menos, un ritmo que Rolland denominó «excrementos por unidad de esfuerzo». ¿La recompensa de Fargo? Una pelota de tenis y un tira y afloja con Rolland.

La nariz de Fargo estaba bien probada (una de sus hazañas más espectaculares fue detectar los excrementos de una ballena franca a una milla náutica de distancia), pero tenía un pequeño defecto: se mareaba con facilidad. Antes de partir, Rolland, un veterinario, le administró veinticinco miligramos de Benadryl para prevenir las náuseas. Bob, el colega de Fargo, tenía un problema mayor: tenía miedo a las ballenas y se acurrucaba en el fondo del barco cada vez que una aparecía cerca. Después de una temporada en el mar, se retiró a una granja en Vermont.

Cuando los perros no estaban disponibles, descubrimos que el mejor enfoque era buscar un grupo de cortejo. Las ballenas francas pasan gran parte de su tiempo en verano alimentándose, ya sea rozando la superficie con sus barbas, filtros del tamaño de un piano de cola, o más comúnmente buceando en las profundidades, para luego salir a la superficie con barro en la cabeza. Buscan principalmente *Calanus finmarchicus*, el copépodo más común del Atlántico Norte, un crustáceo tan pequeño que diez mil podrían entrar en una cuchara sopera. Pero de vez en cuando, un gran grupo de ballenas se reúne en un cortejo o como un grupo activo en la superficie. Se pueden ver desde kilómetros de distancia: ráfagas como pequeños fuegos artificiales plateados en el horizonte, aletas caudales y pectorales ondulando en la superficie. En este grupo de cortejo, varios machos, de dos a más de cuarenta, se empujan para llegar a una hembra. Durante un rato — y estos grupos pueden durar muchas horas— el océano cobra vida en una tempestad de ballenas y uno podría pensar en cuando tales encuentros debieron haber ocurrido a lo largo de gran parte del Atlántico Norte. A menudo se ve a la hembra principal flotando boca arriba con la hendidura genital justo por encima de la superficie, aparentemente en un intento de evitar la cópula o tal vez para eliminar a los machos más débiles, que están conteniendo la respiración para tener una oportunidad con la hembra. De vez en cuando, se ve algo parecido a una serpiente marina: el pene de la ballena franca es uno de los más grandes del reino animal, de casi tres metros de largo, y la ballena puede moverlo como un dedo.

Pero no nos interesaba el sexo. A menudo, la hembra defeca mientras nada de espaldas, estallando en lo que solo puede describirse como un volcán de mierda. Las ballenas cruzaban el horizonte a toda velocidad. ¿El olor también las atraía? Nos acercamos con una red de plancton y transferimos cuidadosamente la caca a nuestros frascos de recolección. Más tarde encontramos altos niveles de nitrógeno y fósforo en la columna y cuando añadimos heces de ballena franca al agua de mar, la tasa de crecimiento del fitoplancton se duplicó. Así que hay una conexión entre el sexo y la productividad, al menos en la forma en la que lo hacen las ballenas francas.

Gran parte de la investigación sobre los subsidios animales se ha realizado sobre el nitrógeno y el fósforo. ¿Por qué centrarse en estos dos elementos? Su presencia es limitada en el planeta (el nitrógeno es bastante común en la atmósfera, pero es inaccesible para la mayoría de las plantas y animales en esa forma gaseosa inerte). Sin nitrógeno y fósforo, el andamiaje de los sistemas vivos se desmoronaría y los motores de la vida, las mitocondrias, que se encuentran en casi todas las células animales y vegetales, se quedarían sin combustible.

Podemos obtener oxígeno, otro elemento esencial, junto con hidrógeno cuando respiramos o cuando bebemos agua, H_2O. La alimentación proporciona combustible para otros dos elementos esenciales de la vida: la energía y las materias primas. Como heterótrofos, al igual que casi todos los animales, necesitamos consumir alimentos, a menudo en forma de azúcares simples como la glucosa (compuesta de carbono, hidrógeno y oxígeno). Estos azúcares contienen los electrones que alimentan la mayoría de nuestras vías metabólicas.

También necesitamos alimentos para obtener las materias primas, como el nitrógeno y el fósforo, que utilizamos para construir las proteínas (aminoácidos), el ADN (nucleótidos) y las estructuras celulares. Veamos el código genético. El ADN bicatenario es un polímero largo formado por ácidos nucleicos. Puedes ver los elementos recurrentes de la vida en cada una de estas moléculas: un azúcar de cinco *átomos de carbono* unido a un grupo fosfato (que contiene *fósforo*) y una base nitrogenada (que contiene *nitrógeno*). Las bases nitrogenadas se presentan en cuatro formas diferentes: adenina, guanina, citosina y timina. Esta variación es esencial para formar el código genético y proporcionar los planos para las proteínas. Las mutaciones ocurren cuando estas bases nitrogenadas cambian.

Tu ADN es el mismo en todas las células de tu cuerpo. Son las proteínas, máquinas moleculares con partes móviles, las que realizan diferentes funciones, que varían entre las neuronas y las células musculares y adiposas. Uno de cada seis átomos de una molécula de proteína es nitrógeno, el número siete de la tabla periódica. Todas las proteínas están codificadas en el ADN, pero se sintetizan en diferentes células según la necesidad. Algunas proteínas son para la defensa, como los anticuerpos, que combaten las enfermedades. Algunas son para el almacenamiento, como la hemoglobina, que almacena oxígeno. Y algunas son para la comunicación, por ejemplo, la insulina para regular la glucosa en sangre. Sin nitrógeno, no podrías formar un músculo. No tendrías enzimas para la digestión o para formar coágulos de sangre. No tendrías hormonas para el crecimiento y la reproducción.

El nitrógeno también es un componente esencial de la clorofila, el motor de la fotosíntesis, y la razón por la que la mayoría del follaje sano es verde (las plantas y el fitoplancton son autótrofos, lo que significa que producen su propio alimento). Si eres jardinero, es posible que reconozcas un signo revelador de la disminución de nitrógeno: las hojas amarillas. Sin nitrógeno, las plantas empiezan a marchitarse y a tener un aspecto enfermizo. En los océanos, cuando se agota el nitrógeno, la fotosíntesis también se detiene y los mares se vuelven inusualmente claros: un océano pobre en nutrientes es un océano transparente y un destino bienvenido para muchos veraneantes.

Hennig Brandt estaba convencido de que la orina humana podía convertirse en oro. Tenían colores similares y, al igual que el oro, el cuerpo humano se consideraba una obra de perfección en la Europa del siglo xvii. Así que era natural que se relacionaran la orina y el oro. En 1669, Brandt, un alquimista practicante, recogió cincuenta cubos de orina de sus vecinos de Hamburgo —por aquel entonces, como ahora, los bebedores de cerveza eran una fuente fiable— y la dejó fermentar. Después de calentar y destilar el residuo, encontró un sólido blanco que ardía cuando se exponía al aire. Lo llamó fósforo, «portador de luz» en griego.

Si el nitrógeno es la estrella del libro, el fósforo, el número quince de la tabla periódica, merece un guiño por ser el mejor elemento en un papel secundario. Resultó que el fósforo era mucho más valioso que el oro para la vida humana y para la historia de la vida en la Tierra. Nuestro planeta tiene unos 4 500 millones de años. Los organismos vivos aparecieron, en su mayoría en forma unicelular, hace unos 3 800 millones de años. El fitoplancton tardó otros 1 000 millones de años en empezar a producir oxígeno, pero no hubo suficiente fósforo hasta hace unos 750 millones de años, cuando un aumento en la concentración de este elemento vital hizo aumentar el número de formas de vida complejas en los océanos. Los cambios en el ciclo del fósforo se produjeron durante una época de gran agitación climática, un cambio en la química de los océanos y la aparición de nuevos organismos complejos. Los primeros animales, los metazoos, eran probablemente bastante simples al principio: células que rodeaban algo parecido a un canal que podía atrapar alimentos y liberar enzimas digestivas que, de otro modo, se alejarían. Comienzan a aparecer en el registro fósil hace unos 600 millones de años, seguidos de formas de vida más complejas en el mar y, finalmente, en la tierra. Los animales son los recién llegados a la larga historia del planeta. Dependen del fósforo y ayudan a distribuirlo. Este elemento esencial proporciona un andamiaje molecular y orgánico que forma la columna vertebral de nuestro ADN. El ARN monocatenario, el vínculo entre el ADN y las proteínas, es rico en fósforo y necesario para un crecimiento rápido. El fósforo también endurece el esqueleto; el cuerpo humano medio tiene alrededor de un 1 % de fósforo, el cual es necesario para tener los dientes y los huesos fuertes.

El fósforo es fundamental para el flujo de energía; la respiración celular es el núcleo de todos los procesos metabólicos.

Los alimentos que ingerimos se transforman en energía en la célula a través del ciclo de Krebs, el movimiento de electrones de una molécula a otra hasta que la energía se captura de forma manejable. Este ciclo, la esencia de la vida, se produce en las mitocondrias, los orgánulos y las centrales energéticas de los eucariotas, organismos complejos que incluyen plantas, animales, hongos y protistas. Si la vida en la célula es una «tormenta molecular», como la describió un biólogo, esta vía ayuda a establecer un sentido del orden. La energía de la transferencia de electrones se aprovecha para añadir un grupo fosfato al ADP, adenosín difosfato, convirtiéndolo en un trifosfato, ATP. Cuando la molécula tiene tres fosfatos, tiene energía almacenada. La liberación de un solo átomo de fósforo entre el ATP y el ADP proporciona una descarga de energía que alimenta toda la vida. Esto está cuidadosamente calibrado y es increíblemente común. «En un día cualquiera, se produce el equivalente a tu peso corporal en ATP», escribieron los químicos Susanna Törnroth-Horsefield y Richard Neutze.

«¿Es ecológicamente importante o una gota en el océano?». Dick Barber, oceanógrafo biológico, me preguntó esto una vez durante un almuerzo en el Duke Marine Lab, en la costa de Carolina del Norte. Estábamos hablando del mecanismo que hay detrás de la bomba de las ballenas (a los biólogos no les importa hablar del final del proceso del sistema digestivo cuando están involucrados en el inicio del proceso). Barber, un hombre clásico de abajo arriba, podía ver cómo una columna fecal era capaz de fertilizar la superficie del mar, pero ¿a qué escala?

Que las plantas, las bacterias, los hongos, los animales y otros organismos desempeñan un papel en los ciclos biogeoquímicos no está en duda. Pero a menudo, la atención se ha centrado en las cosas pequeñas. Cientos, tal vez miles, de estudios han examinado el papel del fitoplancton en la base de la vida marina, en la regulación del clima, incluso en la formación de las nubes. Estos estudios de abajo hacia arriba también podrían examinar el afloramiento, la luz, las corrientes o la temperatura. Los estudios descendentes de animales (organismos que se alimentan de otras cosas para sobrevivir) se centran con frecuencia en el ramoneo, el pastoreo y la depredación. Pero a veces se ha ignorado el papel biogeoquímico de estos animales. Se han pasado por alto en gran medida los efectos de los cadáveres en descomposición, las heces depositadas y otras fuerzas poco atractivas en la dispersión, concentración, reciclaje y movimiento de nutrientes en los ecosistemas locales, por no hablar de su impacto en el ciclo climático global.

Esto está empezando a cambiar con nuevos conceptos que se están probando y nuevos términos que se están acuñando. Está la bomba de ballena, como acabamos de explorar; la cinta transportadora de hipopótamos, que discutiremos pronto; y la «zoogeoquímica», que sitúa a los animales en el centro de los procesos biogeoquímicos. Las dinámicas que dan forma a nuestro mundo físico (la química atmosférica, las fuerzas geotérmicas, oceanografía, la tectónica de placas y la erosión por el viento y la lluvia) se han estudiado durante décadas e incluso siglos. Las consecuencias evolutivas de la competencia y la depredación se han contemplado al menos desde que Darwin publicó *El origen de las especies*.

«¿Cómo es que no lo sabíamos?», me han preguntado a lo largo de los años. ¿Cómo es que no vimos que los animales, desde peces hasta aves marinas, ballenas y osos, podían dar forma a los ecosistemas, desde las profundidades del mar hasta las cimas de las montañas? Tengo algunas ideas.

En primer lugar, vivimos en un mundo en el que los animales salvajes han desaparecido en gran medida de nuestra vista, por lo que es fácil pasar por alto sus funciones históricas. En tierra, los animales constituyen solo alrededor del 5 % de la biomasa total; el resto son principalmente plantas. Sal por la puerta y seguramente verás más árboles y hierba que animales. Pero en el océano, los animales, muchos de ellos invertebrados, superan a las plantas en una proporción de cinco a uno. Sí, es fácil pensar que las ballenas no son importantes cuando hemos eliminado alrededor de dos tercios de ellas del océano. Antes de que los humanos empezaran a cazarlas, había más de 4 millones de ballenas en los océanos. Ahora, después de siglos de captura y unas pocas décadas de protección, hay alrededor de un millón y medio. Muchas especies persisten en poblaciones relictas, como las ballenas francas del Atlántico Norte y del Pacífico Norte. El 99 % de las ballenas azules del océano Antártico murieron en el siglo XX. La humanidad ha reducido incluso el tamaño de las ballenas en casi un tercio al matar primero a las más grandes. Los animales más grandes que han existido en el planeta han pasado de un tamaño medio de veintitrés metros a diecisiete. Las ballenas azules actuales son unos cuatro metros más pequeñas que sus antepasadas, aproximadamente como la altura de una jirafa.

En segundo lugar, existe un sesgo implícito en gran parte de la biología que apoya los procesos de abajo hacia arriba, un reconocimiento de que las plantas, el fitoplancton y los microbios son la base del mundo. Sin duda, nosotros, junto con la gran mayoría de los animales, no podríamos vivir ni un día sin plantas. Pero no nos cuentan toda la historia. Muchas plantas se perderían sin los animales. La mayoría de las plantas con flores dependen de los animales para la polinización y otras utilizan los nutrientes de sus heces, orina y cadáveres. Algunas prosperan cuando los ramoneadores o los herbívoros reducen a competidores que de otro modo serían invencibles y otras dependen de las aves y los mamíferos para trasladar semillas, a veces a islas tan lejanas como Surtsey. Las relaciones son numerosas y complejas. Como señaló el ecologista Jim Estes, a quien conoceremos más adelante: en una comunidad de solo cien especies, hay miles de millones de miles de millones ($2,5 \times 10^{157}$, para ser más precisos) de posibles interacciones directas e indirectas. En el mejor de los casos, descubriremos algunas de ellas.

En tercer lugar, los biólogos de poblaciones, científicos que estudian especies individuales y la dinámica de las poblaciones, no suelen colaborar con los ecologistas de ecosistemas, que estudian procesos biológicos y geológicos como los ciclos de nutrientes y el flujo de energía. Lamentable. El biólogo Paul Ehrlich reconoció la imperiosa necesidad de integración en la década de 1980 y Clive Jones y sus colegas acuñaron el término *ingenieros de ecosistemas* en 1994, publicando más tarde un libro titulado *Linking Species and Ecosystems* («Vinculando especies y ecosistemas») que exploraba los roles ecológicos de los castores, las nutrias marinas e incluso los detritos orgánicos como la nieve marina. Todo esto para decir que solo en las últimas tres décadas, más o menos, las ideas de los ingenieros de ecosistemas y los subsidios de nutrientes se han abierto camino en la literatura ecológica. Este es un avance positivo, pero el abismo persiste.

En parte, esto se debe a que las disciplinas biológicas rara vez son interdisciplinarias. Los ecologistas de ecosistemas y los biólogos de poblaciones asisten a reuniones diferentes, envían artículos a revistas diferentes y abordan cuestiones diferentes. Un biólogo especializado en peces podría afirmar que los oceanógrafos pasan por alto todo lo que el ojo puede ver en su búsqueda de los procesos microscópicos que dominan el océano. Un oceanógrafo podría afirmar que los biólogos pesqueros no estudian realmente la ciencia, sino que persiguen en vano el máximo rendimiento sostenible, buscando capturas más grandes e ignorando los procesos biológicos básicos. He oído tales afirmaciones en reuniones con amigos (en el mejor de los casos) y por Zoom (por desgracia). El biólogo evolutivo David Sloan Wilson observó que «la torre de marfil se llamaría más acertadamente archipiélago de marfil», con «cientos de sujetos aislados, cada uno dividido en sujetos más pequeños», cada uno con su propia historia y suposiciones.

En ocasiones, unos pocos han traspasado estas barreras. La evolución puede unir nuestra comprensión del mundo, desde la microbiología hasta la ciencia del cerebro. La ecología puede vincular los procesos biológicos y evolutivos con los físicos y geológicos. George Evelyn Hutchinson, una figura destacada de la ecología, fue uno de los primeros en recopilar y sintetizar pruebas de la importancia del guano de las aves. En *The Biogeochemistry of Vertebrate Excretion,* una monografía de quinientas setenta páginas, publicada en el *Boletín del Museo Americano de Historia Natural* en 1950, defendió la conservación y el fomento de grandes colonias de aves al demostrar que las aves marinas, en lugar de competir con las personas por la comida, podían aumentar las poblaciones de peces al mejorar los nutrientes cerca de sus zonas de anidación. Un artículo anterior, escrito en 1923 por el zoólogo inglés Charles Elton y el botánico V. S. Summerhayes, investigó el papel de los araos y las gaviotas en los acantilados de aves del norte de Noruega. Las aves marinas parecen ser las embajadoras de los subsidios de recursos.

En la década de 1970, algunos ecologistas comenzaron a examinar los cambios en los ecosistemas cuando aparecían o desaparecían animales, pero no fue realmente hasta la última década, con la aparición de la zoogeoquímica, la cual explora cómo los animales influyen en el flujo de elementos clave, como el carbono, el nitrógeno y el fósforo a través de los sistemas vivos y el entorno físico, que hemos visto un cambio en la comprensión del papel que desempeñan los animales en la alteración de los paisajes terrestres y marinos. Al igual que las aves y las ballenas en el mar, los bisontes construyen praderas coreografiando la ola verde, las arañas aumentan la productividad primaria en los prados tejiendo un paisaje de miedo y las nutrias marinas construyen bosques de algas marinas manteniendo a raya a los erizos de mar. Volveremos a hablar de estas especies pronto.

Hemos hablado mucho del nitrógeno en este libro. A menudo es el elemento limitante en las nuevas masas de tierra y en los sistemas costeros del hemisferio norte. Pero las cosas se desarrollan de forma diferente en otras partes del mundo. El océano Antártico puede ser rico en nitrógeno y fósforo, pero está limitado por un elemento que es menos abundante en plantas y en animales.

«El hierro es absolutamente crucial», me dijo el científico marino Victor Smetacek por Skype desde su casa cerca de Bremen, Alemania. Junto con el nitrógeno y el fósforo (los macronutrientes), el hierro es uno de los elementos esenciales de la vida y bastante común en muchos lugares y forma una gran parte del núcleo de la Tierra. Aunque se necesita en cantidades menores que los otros dos (se considera un micronutriente), es esencial para sintetizar la clorofila, por lo que el fitoplancton y las plantas no pueden realizar la fotosíntesis y crecer sin él. El hierro también desempeña un papel clave en el suministro de oxígeno a través de la hemoglobina en muchos animales.

En 1990, el oceanógrafo John Martin propuso la hipótesis del hierro, un controvertido colofón para una prestigiosa carrera en ciencias oceánicas. Señaló que gran parte del vasto océano Antártico tenía mucho nitrógeno y fósforo, pero, aun así, tenía una baja productividad porque tenía poco hierro. El enriquecimiento de hierro, procedente del polvo de hierro atmosférico, había mejorado el crecimiento del fitoplancton en un período anterior. Martin teorizó que, si queríamos más productividad, sembrar el océano Antártico con hierro podría impulsar el crecimiento del fitoplancton con consecuencias globales para la reducción del carbono. «Dame un camión cisterna medio lleno de hierro —dijo una vez en Woods Hole— y te daré una edad de hielo». Poco sabía él que, treinta años después, con el derretimiento generalizado de los glaciares en todo el mundo, mucha gente podría verlo como algo bueno.

Smetacek recordó que se burló de Martin en una reunión posterior, llamándolo Popeye por su dedicación al hierro. Otros lo llamaban Johnny Ironseed. «En el momento en el que propuso sus ideas —dijo Smetacek— no lo creí». Pero cuando Smetacek observó el hierro en el océano, gran parte de él encerrado en la biomasa, empezó a cambiar de opinión. «Y entonces Martin falleció, lo que me hizo sentir muy mal, porque quería decirle que él tenía razón y yo estaba equivocado —reflexionó Smetacek—. Por eso entiendo a tantos de mis colegas que siguen siendo escépticos sobre el papel del hierro».

En la década de 1930, cuando las ballenas todavía eran relativamente comunes en el hemisferio sur, los científicos británicos comentaron la asombrosa abundancia de vida en el océano Antártico. «Veían enormes cantidades de diatomeas por todas partes, que eran devoradas por el krill», dijo Smetacek. Las diatomeas, algas unicelulares, son grandes y numerosas y se encuentran entre los organismos más comunes de la Tierra. Cuando Smetacek llegó al océano Antártico en la década de 1990, las ballenas habían desaparecido en su mayor parte; las especies más grandes, las ballenas azules antárticas, habían disminuido en un 99 %. Muchos científicos se concentraron en el ciclo microbiano, la ecología de los microorganismos como el proceso predominante en los sistemas marinos. Las pequeñas ballenas que quedaban, como las ballenas Minke antárticas, apenas participaban en el ecosistema.

¿Qué había cambiado? Smetacek, el cual había descartado tan descaradamente la hipótesis del hierro al principio de su carrera, empezó a convencerse de que el hierro era más importante de lo que había pensado. Cuanto más leía y más tiempo pasaba en el agua, más comprendía que la ausencia de este micronutriente en el hemisferio sur podía reducir las tasas de crecimiento y la biomasa de las diatomeas y otros fitoplánctones. En los océanos del norte, el hierro rara vez escasea, ya que los ríos y el polvo del desierto que sopla hacia el norte sobre África suelen ser ricos en este elemento. Se convenció de que el hierro podía impulsar el crecimiento del fitoplancton.

Resulta que, como estoy seguro de que ya habrás adivinado, las columnas fecales de las ballenas son una fuente natural de hierro. Además de ser ricas en nitrógeno y fósforo, la concentración de hierro en la caca de ballena es más de 10 millones de veces mayor que en el agua de mar circundante en el océano Antártico. La caca de ballena proporcionó en su día decenas de miles de toneladas de este micronutriente a las aguas superficiales del hemisferio sur; las ballenas que se alimentaban en aguas poco profundas la reciclaban y los cachalotes que buceaban la traían de las profundidades. A medida que las ballenas desaparecían, también lo hacía una importante fuente de hierro. La productividad disminuyó y los ecosistemas cambiaron. Según Smetacek, el fitoplancton, el krill y las ballenas sufrieron cuando se rompió el ciclo de retroalimentación positiva.

Smetacek se ha convertido en uno de los principales defensores de la fertilización artificial con hierro; añadir sulfato de hierro a la superficie del océano en zonas como el océano Antártico, donde el hierro, en lugar del nitrógeno o el fósforo, es el nutriente más limitado, aumentará la productividad y parte de ese carbono se hundirá a través de la bomba biológica, ayudando a enfriar el planeta. La fertilización con hierro podría incluso ayudar a aumentar el número de krill y ballenas, revitalizando la bomba de las ballenas en el océano Antártico.

«Hicimos el último experimento en 2009, cuando echamos toneladas de hierro al océano —dijo Smetacek. Sacó un recipiente de plástico verde que contenía unos cuatro kilos de sulfato de hierro, utilizado como fertilizante para la tierra—. Es exactamente lo que estábamos usando para la fertilización con hierro en el mar. Esto es casi el suficiente hierro como para alimentar a una ballena azul, ¿verdad?». Su sueño era utilizar este fertilizante para reavivar la abundancia del océano Antártico; si se añadía hierro y se restauraban las ballenas y la bomba de las ballenas, las diatomeas, el krill y los grandes vertebrados se beneficiarían. Y también ayudaría en la lucha contra el cambio climático, porque parte del carbono acabaría hundiéndose en las profundidades del mar en forma de plancton, peces y ballenas muertas.

«Sabes, le conté esa historia a Jim McCarthy», dijo Smetacek. McCarthy lo había llevado a una reunión que yo organizaba. Aunque, quizá más conocido por su trabajo con el Grupo Intergubernamental de Expertos sobre el Cambio Climático, McCarthy, que lamentablemente falleció en 2019, era un oceanógrafo biológico que había estudiado el nitrógeno marino en el hemisferio norte desde la década de 1960. Smetacek había estado trabajando en el océano Antártico, el cual escasea en hierro, durante casi el mismo tiempo.

Habían charlado sobre los océanos, el cambio climático y la salud personal durante el largo viaje en coche. Como donante universal, es decir, una persona con sangre del tipo O, McCarthy había donado sangre tres o cuatro veces al año durante gran parte de su vida. Cuando tenía unos sesenta años, lo diagnosticaron hemocromatosis, un trastorno en el que se deposita demasiado hierro en los tejidos y que causa daños en el corazón, el hígado y otros órganos. McCarthy, que había estudiado zonas marinas pobres en nitrógeno (y ricas en hierro) durante gran parte de su vida, tenía demasiado hierro en su cuerpo. Un tratamiento para el trastorno consiste en extraer sangre varias veces al año y Smetacek señaló que la donación de sangre tan frecuente de McCarthy podría haberle salvado la vida.

—Hace dos o tres años, me diagnosticaron deficiencia de hierro —me dijo Smetacek. Hacía poco que se había hecho vegetariano—. Tengo que tomar lo mismo que liberamos en el mar, sulfato de hierro. Al igual que el océano que estudió, Smetacek tenía un nivel bajo de hierro.

A medida que el verano llega a su fin, las grandes ballenas comienzan a moverse, dejando sus áreas de alimentación en las altas latitudes de la Antártida, Islandia y el golfo de Maine y se dirigen a las zonas de cría de aguas cálidas más cercanas al ecuador. En verano, cuando se alimentan, las ballenas jorobadas pueden dispersarse como si estuvieran pastando en un enorme bufé estacional. En Alaska, pueden empezar con un poco de krill en Sitka Sound, pasar al capelán del estrecho de Chatham y luego establecerse en la Bahía de los Glaciares para alimentarse de arenques. Las ballenas son criadoras de capital, animales que utilizan la energía almacenada o capital, para «financiar» la reproducción. En el caso de las ballenas, ese capital es la grasa, por lo que engordan en los productivos meses de verano y luego viajan a aguas más cálidas de baja latitud para parir, amamantar y aparearse. Se agrupan en estas zonas invernales donde puedes comer solo, pero necesitas una pareja para reproducirte.

Mis colegas y yo hemos trabajado en el movimiento vertical de nutrientes, la bomba de las ballenas, pero las ballenas también se desplazan grandes distancias por la Tierra. Las ballenas grises migran casi diez mil kilómetros, desde Rusia hasta sus zonas de reproducción en México. Las jorobadas del hemisferio sur recorren distancias similares entre la Antártida y Samoa. ¿Por qué las ballenas migran distancias tan vastas para reproducirse? Todavía no está del todo claro. Muchos de mis colegas atribuyen el mérito a las orcas, el único depredador marino letal dentro de las grandes ballenas. Las crías son vulnerables al ataque de las orcas y las zonas protegidas de latitudes bajas pueden ofrecer refugio y una ventaja en la defensa física activa, especialmente para las especies de natación lenta (las aguas poco profundas dificultan a las orcas el ataque desde abajo, como hacen en mares más profundos. También amortiguan los sonidos, ya que las señales vocales no viajan tan lejos. Las madres y las crías pueden mantenerse en contacto sin hacer sonar la campana de la cena para los depredadores de alta mar). Otra razón por la que las ballenas abandonan las aguas más frías de latitudes más altas en invierno y viajan a zonas donde son termoneutrales podría ser para conservar energía. Esta hipótesis también se aplica a los neonatos: el desarrollo de las crías en aguas cálidas puede conducir a un mayor tamaño adulto y a un mayor éxito reproductivo.

Bob Pitman, de la Universidad Estatal de Oregón, cree que es como ir a un spa. En aguas más cálidas, las ballenas pueden desprenderse de su piel y deshacerse de organismos incrustantes como las diatomeas microscópicas que forman gruesas capas de color amarillo verdoso en las latitudes más altas, ricas en nutrientes. Están exfoliándose todo el tiempo, dice Pitman, liberando los microbios que crecen en sus cuerpos al cálido océano.

Las aguas cristalinas de los trópicos son pobres en nutrientes, lo que favorece la visibilidad, pero no la productividad. A las ballenas no les importa, ya que no suelen alimentarse en invierno, pero pueden proporcionar nutrientes y alimentos. Cuando están en ayunas, viven de la grasa y los músculos almacenados durante el verano. El nitrógeno y el fósforo procedentes de la descomposición de estos materiales almacenados tienen que ir a alguna parte. Estos nutrientes no solo se mueven por el mundo en cadáveres o heces, sino también en orina. De hecho, es probable que la mayoría de las ballenas no defequen en las zonas de reproducción: si no se alimentan, no defecan.

Puede que no coman, pero sí que metabolizan, queman energía y liberan desechos nitrogenados en forma de urea. Recoger caca de ballena en el campo es una tarea complicada, así que olvídate de la orina. En su mayor parte, tenemos que basarnos en modelos metabólicos y en nuestro conocimiento de otros grandes reproductores, como los elefantes marinos, para averiguar cuándo y cuánto orinan las ballenas.

Una semana a mediados de febrero, visité a la bióloga de ballenas Chris Gabriele y a sus colegas en la Isla Grande de Hawái para ver algunas ballenas jorobadas. Nos sentamos en el borde arenoso de un mechón que llaman *Old Ruins*. Había *vog*, niebla volcánica, al sur, que venía a la deriva desde Kilauea. Durante gran parte de su estancia en Hawái, las ballenas se encuentran en aguas poco profundas y arenosas no muy lejos de la costa. Las ballenas de aquí se centran en uno de estos tres objetivos: quedarse embarazadas. Embarazar a alguien. O (para las madres con crías nuevas) que las dejen en paz.

Una madre nadó hacia el norte con su cría recién nacida a su lado. Vimos como su aleta golpeaba la superficie del océano y, momentos después, oímos el chapoteo. Contamos cinco manadas ese día, además de un barco de avistamiento de ballenas, un barco de buceo y otras embarcaciones. Me incorporaron para que tomara notas. Aunque solo vimos unas cuantas ballenas y un montón de delfines tornillo, me costó seguir el ritmo.

Fue mucho más fácil cuando empezaron, me dijo Gabriele. Las ballenas jorobadas seguían estando en peligro durante sus primeras temporadas de campo en la década de 1980. El número de ballenas empezó a aumentar después de que los rusos dejaran de cazarlas en el Pacífico Norte y alcanzó su punto máximo en torno a las veintiún mil en 2013. Había tantas ballenas en las aguas que ocasionalmente veían hasta veintisiete manadas a la vez. Gabriele mencionó que, tras años de éxito en su conservación, las ballenas jorobadas están ahora en declive en el Pacífico Norte.

—Dejamos de matarlas —dijo Adam Frankel, uno de los colegas de Gabriele en el Consorcio de Mamíferos Marinos de Hawái, detrás de los prismáticos— y ahora estamos acabando con su clima.

—Y estamos matando a su comida —añadió Gabriele.

«No hay descanso para los agotados».

La conservación de ballenas en el siglo XX parecía casi demasiado fácil: lanzar una lancha Zodiac entre un ballenero y un cachalote, hacer ruido en los medios y seguir luchando contra la caza de ballenas, con un barco tras otro. Hoy en día, las batallas son mucho más grandes; estamos viendo cómo las ballenas jorobadas y otras ballenas sufren la falta de peces y zooplancton a medida que el calentamiento de las aguas destruye sus hábitats. Todos somos balleneros, como ha escrito el científico marino Michael Moore, aunque lo hagamos sin querer, a través de colisiones con barcos, enredos en redes de pesca y océanos contaminados.

Al día siguiente, el pequeño barco de investigación de Gabriele tuvo que quedarse en tierra debido a los fuertes vientos, así que me subí a una gran Zodiac con un grupo de gente que iba a ver ballenas. Partimos hacia unas aguas de un azul impactante que contrastaban con las áridas colinas amarillas y verdes. Llevaba años escuchando las relativamente sencillas llamadas de las ballenas francas en sus zonas de alimentación en la bahía de Fundy, pero esta era la primera vez que estaba en una zona de cría de ballenas jorobadas. Uno de los tripulantes dejó caer un hidrófono en el agua. Aunque el tiempo era duro y las ballenas estaban asustadizas, el sonido era tan claro que al principio pensé que era una grabación. El océano resonaba con un sonido profundo de costa a costa. Era como estar transportado a una sala de conciertos, escuchando canciones con el brillo de una cola de pavo real acústica, como lo describió un biólogo. Una sensación de asombro inesperada.

Después de un día observando ballenas, me reuní con Gabriele y su esposo, Paul Berry, en un restaurante cercano. Hubo una larga espera, así que caminamos hacia el agua y nos sentamos en un malecón derruido. El sol se deslizó bajo el horizonte.

Y entonces sucedió: un breve rayo verde sobre el sol.

—¿Has visto eso? —pregunté. Era un destello esmeralda, una momentánea torre de neón justo encima del sol mientras se hundía bajo el horizonte.

—Es más un instante verde que un destello de iluminación —dijo secamente Berry.

Muchas personas, incluyéndome a mí mismo, hemos trabajado en el océano durante años sin ver el destello. Si hubiera habido menos comensales esa noche, nos lo habríamos perdido.

* * *

Mientras estaba en el agua, mis colegas de la Universidad de Hawái colocaban etiquetas temporales con ventosas y cámaras en el lomo de las crías de ballena jorobada frente a la costa de Maui. Más tarde, veríamos una cortina verde de pis: la visión de una cría de ballena de cómo su madre orinaba en el mar azul celeste. La madre no se alimentó en Hawái, pero sin duda liberó nitrógeno y fósforo allí. Unos cuantos jureles se acercaron a la piel de la ballena madre y merodearon alrededor de la cría que buscaba conseguir algo más de leche, una transferencia de nutrientes en acción.

¿Qué significa el movimiento de estos nutrientes para Hawái y otras zonas tropicales y subtropicales? Las ballenas jorobadas transportan alrededor de cuatrocientos cincuenta mil kilos de nitrógeno a Hawái cada invierno. Eso es más del doble de la cantidad de nitrógeno liberado por la mezcla física (viento y surgencia, los puntos focales tradicionales de muchos oceanógrafos) en el Santuario Marino Nacional de las Ballenas Jorobadas de las Islas Hawái. Este nitrógeno importado es una fuente importante de nutrientes para el fitoplancton y este puede absorber miles de toneladas de dióxido de carbono de la atmósfera. Y ocurre en todo el mundo. Las ballenas transportan más de 6 millones de kilos de nitrógeno a sus zonas de reproducción en los hemisferios norte y sur cada año. Hasta donde sabemos, este movimiento representa uno de los mayores subsidios animales de larga distancia del planeta.

Esta gran cinta transportadora de ballenas, como la llamamos, transporta mucho más que orina. Las hembras preñadas engordan para el largo invierno, en su mayor parte sin comida, y luego liberan nutrientes y alimentos en forma de crías, placentas y leche. Las crías defecan en las zonas de reproducción después de ingerir unos cuatrocientos litros de leche grasa al día. Las placentas de las ballenas pueden pesar hasta veintitrés kilos. Como ocurre con muchos otros mamíferos, la mortalidad infantil es alta justo después del nacimiento. Una cría recién nacida es enorme (tres metros y medio de largo y alrededor de mil quinientos kilos), por lo que el cadáver de una cría libera una gran cantidad de alimento en forma de biomasa y nutrientes en los ecosistemas de baja latitud. Un tiburón blanco puede sobrevivir seis semanas después de alimentarse de veintisiete kilos de grasa de ballena.

A lo largo de las costas de Brasil y Australia, donde los criaderos de tiburones se superponen con las zonas de reproducción de las ballenas jorobadas, los tiburones tigre se alimentan de cadáveres de crías y, en ocasiones, muerden a las ballenas jóvenes.

Las ballenas adultas tienen mayores tasas de supervivencia, pero todas tienen que morir. Dada la competencia en las zonas de reproducción y las complicaciones del parto, no me sorprendería que la muerte de las ballenas resultara más común en invierno, lo que proporciona una enorme explosión de nutrientes y alimentos. La gran cinta transportadora de ballenas suministra energía sin procesar y comidas ricas en nutrientes en forma de grasa, músculo, hueso, órganos y placentas directamente a los tiburones, meros y otros habitantes de los arrecifes de alrededor de las islas. En total, las ballenas jorobadas proporcionan más de siete mil toneladas (el peso de 29 millones de Big Macs) de biomasa a Hawái cada año a través de sus placentas, cadáveres y mudas de piel.

Las hembras que quedan preñadas abandonan Hawái primero. Han alcanzado su objetivo en las zonas de reproducción y se dirigen directamente al bufé libre de Alaska a finales de febrero. Los juveniles, pequeños, hambrientos y sin necesidad reproductiva de quedarse, se van poco después. Las hembras con crías se marchan más tarde, generalmente en marzo, para que sus crías tengan tiempo de crecer antes de la larga travesía hacia el norte. Algunos machos pueden quedarse en las zonas de reproducción un poco más, con la remota posibilidad de encontrar una hembra receptiva antes de dirigirse al norte. Todos estos animales han pasado por muchas cosas (un largo periodo de ayuno, luego luchar por las oportunidades de reproducción o el estrés de dar a luz y amamantar) y algunos mueren de agotamiento o de vejez en el camino de regreso a las zonas de alimentación. Y cuando lo hacen, bueno, es harina de otro costal.

Todas las grandes historias empiezan con un cadáver. ¿Qué tal uno del tamaño de un autobús escolar?

En 1987, Craig Smith era un posdoctorado encargado de recorrer transectos a través de la cuenca de Santa Catalina, en California, con *Alvin*, el primer sumergible tripulado de aguas profundas. Una tarde, sus estudiantes de posgrado se encontraron con una larga extensión de huesos blanqueados rodeados de gusanos rosados y almejas grandes.

«Usaron el teléfono submarino para llamar al barco —me dijo Smith, con una camisa hawaiana azul claro y una gorra de béisbol de las islas San Juan, durante una cena en Honolulu—. Dijeron que habían encontrado algo interesante y que iban a pasar un poco más de tiempo en el fondo». Salieron a la superficie con una sorpresa: una gran vértebra en la cesta del submarino *Alvin* y algunas imágenes del fondo marino. El vídeo mostraba grandes almejas blancas que hasta entonces solo se habían encontrado alrededor de las fuentes hidrotermales. En estos ecosistemas, los organismos dependían del azufre y de las aguas calientes emitidas por las fuentes para sobrevivir. ¿Qué hacían alrededor del esqueleto de lo que parecía una ballena?

Smith, ahora profesor emérito de la Universidad de Hawái, y sus colegas describieron más tarde este nuevo hábitat de aguas profundas como una *caída de ballena*: un cadáver que cae al fondo del océano, normalmente a más de un kilómetro y medio por debajo de la superficie. «Una de las cosas que es importante tener en cuenta sobre las caídas de ballenas —me dijo—, es que se hunden en un entorno muy pobre en alimentos». A diferencia de las surgencias de alta latitud donde se alimentan muchas ballenas, las profundidades marinas tienen muy poca comida debido a la ausencia de luz y fotosíntesis. La mayor parte del material orgánico de las profundidades marinas cae en forma de partículas diminutas, células en descomposición, microbios y agregaciones de colores brillantes conocidas como nieve marina. El fondo marino abisal es un vasto desierto pobre en nutrientes.

Para cientos de especies (tiburones durmientes, pulpos de aguas profundas, gusanos zombis, diminutos anfípodos, enormes cangrejos, anémonas de mar y especies que aún no hemos descubierto), una ballena muerta es tanto un bien inmueble de primera como un bufé que podría durar años. Cuando el cadáver de una gran ballena golpea el fondo marino, es como una ventisca de nieve marina alrededor de mil años de biomasa en una gran caída. «Es un pulso enorme e inmediato de material rico en energía: alimentos, lípidos y proteínas que los carroñeros pueden utilizar», dijo Smith. El tejido blando proporciona alimento y los esqueletos de ballena, a diferencia de los de, por ejemplo, los tiburones ballena y otros peces grandes, son robustos y ricos en minerales. Los huesos de ballena contienen hasta un 70 % de grasa y están incrustados en una matriz mineral tan resistente que solo los microbios pueden entrar a través de los espacios porosos. «El esqueleto forma un arrecife rico en materia orgánica que libera muy lentamente este compuesto sulfuroso y rico en energía —dijo Smith—. Estos compuestos pueden ser utilizados por microbios de vida libre y microbios que viven dentro de los tejidos de almejas, mejillones y gusanos de tubo gigantes, los endosimbiontes». A veces, los huesos parecen estar cubiertos por cortinas que se mueven lentamente, un fino velo de gusanos.

«Los recogimos en 1996 y nadie sabía lo que eran —me dijo Smith—. Todavía los llamábamos "gusanos moco"». Mostró estas novedades a varios expertos en poliquetos, biólogos de invertebrados especializados en gusanos, pero no estaban seguros de si eran una rama única de los anélidos marinos o un pariente lejano. Los poliquetos son un grupo diverso de especies principalmente marinas que incluyen vistosos filtradores de aguas poco profundas, como los descriptivamente llamados gusanos árbol de Navidad, gusanos plumero y gusanos de tubo gigantes hidrotermales de aguas profundas que dependen de bacterias simbióticas para su sustento. Ni siquiera Adrian Glover, el tipo de los poliquetos que trabaja en el laboratorio de Smith, pudo averiguar cómo encajaban estos extraños gusanos comedores de huesos con el resto de la fauna de las profundidades marinas.

Pero entonces, en febrero de 2002, investigadores del Instituto de Investigación del Acuario de la Bahía de Monterey recogieron un gran espécimen de una ballena gris muerta frente a Monterey. Pudieron ver mucho mejor la anatomía de los «gusanos moco». Después de comparar la forma del cuerpo y el ADN con otros gusanos marinos, lo identificaron como un poliqueto, uno que parecía depender completamente de las ballenas muertas. Le dieron el nombre de género *Osedax*, que en latín significa «devorador de huesos».

A pesar de su nombre científico, *Osedax* es un caso atípico entre los animales del terreno de este libro. No come ni defeca (pero todo tiene que morir). *Osedax* no tiene boca. No tiene intestino. No tiene ano. Estos gusanos sin intestinos tienen una colonia de bacterias en sus raíces que pueden descomponer los lípidos y las proteínas de los huesos de ballena. La estructura de la raíz libera ácido que penetra en el hueso, ancla al gusano y lo permite absorber nutrientes. A lo largo de la superficie, las plumas actúan como branquias, una boa roja y plumosa que fluye sobre los huesos. Los esqueletos con *Osedax* son ricos en especies, los hábitats son complejos y cambian con el tiempo.

El *Osedax* vive en las ballenas caídas de manera análoga a como los animales sobreviven en las fuentes hidrotermales y las filtraciones frías. Muchos animales de estos ecosistemas de aguas profundas dependen de los microbios para sobrevivir. Si el sol se apaga, las comunidades de las fuentes hidrotermales, que dependen de la quimiosíntesis de los sulfuros liberados por las fuentes en lugar de la fotosíntesis, tienen una buena estrategia a largo plazo. En las ballenas caídas, el *Osedax* y otros animales quimiosintéticos absorben las grasas y los sulfuros de los huesos y sus bacterias internas sintetizan nutrientes y se los devuelven a los animales.

Desde que se describió el primer *Osedax*, allá por 2004, se han encontrado más de treinta especies diferentes de estos gusanos en las ballenas muertas. «Algunos de ellos son especialistas en ballenas muertas —dijo Smith—. Son demasiado grandes para vivir en los huesos de otros animales». El *Osedax* llega temprano y con frecuencia a estos cadáveres, colonizando densamente los huesos de ballena. Después de meses extrayendo los sulfuros de los esqueletos, los devoradores de huesos desovan y liberan larvas en la columna de agua profunda y oscura. Se podría decir que estos abandonados de la dispersión larvaria «llueven». Los afortunados encuentran un nuevo cadáver de ballena y pasarán a ser la próxima generación de especialistas en ballenas. La mayoría no aciertan y nunca encuentran un hábitat adecuado, una muerte solitaria y temprana en la oscuridad eterna.

Esas marcas se han vuelto aún más difíciles de encontrar en los últimos cien años. Cuando las ballenas eran descuartizadas en barcos de vela, sus cadáveres se arrojaban a menudo por la borda después de extraer la grasa. Melville describió la extracción de la capa externa de grasa como si se pelara una naranja: «la ballena rodando una y otra vez en el agua» mientras «la grasa se desprende en una tira uniforme». El auge inicial de la caza de ballenas debió de ser una época de prosperidad para muchas criaturas de aguas profundas (los cadáveres estaban por todo el fondo del océano), pero a medida que las ballenas más grandes morían por los arpones, estos hábitats empezaron a reducirse. Más tarde, cuando las ballenas fueron cazadas por barcos factoría, sus cadáveres completos eran cortados en la cubierta de desollado. Los hábitats de las islas de ballenas para estas criaturas de aguas profundas se esfumaron o se convirtieron en comida para perros o fertilizantes.

En las profundidades marinas se han descubierto al menos cien especies que parecen estar especializadas en las ballenas caídas, únicas en los enormes cadáveres y huesos. Muchas de ellas se encuentran en la etapa sulfófila, después de que la mayor parte del tejido blando haya sido devorado y los nutrientes procedan principalmente de los huesos. Setenta años después de la muerte de una ballena, se encontraron más de cuarenta mil animales individuales en ella: una pequeña ciudad de isópodos de aguas profundas, gusanos poliquetos y pequeñas almejas translúcidas que representan más de doscientas especies, algunas específicas a las ballenas y otras generalistas de aguas profundas. Pero a medida que sus propiedades desaparecían tras décadas de incesante caza comercial, las comunidades de ballenas también comenzaron a desaparecer, primero los individuos, luego las poblaciones y, por último, las especies. Algunas de las primeras extinciones en el océano fueron probablemente de especies que dependían de las ballenas, que se quedaron sin los enormes hábitats de los que habían dependido durante millones de años. Sin hogar, desaparecieron. Se extinguieron para siempre.

Junto con la disminución de la diversidad de las profundidades marinas, con menos ballenas, se produjeron alteraciones en el movimiento de nutrientes desde el fondo marino hasta la superficie y desde latitudes altas a bajas. La caza de ballenas también ha tenido un impacto climático. Cuando los cadáveres de las ballenas se hunden en las profundidades marinas, sus cuerpos pueden retener carbono durante siglos o incluso más tiempo. La caza comercial de ballenas rompió ese ciclo al deshuesar y quemar el aceite de la grasa, liberándolo a la atmósfera. Antes de la caza de ballenas, las ballenas capturadas confiscaban más de 2 millones de kilos de carbono cada año. Eso se ha reducido en aproximadamente dos tercios. Hoy en día, muchas ballenas mueren en trágicas circunstancias; muertas de hambre por los océanos sin nutrientes, enredadas en líneas de pesca o golpeadas por barcos y, en esos casos, sus cadáveres a menudo llegan a la orilla. Muy pocas mueren por causas naturales y se hunden en las profundidades.

Como trotamundos, las ballenas unen los océanos, de lo profundo a la superficie, de los polos a los trópicos. Pero también conectan el mar con la tierra. Cuando las ballenas encallan, pueden ser una bendición nutricional para los animales terrestres. Las águilas calvas y los cuervos picotean la piel del animal muerto. Los lobos se alimentan de los órganos. Los cangrejos se entierran en las grietas abiertas por los carroñeros más grandes. Kristin Laidre, investigadora polar de la Universidad de Washington, me habló de una foto tomada por unos turistas en el Ártico ruso hace unos años. «Se toparon con una ballena de Groenlandia que había muerto y había sido arrastrada hasta la isla Wrangell —dijo. Había varios cientos de osos polares agrupados alrededor de la ballena y extendiéndose hasta la montaña, como ovejas que salpican la campiña inglesa—. Era un paisaje completamente loco de osos polares alimentándose de esa ballena durante la temporada de aguas abiertas». Es una época en la que los osos suelen pasar hambre, ya que no pueden salir al hielo y cazar focas, su presa preferida. «Y entonces miré esas fotos y pensé: ¿qué significa una ballena de Groenlandia muerta para los osos polares y cómo puede eso traducirse en que algunos osos pasen una larga temporada sin hielo cuando realmente no hay mucho que comer?». Cuando Laidre investigó los estudios, se dio cuenta de que las ballenas eran recursos fiables para los osos; tenían cantidades masivas de nutrientes y lípidos que permitían a las poblaciones de osos polares persistir durante los largos veranos y tal vez incluso durante los periodos de desglaciación. En el pasado, las ballenas varadas podrían haber sido esenciales para la supervivencia de los osos polares. Quizá en un futuro más cálido, lo serán de nuevo.

Más al sur, los cóndores de California y los andinos aprovechaban las corrientes térmicas del Pacífico oriental, confiando principalmente en su buena vista para encontrar su próxima comida. Con una amplia distribución, desde California hasta Florida, y una envergadura de casi tres metros, el cóndor de California era un carroñero de primer orden. En el pasado, se alimentaba de los grandes herbívoros salvajes de América del Norte, pero a medida que los mastodontes, los mamuts y, finalmente, incluso los bisontes desaparecieron, los cóndores pasaron a depender de las ballenas y otros grandes mamíferos marinos a lo largo de la costa del Pacífico.

Los mamíferos marinos disminuyeron tras el inicio de la caza industrial en el siglo XIX, y las aves carroñeras de Sudamérica se quedaron para alimentarse de guanacos (pequeños camélidos salvajes emparentados con las llamas) y ovejas, caballos y vacas si podían encontrarlos. En el Pacífico Norte, el cambio de la costa a la tierra casi provocó la extinción del cóndor de California. Con la caza de muchos mamíferos marinos durante el siglo XIX, los cóndores de California pasaron a alimentarse de cadáveres de ganado y ciervos que estaban a menudo acribillados a balazos de plomo. Para cuando el ornitólogo Roger Tory Peterson atrapó uno en 1953, los cóndores de California eran raros, y ver uno era lo más destacado de un viaje a través del país: «Era enorme, negro, de cabeza pálida. Dio un par de aleteos, como si tuviera todo el tiempo del mundo, cogió una nueva corriente térmica y se elevó hacia el sureste hasta que se convirtió en una pequeña mota y desapareció».

Todos estaban desapareciendo. Muchos cóndores de California murieron por envenenamiento por plomo y, en 1982, parecía solo cuestión de tiempo que toda la especie, que en ese momento contaba con solo veintidós ejemplares, desapareciera. Todos los cóndores fueron retirados de la naturaleza en la década de 1990. Las nuevas generaciones se criaron en cautiverio y ahora hay más de trescientos de estos enormes carroñeros que vuelan libremente desde Baja California hasta el noroeste del Pacífico. El cóndor es sagrado para la tribu yurok del norte de California y los primeros cóndores salvajes en más de un siglo de la zona, fueron liberados desde las tierras tribales en 2022. Incluso ahora, alrededor del 20 % de los cóndores que vuelan libremente tienen niveles de plomo tan altos que deben someterse a una terapia de quelación para eliminar las toxinas, lo que a menudo requiere semanas en cautiverio (los esfuerzos para prohibir la munición a base de plomo se han enfrentado a una fuerte oposición por parte del lobby de las armas y hasta ahora han fracasado en California y a nivel federal). A medida que los mamíferos marinos se recuperen, los cadáveres de ballenas y focas serán esenciales para la siguiente fase del regreso del cóndor.

Durante siglos, los cetáceos que encallaban en las costas británicas eran conocidos como peces de la realeza y considerados propiedad de la Corona; el aceite se utilizaba como combustible para lámparas y los huesos para herramientas. En Dinamarca, la ley era similar, pero a la persona que descubría la ballena se la permitía una parte (tanto como pudiera llevar si iba a pie, una cantidad mayor si iba a caballo). El rey se quedaba con la mayor parte, ya que era el dueño de la costa. En el mar de Bering, una ballena a la deriva se consideraba un regalo de Sedna, la diosa del mar. Los aborígenes australianos creían que los varamientos los conectaban con las tierras y los mares ancestrales. En inglés, la palabra *windfall* (oportunidad o suerte inesperada) proviene de las frutas caídas por un vendaval que podían cogerse sin coste. Para los islandeses, *hvalerecki*, «varamiento de ballenas», es una fortuna inesperada que llega a la orilla, un regalo de carne, barbas, aceite y huesos.

Sin embargo, después de que la carne de ballena cayera en desgracia gastronómica en Europa, los varamientos pasaron a considerarse un signo de la ira de Dios, un presagio de desastre (aunque parece que el impacto humano en las ballenas fue la verdadera calamidad). Hoy en día, las ballenas varadas se consideran a menudo un inconveniente, quizá un peligro para la salud. ¿Qué hacer con estas ballenas varadas, vivas o muertas? Las vivas se devuelven al océano si es posible; si no, se les practica la eutanasia.

Una ballena muerta que se pudre en la orilla se considera un riesgo para la salud pública. ¿Qué se hace con el cadáver de un animal de treinta toneladas cuando llega a una playa pública? En su folleto «Obliterating Animal Carcasses with Explosives» (Destrucción de cadáveres de animales con explosivos), el Servicio Forestal de EE. UU. recomienda 1,3 kilos de explosivos para un caballo de unos 420 kilos, tras advertir al detonador que primero retire las herraduras «para minimizar los peligrosos escombros voladores» y que duplique la cantidad de explosivos para la «destrucción total del animal». Alguien debería haber advertido a la División de Carreteras del Estado de Oregón de que esto podría no aumentar antes de que decidieran destruir el cadáver varado de un cachalote de más de trece metros en 1970. Se colocó media tonelada de dinamita en el lado de sotavento de la ballena con la esperanza de dispersar el cadáver en tierra de las gaviotas y en trozos del tamaño de un pez en el mar. La explosión roció grasa y tripas de ballena sobre la multitud reunida. Un gran trozo atravesó el parabrisas de un coche.

Hoy en día, la gente las trocea, las remolca mar adentro o las entierra. Los huesos pueden desenterrarse más tarde y exhibirse o almacenarse para estudios científicos el Smithsonian tiene los restos de más de diez mil ballenas, la mayor colección de huesos de ballena de la Tierra). Cuando un cuerpo aparece y no sabemos la causa de la muerte, ¿por qué no dejarlo en paz? Para los cóndores y los osos polares y, muy probablemente, para muchos otros mamíferos, aves e invertebrados terrestres, los nutrientes que los cetáceos varados transportan del mar a la tierra son enormes. Aproximadamente uno de cada cuatro cadáveres de ballena se deja en su lugar en los Estados Unidos, sin duda, lejos de la multitud enloquecida de la playa.

En gran parte del mundo, una ballena muerta era un acontecimiento ocasional, un motivo de asombro y celebración, pero ¿y si hubiera habido un suministro regular de cadáveres, más pequeños, pero mucho más fiables, cada año? ¿Cómo habría influido eso en las comunidades costeras, los bosques y los ecosistemas que bordean toda una cuenca oceánica?

3

COMER, REPRODUCIRSE, MORIR

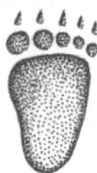

Imagínate los bosques clásicos de Alaska y el noroeste del Pacífico: píceas de Sitka, álamos de bálsamo, cicutas occidentales. Una montaña cubierta de nieve en la distancia. Los densos bosques que se extienden desde Alaska hasta el norte de California forman el bosque templado húmedo más grande del mundo. Pero ¿cómo funcionan estos bosques? ¿De dónde proceden los nutrientes que les permiten ser tan productivos y tener algunos de los árboles más grandes del planeta? La idea clásica es que los nutrientes se reciclan en la hojarasca (mantillo, cadáveres, excrementos de insectos) cerca de las raíces. Los hongos y las bacterias, los principales descomponedores, descomponen las hojas y los árboles muertos. Con el tiempo, los nutrientes tienden a desplazarse cuesta abajo, desde las montañas hasta los arroyos y el océano.

En la década de 1980, Bob Naiman, un ecologista de Columbia Británica, pensó que tenía que haber algo más en la historia. El paradigma típico de la ecología fluvial es una calle de un solo sentido: el agua, los nutrientes y otras materias van cuesta abajo (o río abajo) y suelen terminar en los ecosistemas marinos. Muchos árboles están cerca de arroyos que desembocan en el océano, pero el agua de mar no puede correr cuesta arriba. Naiman, un ecologista fluvial, había observado un enorme pulso río arriba procedente de los océanos cada año: el desove del salmón.

Los salmones clásicos del noroeste del Pacífico (el salmón real o chinook, el salmón chum o keta, el salmón plateado o *coho*, el salmón rosado y el salmón rojo) nacen en los arroyos donde pasan los primeros días de su vida comiendo las ninfas y larvas de moscas de las piedras, de las efímeras, tricópteros y otros invertebrados. Después de uno o dos años, tal vez tres, emigran al océano. La mayor parte de lo que constituye al salmón proviene del océano; acumulan más del 95 % de su peso en el mar. En el caso del salmón rojo, puede llegar a pesar hasta cuatro kilos y medio; en el del salmón real, hasta quince kilos. Muchos salmones se alimentan de camarones y krill, lo que aporta el distintivo tono rosado a su carne, y de peces forrajeros como las anchoas, los arenques y los capelanes.

Para Naiman, que observaba a los animales costeros de la isla de Vancouver, estaba claro que los osos y las águilas dependían de la migración estival de los salmones para su sustento. Pero se preguntaba si los peces migratorios podrían estar desempeñando un papel aún más importante en los ríos y bosques del noroeste del Pacífico. Había indicios de que los animales residentes, desde aves hasta roedores e insectos, podían ayudar a dar forma a los bosques mientras se alimentaban en el sotobosque, esparciendo nutrientes y semillas, pero nadie había investigado si el nitrógeno del océano también podría estar desempeñando un papel en el bosque.

¿Podría encontrar salmones en los árboles?

Después de trasladarse a la Universidad de Washington en 1987, Naiman obtuvo una pequeña subvención inicial del Servicio Forestal de EE. UU. que le permitió recopilar algunos datos isotópicos del follaje de varias plantas de ribera, como la pícea de Sitka, el aliso rojo y los helechos. Los isótopos estables son las formas no radiactivas de los elementos y nuestro nitrógeno, el protagonista, se presenta en dos formas: N^{14} y N^{15}. El N^{14}, nitrógeno ligero, es, con diferencia, el isótopo de nitrógeno más común. Pero el porcentaje de N^{15} o nitrógeno pesado que se encuentra en un pez, en un excremento de oso o en una hoja determinados, proporciona una huella química que revela el origen del nitrógeno. Los isótopos de carbono C^{12} y C^{13} pueden aportar información complementaria y los isótopos de los dos elementos suelen examinarse juntos para comprender los orígenes de los animales, de los alimentos y de los nutrientes.

Naiman y uno de sus estudiantes, Jim Helfield, realizaron su primer estudio sobre los nutrientes de origen marino en las plantas ribereñas de la ensenada Tenakee, en la isla Chichagof, al sureste de Alaska; una ensenada alimentada por las cuencas hidrográficas de los ríos Kadashan e Indian. Compararon la tasa de crecimiento y las firmas isotópicas de las plantas de las riberas en zonas donde se daba el desove del salmón con las de las plantas que crecían por encima de las cascadas que bloqueaban la migración del salmón. «Y he aquí —dijo Naiman— que los árboles que crecían a lo largo de los arroyos salmoneros crecían tres veces más rápido que los que no tenían salmones». Encontraron nutrientes derivados del salmón en las agujas de los abetos que había a lo largo de esos ríos, pero no en las agujas cercanas a los ríos sin salmones.

Alrededor de una cuarta parte del nitrógeno de las agujas de abeto y de las hojas de sauce y álamo de los bosques ribereños parecía ser de origen marino. Los árboles absorbían el nitrógeno derivado del salmón y lo transportaban hasta sus agujas y sus hojas. Como resultado, crecieron más rápido y más altos, lo que fue bueno para el salmón, ya que más sombra y grandes desechos leñosos proporcionaron temperaturas más frescas en verano y una estructura fluvial que ayudó a la reproducción y el crecimiento del salmón.

El nitrógeno es fundamental para la producción primaria, como hemos visto con los pastizales y el fitoplancton. Sin él, el crecimiento de los árboles, la fertilidad del suelo y el almacenamiento de carbono son limitados. El nitrógeno derivado del salmón era mayor en los árboles, los arbustos de garrote del diablo y los helechos a lo largo de los recorridos del salmón. Solo los alisos rojos tenían el mismo aspecto. Estos árboles fijadores de nitrógeno pueden acceder al nitrógeno del aire y utilizarlo para ayudar a recoger otros elementos de la roca madre en la que crecen. Los animales pueden mover el nitrógeno orgánico, pero solo los microbios, algunos afiliados a las plantas como los alisos, pueden absorberlo de la atmósfera y ponerlo a disposición de los organismos vivos.

¿Cómo llegan esos nutrientes tan lejos del arroyo? Una vez que los salmones han alcanzado su plenitud, dejan de alimentarse, nadan de regreso a sus ríos nativos y luego nadan río arriba hasta sus zonas de desove natales, a veces a través de cientos e incluso miles de kilómetros. Los afortunados desovan antes de morir y sus cuerpos se descomponen con bastante rapidez.

Hay que seguir al cuerpo. En algunos casos, las inundaciones transportan los cadáveres de salmón desde los arroyos de desove hasta las llanuras aluviales. Los animales también pueden transportar nutrientes. Más de cien especies que viven a lo largo de los ríos costeros se alimentan de salmones muertos. Las gaviotas picotean los ojos. Los buitres americanos, las águilas calvas, los cuervos y otros carroñeros se dan un festín a lo largo de las orillas de los ríos. Aproximadamente el 90 % de la biomasa de salmón es consumida. Los carroñeros alzan el vuelo, se posan en los árboles y distribuyen nitrógeno y fósforo en el bosque cuando defecan. Se han encontrado rastros de nitrógeno derivado del salmón a más de trescientos metros de los arroyos en Alaska donde se ha realizado gran parte de esta investigación.

Los osos comen salmón, algunos de los cuales son capturados en la línea de una yarda metafórica, justo antes de desovar. ¿Hace caca un oso en el bosque? A veces. Algunos osos pardos se mantienen cerca de las orillas, a lo largo del río; otros son exploradores, que se adentran en el bosque. En las zonas con muchos salmones, los osos más grandes suelen quedarse quietos, defendiendo sus «puestos de pesca», mientras que los subdominantes pescan y se van, probablemente para evitar meterse en una pelea que con seguridad acabarían perdiendo. Podrían ser responsables de llevar este nitrógeno de origen marino a las profundidades del bosque.

Grant Hilderbrand, biólogo del Servicio de Parques Nacionales, y sus colegas encontraron pruebas de que gran parte del nitrógeno de las píceas blancas que bordeaban los ríos de la península de Kenai, al sur de Anchorage, en Alaska, procedía de los osos pardos (y la pérdida de salmones en los cuarenta y ocho estados inferiores es probablemente lo peor que les ha pasado a los osos pardos desde el rifle para osos). Más importante, al menos para nuestros propósitos, si un oso de cualquier tamaño hace caca en el bosque, probablemente también orine allí. «Hay muy poco nitrógeno en la caca —me dijo Naiman—, pero hay mucho nitrógeno de salmón en la orina». De hecho, Hilderbrand estimó que alrededor del 96 % del nitrógeno que los osos distribuyen en los bosques proviene de la orina. Tom Quinn, biólogo de salmones de la Universidad de Washington, y sus colegas estimaron que los osos movían aproximadamente la misma cantidad de nitrógeno en los bosques ribereños que la que una operación forestal típica aplicaría en un bosque gestionado.

Durante veinte años, Quinn, Helfield y sus compañeros de investigación recorrieron un tramo de dos kilómetros del arroyo Hansen en la bahía de Bristol, Alaska, trasladando todos los cadáveres de salmón rojo que encontraban —217 055 , muchos de ellos muertos a causa de los osos— de la orilla derecha del arroyo a la izquierda. Encontraron niveles más altos de nitrógeno oceánico en las agujas de las píceas blancas de la orilla izquierda. Los cadáveres aportaron un gran impulso al suelo del bosque, que llegaron a las hojas en un plazo de veinte años. Puede que sea lento para nuestros estándares, pero es relativamente rápido para un árbol del suroeste de Alaska, a una latitud de casi sesenta grados norte. También encontraron mayores tasas de crecimiento en el lado mejorado por el salmón. «Los nutrientes de los cadáveres de salmón en una abundancia adecuada afectan no solo a la huella isotópica, sino también a las tasas de crecimiento —señaló Helfield—. Pueden ser importantes para los árboles».

Entonces, ¿cuál es la importancia de este proceso? El ciclo de vida del salmón y el enorme aporte de nutrientes que proporcionan los peces son aspectos cruciales de los ecosistemas forestales. Los árboles, los arroyos y los salmones están conectados. Helfield y Naiman señalaron que los bosques ribereños afectan a la calidad del hábitat de los arroyos al proporcionar sombra, filtrar sedimentos y nutrientes y producir grandes residuos leñosos. Los nutrientes aportados por el salmón mejoran el hábitat para las futuras generaciones de salmones y la productividad a largo plazo de los corredores fluviales del noroeste del Pacífico y Alaska. Hay pruebas de que este conocimiento ha estado codificado durante mucho tiempo en la administración local. Según Suzanne Simard, autora de *Finding the Mother Tree*, algunas tribus del noroeste del Pacífico, como los nuu-chah-nulth, los haida y los tlingit, ahumaban, secaban o cocinaban el salmón, enterraban las tripas en el suelo del bosque, fertilizaban los arbustos de arándanos y devolvían los huesos a los arroyos para nutrir el ecosistema. En un bosque desprovisto de salmones, osos y otros animales, los humanos tendrían que esforzarse para lograr lo que ocurre en zonas ricas en animales. Los salmones vivos son disparados por cañones sobre las presas para facilitar su migración. Los voluntarios distribuyen salmones muertos o análogos de salmones (gránulos de pescado) en los arroyos en un intento por restaurar las vías tradicionales de nutrientes.

Naiman se jubiló en 2012, dejando algunas cosas sin terminar. «Cada cadáver de salmón tiene unos tres mil gusanos y habría miles de cadáveres a lo largo de los ríos», me dijo por teléfono. Cuando emergen las moscas, se extienden por el bosque, transportando potencialmente nutrientes al suelo del bosque a través de sus excrementos y cadáveres. Viven solo unas tres semanas, desde el huevo hasta la edad adulta. Los nutrientes también pueden moverse bajo tierra, a través de las raíces de los árboles y las redes fúngicas que transportan nitrógeno y fósforo entre los árboles. «A veces encontramos nutrientes a cien o doscientos metros del río. Mucho más de lo que podríamos explicar solo por la orina de los osos que va a todas partes». Parecía que los árboles transferían los nutrientes entre ellos.

«¿Conseguiste lo que necesitabas?», preguntó Naiman antes de colgar. Iba a ir a Alaska la semana siguiente para pescar. Los salmones plateados estaban llegando a Yakutat. Le pregunté qué haría él con el pescado: «No soy muy partidario de capturar y matar muchos», dijo. La mayoría de los salmones que capturaba los soltaba de nuevo en el río, donde los esperaban los osos, las águilas y tal vez los árboles.

En mi primer día completo en Nerka, la estación de investigación de salmones de la Universidad de Washington en Alaska, río arriba de la bahía de Bristol, Daniel Schindler, profesor de pesca y ciencias acuáticas, me llevó en esquife a Pick Creek. Había accedido a mostrarme lo que muchos ecologistas consideran la tierra prometida de los recorridos de los salmones. Más de 3 millones y medio de salmones rojos regresaron a los arroyos de la región cada día de los que estuve allí. Pick Creek se acercaba al pico de salmones.

Al salir del bote de aluminio con nuestros vadeadores, vimos una ola brillante de salmones que se elevaba en la desembocadura del arroyo. Los salmones rojos son sorprendentemente brillantes; a veces, el arroyo estaba tan lleno de ellos que parecían las luces de freno en hora punta de un viernes por la tarde. El Pick Creek y el área alrededor de Nerka son hábitats primordiales para el desove del salmón, con arroyos claros que corren sobre grava glacial, enormes áreas protegidas y altas montañas verdes. «Gran parte del valor aquí está en la heterogeneidad», dijo Schindler. Las cuencas hidrográficas de la bahía de Bristol forman un vasto mosaico de hábitats (playas lacustres, valles fluviales, lechos de grava glacial, arroyos y humedales teñidos de té) esenciales para los peces y otros animales salvajes que viven aquí.

Schindler tenía el rostro delgado y surcado de un hombre que había pasado los últimos veintiséis veranos bajo el sol y la lluvia de Alaska. Había visto inundaciones, sequías, olas de calor y olas de frío recorrer estos arroyos. Este mosaico proporcionaba un efecto de cartera, muy similar al de las inversiones, generando diversidad y resistencia frente a perturbaciones y choques.

Por un momento, nos sumergimos hasta las espinillas entre salmones en desove, un montón de huevos rojos flotando río abajo. Me agaché para tocar la joroba de un salmón rojo a un par de metros de distancia, pero rápidamente se alejó nadando, eludiendo mi alcance. «Esos peces nunca han visto un depredador terrestre —señaló Schindler—, pero sus genes sí».

Más temprano, habíamos pasado en bote junto a unos pescadores que estaban pescando truchas arcoíris de agua dulce. «El océano llega hasta los peces de aquí —dijo Schindler sobre las truchas—. Esas grandes truchas arcoíris probablemente obtengan el 90 % de su energía del mar». No tienen que ir al océano para conseguir marisco. Casi toda su energía proviene del salmón rojo, los machos grandes y dentudos con jorobas pronunciadas y las hembras más pequeñas y elegantes llenas de huevos. Al traer el océano a la trucha arcoíris, el salmón sustenta una pesca deportiva que mueve miles de millones de dólares. Las truchas se alimentan de los huevos del salmón, y los hidroaviones siguen llegando; algunos se van con filetes, todos se van con historias.

Schindler devolvió a un par de salmones rojos varados al arroyo. Estos peces habían superado las adversidades; ¿por qué no darles una oportunidad más? Los salmones que seguimos eran los afortunados que habían sobrevivido un par de años como juveniles, alevines, en el arroyo de agua dulce y luego habían superado la adolescencia de los salmones rojos, cuando se trasladan al mar y, finalmente, habían nadado a través de un sinfín de redes de enmalle y aparejos de pesca para volver aquí. La bahía de Bristol produce casi la mitad del suministro mundial de salmón rojo.

No solo los pescadores tienen una deuda de gratitud con el salmón; el salmón rojo desempeña un papel clave en el mantenimiento del ecosistema. La metáfora del sistema circulatorio parece bastante literal aquí, con los arroyos latiendo como la sangre con peces de color rojo brillante. «La vida misma —bromeó Tom Waits— es en realidad la muerte de vacaciones» (a juzgar por las dificultades de estos salmones, la vida no es ninguna fiesta). Todos eran efímeros por aquí: nacen, se reproducen y mueren. Los salmones ondulan el lecho del arroyo para desovar entre la grava, alterando el fondo: bioturbación. Tropecé con una hembra desovando, luego con otra. Era fácil imaginar una cinta transportadora, como las barras giratorias de sushi comunes en Japón, moviéndose desde el océano hasta las montañas.

Schindler se agachó y tomó la temperatura del agua: 5,5 grados centígrados (42 grados Fahrenheit).

Doblamos una esquina y vimos treinta bancos de peces en las aguas poco profundas y de grava preparándose para desovar. Más tarde, cuando ayudé a Schindler y a sus colegas a marcar un par de cientos de salmones en un arroyo cercano, casi me molestó su abundancia; cada recodo del arroyo era otra pared de peces.

—¡Eh, oso! —gritó Schindler mientras remontábamos el arroyo. Un oso sorprendido es un oso peligroso, así que es mejor avisarle de que vas, sobre todo en una curva ciega.

A juzgar por todos los salmones muertos con marcas de mordidas en la cabeza, los osos estaban por todas partes, destrozando salmones mientras cabalgaban la ola roja. Según un informe, la densidad de osos pardos cerca de los arroyos salmoneros es hasta ochenta veces mayor que en zonas donde los salmones no son accesibles. En cada recodo del arroyo, había pequeños lugares escondidos donde los osos habían sacado salmones y machacado la vegetación. Schindler los llamaba «las cocinas de los osos», una «bola de grasa de salmón muerto, orina de oso y barro». En medio de una cocina, había una gran huella de oso con una profunda hendidura de garras.

Palpé el espray antiosos que llevaba enganchado al cinturón.

—¿Funciona?—pregunté.

—Creo que las estadísticas dicen algo así como cincuenta y cincuenta: si tienes un arma, hay un 50 % de probabilidad de que el oso se vaya; con gas pimienta, es alrededor del 95 % —respondió Schindler.

La lata seguía en su funda, para mi alivio.

—Hay un artículo en el *Journal of Wildlife Biology* de un canadiense que es uno de los expertos mundiales en ataques de osos. Hubo un caso en el que un oso *grizzly* arrastró a alguien fuera de una tienda y se lo comió, así que era un oso depredador. Pero la gente se acerca a los osos todo el tiempo, los osos nunca los tocan.

Aun así, esa noche, de vuelta en la estación de investigación, me reconfortó la lata de espray antiosos que colgaba en el retrete justo a la izquierda del pestillo de la puerta.

—¡Eh, oso!

En este momento, en pleno verano, con el salmón todavía abundante, los osos eran muy selectivos, comiéndose las jorobas grasas de los machos justo detrás de los ojos y quitando los huevos a las hembras. Eso cambia después de que los peces desovan. «Al final de la temporada —dijo Schindler—, se comen las pieles y los huesos y la basura que sobra». Un recorrido típico por un arroyo puede durar unas tres semanas; después de eso, los osos se van. «El tiempo es el problema, no la abundancia de salmones», dijo Schindler. Los osos tienen unos tres meses para ingerir la comida de todo un año.

Los osos pardos, al igual que las ballenas jorobadas, son criadores capitales, almacenan energía en verano para pasar el invierno. En junio, un macho grande puede pesar alrededor de trescientos kilos; puede ganar dos kilos cada veinticuatro horas, comiendo docenas de salmones rojos cada día. Al final de la migración del salmón, el oso puede pesar más de quinientos kilos. El Parque Nacional de Katmai, a unos ciento sesenta kilómetros al este de Alaska, celebra el aumento con la Semana del Oso Gordo, un torneo en el que se juzga qué oso ha ganado más peso basándose en fotos del antes y el después. Claro, es un truco, pero es encantador y atrajo más de seiscientos mil votos en octubre de 2021. El ganador fue el oso 480 u Otis, cuatro veces campeón. Al año siguiente, el oso 747 (alias Bear Force One) ganó por segunda vez.

Los osos grandes como Otis y Bear Force One pueden aumentar su masa corporal hasta en un 30 %. Eso es como si un humano de setenta kilos ganara veinte kilos en solo un par de meses. De Giacometti a Botero. Los osos se vuelven obesos. Se vuelven enormes. Y luego entran en hibernación y desaparecen, sobreviviendo con su grasa hasta la mitad del año. Las proteínas, ricas en nitrógeno y fósforo, ayudan a regular sus cuerpos durante el invierno. Sus niveles de insulina no cambian.

Sorprendentemente, los osos se mantienen sanos a medida que su peso sube y baja, conservando su fuerza y masa muscular.

Mientras observaba a los salmones nadar río arriba y examinaba sus cadáveres mordidos por los osos, tenía sentimientos encontrados. Estos peces se habían acercado mucho. Imagínate sobrevivir unos años en el mar, una migración larga y peligrosa (incluido el desafío de las redes de enmalle que se llevan a tres de cada cinco peces fuera de la zona de reproducción) y varias semanas de inanición para acabar aplastado hasta la muerte en las fauces de un oso. Hay algo casi trágico en los salmones que mueren al final de este épico viaje, justo antes del desove. Al mismo tiempo, mueren en la flor de la vida: todavía vigorosos, con un propósito. Y su final es rápido, incluso si para muchos llega justo antes de la línea de meta.

Pero sus muertes no son en vano, ya que los salmones y sus nutrientes sustentan a los osos, a los carroñeros y al hábitat forestal para las futuras generaciones de salmones y la fauna local. Quinn demostró que, aproximadamente, la mitad de los salmones devorados por los osos habían sido transportados al bosque. Observé los árboles que bordeaban el arroyo y cubrían las montañas y me pregunté cuántos de los nutrientes que los sustentaban habían provenido del océano.

Al final de Pick Creek, nos encontramos con una pared de bosque. Píceas blancas, abedules papirífero, álamos negros. Un final del camino distinto. A nuestra derecha, había un tramo claro y plano de tierra primaveral bajo una pícea que ofrecía una vista sobre el arroyo y el prado hacia el sur. «Un dormitorio de osos —dijo Schindler— con una cocina y una despensa bien surtida colina abajo habría sido un anuncio de un millón de dólares en Bear Zillow».

Pat Walsh, director del Refugio Nacional de Vida Silvestre Togiak, vino a visitar a Nerka mientras yo estaba allí. «Me resulta imposible creer que no haya habido cambios en el ecosistema cuando el 50 o 60 % de los peces que habrían regresado se han ido de repente y todos los nutrientes con los que evolucionó este sistema han desaparecido desde hace ciento cincuenta años. ¿Estamos en el mismo camino que Escocia, Inglaterra, Nueva Inglaterra, Oregón y California, pero un poco más retrasados? —dijo. Su perro, que había pasado la última media hora persiguiendo un palo en el lago, gimoteaba debajo de la mesa de picnic—. La razón por la que los salmones están más sanos aquí es porque la tierra sigue intacta».

Cuando estás en Nerka, parece que has retrocedido en el tiempo. Los primeros colonos de Norteamérica describieron que podían cruzar los ríos a lomos de los peces. Ya no se puede hacer eso en la mayor parte de Norteamérica. Pero casi se podía en el siglo XVI. «Los europeos que exploraban Nueva Escocia simplemente dejaban caer cestas en las aguas cercanas a la costa y sacaban grandes bacalaos», escribió en el *New York Times* John Waldman, biólogo del Queens College de Nueva York. En el Caribe, los marineros españoles veían tortugas que cubrían el mar. Las ballenas eran tan numerosas que «era imposible contarlas». El arenque de río subía antaño por los ríos desde el mar para desovar en cantidades indescriptibles.

Alrededor de Nerka, no hay pruebas de tala de árboles. Las montañas están intactas y la vida silvestre es abundante a pesar de la intensa pesca y la caza de osos. Vi como mínimo un oso al día cuando estuve allí, pero la mayoría de las veces huían: una madre y dos cachorros corriendo hacia arriba de la cresta, un oso escabulléndose entre los arbustos después de vernos pasar en coche. Sobre todo, vimos sus huellas y excrementos de color marrón barroso. Antes de venir a Alaska, Walsh había sido biólogo del Departamento de Defensa en el Campo de Tiro de la Fuerza Aérea de Avon Park, donde supervisaba doce especies en peligro de extinción. «Era un trabajo realmente interesante, pero ver cómo disminuían cada año el gorrión chicharra, la urraca de los matorrales y el pájaro carpintero de cresta roja te acaba afectando».

George Pess, un antiguo alumno de Schindler que trabaja en la recuperación del salmón en el Centro de Ciencias Pesqueras del Noroeste en Washington dijo que se parecía mucho a trabajar en el salmón en los cuarenta y ocho estados del sur. El rango del salmón del Pacífico, seis especies del género *Oncorhynchus* que son todas semélparas (definidas por un único episodio reproductivo al final de sus vidas), se extiende desde Japón hasta California. En el noroeste del Pacífico, las disminuciones han sido catastróficas, de unos 70 millones de peces antes de las presas industriales y la pesca comercial, hace aproximadamente cien años, a solo 5 millones en la actualidad. Por cada cien salmones que nadaban por los ríos de la región hace un siglo, solo quedan seis. Veintinueve poblaciones de salmones están protegidas por la Ley de Especies en Peligro de Extinción. Muchos de los salmones restantes se crían en criaderos, a menudo para consumo humano. Otros se transportan alrededor de las enormes presas en barcazas o en camiones. «En la I-84 —dijo Dan Rohlf, profesor de Lewis y Clark— te pueden adelantar salmones migratorios».

El río Columbia, con nacimientos en Columbia Británica, atraviesa siete estados, definiendo gran parte de la frontera entre Washington y Oregón antes de llegar al océano Pacífico. Hace un siglo, podría haber albergado hasta 15 millones de salmones desovando cada año, incluyendo tres tipos de salmón real, salmón plateado, salmón rojo, trucha arcoíris y salmón chum. Décadas de sobrepesca y destrucción del hábitat (irrigación, tala y pastoreo) han pasado factura. También lo ha hecho la presa Grand Coulee, al oeste de Spokane, la cual tiene casi cuarenta pisos de altura y casi dos mil metros de ancho, y corta la migración natural de los peces en el Alto Columbia. Ahora, menos de 2 millones de salmones migran por el río cada año. En Columbia Británica, más de 30 millones de salmones rojos recorrían el río Fraser en ciclos de cuatro años. Pero eso fue antes de que los humanos empezaran a meterse con los ríos y los peces. En 2020, había menos de cuatrocientos mil. Los osos pardos, los lobos y otros cazadores y carroñeros han perdido una fuente de alimento esencial. Probablemente había más de cincuenta mil osos pardos en más de 2 millones de kilómetros cuadrados del oeste cuando llegaron los europeos. Ahora solo quedan mil quinientos en una pequeña fracción de su antigua área de distribución, principalmente alrededor de Yellowstone. La pérdida de peces va mucho más allá de los osos; se extiende por los bosques y las vías fluviales. Los bosques pueden perder nitrógeno, fósforo y otros nutrientes, lo que ralentiza el crecimiento a lo largo de las riberas de los ríos y deja las vías fluviales vulnerables a la erosión. Los arroyos se quedan sin nutrientes y las algas desaparecen. El término científico para esta condición es «oligotrófico»: una deficiencia de nutrientes que puede ser perjudicial para los bosques y los invertebrados acuáticos. También es perjudicial para el salmón. En ausencia de los cadáveres de los padres, los salmones jóvenes del año pierden peso, crecen más lentamente y tienen una menor diversidad genética. Sobreviven menos.

—Que no os dé un infarto ahora —dijo Schindler por encima del hombro mientras subíamos a la montaña de Church, detrás de la estación de investigación. No se parecía en nada a las viejas curvas de herradura a las que estaba acostumbrado en el este de Vermont. El sendero, cuando lo había, iba directamente hasta la cima. Respiraba tan fuerte que apenas podía hablar. Ahora el pulso me latía aún más rápido.

Uno de nuestro grupo ya había abandonado, que decidió arriesgarse a encontrarse con los osos pardos en lugar de luchar cuesta arriba al ritmo vertiginoso de Schindler.

«A veces encuentras cadáveres de salmones a mitad de camino en una montaña y piensas: "Mierda, eso son muchos nutrientes" —dijo Schindler—, pero cuando lo sumas todo, es una pequeña fracción de la población». «¿Y qué pasa con la orina y la caca de los osos? —le pregunté—. ¿Crees que aportan nutrientes de esa cuenca hidrográfica al bosque?». «Sí, pero solo en un par de metros». Eso de que los bosques se fertilizan con cadáveres y orina de oso «son paparruchas —me dijo—. Le digo a la mayoría de la gente que es una historia como la de la Biblia: demasiado buena para ser verdad y los hechos rara vez se comprueban». Durante varias conversaciones, Schindler expresó su preocupación por el hecho de que gran parte del trabajo se basaba en isótopos estables que se confundían con las características de las cuencas hidrográficas. Las llanuras de inundación tienen un suelo saturado de agua que puede elevar las señales asociadas a los nutrientes de origen marino. Schindler, que nunca se anda con rodeos, se opuso a la forma en la que se habían tomado las mediciones de los árboles y cuestionó si el nitrógeno tenía mucho efecto en la productividad de la región.

Schindler había escrito mucho a lo largo de los años sobre los impulsos estacionales de nutrientes vinculados a la migración del salmón. Los salmones ponen sus huevos en los espacios intersticiales entre la grava. Podía sentir esta perturbación mientras caminábamos por Pick Creek, donde el fondo del arroyo a menudo era inestable a raíz de los salmones que construían sus nidos de desove. Su trabajo demostró que los salmones traían más nitrógeno y fósforo en sus cuerpos desde el océano de lo que liberaban río abajo, pero también removían una gran cantidad de sedimentos que se liberaban en las corrientes.

Nos sentamos en un acantilado ventoso cerca de la cima de la montaña de Church. El lago Nerka se extendía debajo de nosotros, rodeado de verdes montañas. Uno de los experimentos que Schindler y su equipo realizaron fue en las cocinas de los osos, midiendo el nitrógeno en el suelo. «Cuando los osos están activos, el nitrógeno se dispara», dijo Schindler, pero cuando colocaron cercas eléctricas para mantenerlos alejados, todo volvió a la línea de base después de un año. Los microbios prosperaron. También son esenciales para un ecosistema saludable, por supuesto, pero no estaban alimentando el crecimiento de las plantas cercanas.

Schindler no negó que los animales fueran importantes: «Fingir que los animales no tienen ningún efecto en los procesos del ecosistema es una tontería, pero gran parte de la biogeoquímica no está dispuesta a aceptarlo». Ciertamente, muchos animales se beneficiaron de la migración: los peces que comen huevos de salmón, los osos que comen salmón y otros peces. «Toda la comunidad carroñera es enorme», dijo. Durante un corto periodo de tiempo, en un espacio concentrado: «La cosa se desmadra. La velocidad a la que desaparecen estos cadáveres es muy difícil de creer».

Le pregunté a Gordon Holtgrieve, profesor de la Universidad de Washington y uno de los antiguos alumnos de Schindler que estaba visitando Nerka en ese momento, sobre los nutrientes derivados del salmón. «Hay pruebas muy convincentes de que docenas, si no cientos, de especies en estos sistemas dependen completamente del salmón para crecer —dijo—. Los efectos a nivel del consumidor están totalmente claros. Es la idea de los nutrientes como fertilizantes la que es más inestable».

No cuestionó los datos, pero creía que había algunas interpretaciones muy optimistas de los efectos del salmón. Holtgrieve reconoció que la suya era una pequeña voz en el desierto. «Es un debate curioso —dijo—. El bando contrario es tan pequeño que no es realmente un debate. Pero llegamos a conclusiones bastante diferentes». Tenía razón. Había encontrado este reducto de escepticismo o este me había encontrado a mí, por casualidad. Schindler me había invitado a dar una charla sobre ecología de ballenas en la Universidad de Washington y cuando mencioné mi interés en las interacciones entre osos y salmones, soltó lo que ahora considero la bomba de Schindler: «¡Casi todo es un mito! En serio... ha habido mucha ciencia mal ejecutada y datos de isótopos estables muy sobreinterpretados para construir esta "historia"».

«Tenemos una casa de verano al otro lado de las montañas —dijo Holtgrieve— y tiene un pequeño salto del salmón real en el río. Mi hija tenía siete años o así. Encontró una espina y una placa branquial de un salmón real. Una cosa diminuta. Me la trae y me dice: "Mira lo que he encontrado"». La dijo a su hija que era una espina de salmón chinook o salmón real, la enseñó a identificarla y más tarde le contó el hallazgo a un biólogo local.

¿Qué había hecho con la espina?

—Oh, la tiré al cubo de la basura orgánica.

El biólogo le dijo que el Departamento de Pesca y Vida Silvestre de Washington se enfadaría mucho con él por hacer eso.

—¿Por qué?

—Porque has eliminado los nutrientes de origen marino.

—En este caso los árboles no les dejan ver el bosque —me dijo Holtgrieve—, porque si bajo a echar una meada, repondré los nutrientes.

En mi último día en Nerka, me uní a Schindler y George Pess para un estudio del salmón rojo en Allah Creek. Pess contaba los peces muertos, Schindler los vivos. Era imposible perder de vista a los vivos, de un rojo intenso y decididos a remontar el río. Algunos estaban cerca del final, sin energía y perdiendo sus colores brillantes. Los muertos eran como trapos de cocina grises y sucios cubriendo las ramas o juntándose en remolinos.

Caminamos a través de un túnel de alisos, álamos negros y píceas blancas con destellos ocasionales de epilobio. Mientras paraba cada ciento cincuenta metros más o menos, Schindler contaba los números con una letra precisa en su cuaderno de la marca Rite in The Rain. La proporción de vivos y muertos era de dos a uno.

Vi a dos salmones apareándose en lo que podría haber sido el último día de sus vidas. Estaban al final de su viaje épico. Después de dos o tres años en el mar, habían estado sin comer, habían luchado contra las corrientes, saltado pequeñas cascadas y nadado muchos kilómetros río arriba. En otros lugares, el salmón rojo recorre mil novecientos kilómetros y mil setecientos metros de desnivel.

Todavía no está del todo claro cómo localizan los salmones sus ríos natales. El salmón real, un pariente cercano del salmón rojo, nos da una pista. Parece ser que utilizan el campo magnético de la Tierra para encontrar la entrada a los ríos. A partir de ahí, se cree que los recuerdos de los olores específicos de ciertos suelos y de cierta vegetación ayudan a guiar a los salmones hasta sus ríos natales.

Comer, ayunar, reproducirse y morir, en ese orden si tienen suerte. Como dijo la columnista Maureen Dowd: «El momento de tu partida puede determinar tu lugar en los libros de historia». En este caso, el momento de la partida de cada salmón determinó su lugar en el cuaderno de campo cuidadosamente escrito por Schindler.

Schindler estaba tan decidido como los salmones a abrirse camino río arriba. La grava estaba resbaladiza por las algas y Pess y yo luchábamos por seguirle el ritmo, agradecidos por los bastones de senderismo que Schindler nos había dado al salir del barco. Cada cien metros más o menos, pasábamos por una cocina de osos: algunas eran un desastre resbaladizo, salpicado de espinas de pescado y huevos y otras eran tan solo un camino roto a través de la maleza. Cerca de una de las cocinas, vimos unos huevos brillantes sobre el musgo y un cadáver sin cabeza en el barro, con marcas de dientes en el lomo y cubierto de gusanos. Los cadáveres eran ahora presa fácil para las moscas y otros insectos.

—¡Eh, oso!

Paramos a almorzar en una barra de grava cerca de una cocina de osos. Schindler sacó un arenque de una lata con sus galletas. Enjuagó la lata en el río, la metió en su mochila y sugirió tomar un atajo de regreso. «Es un poco complicado».

Pess y yo miramos hacia arriba, a un talud marrón. Perfecto para un oso *grizzly*, tal vez. ¿Pero para nosotros?

Schindler tomó como punto de apoyo lo que parecían ser las huellas de un oso y empezó a trepar por la colina. Un escritor de la revista *Science* describió una vez a Schindler como un oso *grizzly* y en ese momento, lo vi: los hombros musculosos, las cejas fruncidas sobre sus ojos entrecerrados y el pelo del mismo marrón que un oso que asomaba por debajo de la gorra de béisbol. Desde nuestro ángulo, la pendiente parecía tan empinada que casi resultaba irreal, tal vez estaría a unos treinta grados. Pess y yo observamos cómo el talud empezaba a caer con más fuerza y rapidez. La tierra temblaba y parecía que la mitad de la montaña se derrumbaría a nuestro alrededor. Las piedras que caían empezaron a hacerse más grandes. Después de que una casi me golpeara en el pecho, Pess y yo retrocedimos hacia el arroyo.

Schindler miró por encima de la cresta. Me tocaba a mí.

Cualquier rastro de huellas de oso o de puntos de apoyo fáciles en las piedras habían desaparecido, así que opté por trepar por los alisos de rama en rama, clavando las botas en el talud. Cuando estaba cerca de la cima, aún tenía que cruzar la pendiente abierta hacia el otro lado, donde Schindler estaba esperando.

Dudé, pero al final me lancé, hundiéndome en una de las huellas de Schindler o tal vez de un oso. Me aferré a la orilla cubierta de musgo y sobre mi tripa en la cresta como un antiguo terópodo probando la tierra por primera vez.

Debajo de nosotros, los alisos temblaban. Parecía que un oso se dirigía hacia nosotros, pero era Pess, abriéndose camino entre las ramas con toda la determinación de un salmón asediado que lucha por superar una última cascada llena de madera. Perdió el equilibrio cuando las piedras del talud comenzaron a caer. Schindler extendió la mano, agarró el extremo final del bastón de Pess y lo guio hasta el peñón.

—Por eso fui yo primero —bromeó Schindler.

Pess y yo lo seguimos por encima de los montículos, con la hierba alta oscureciendo el césped. Me había torcido el tobillo hacía poco tiempo y no podía evitar pensar que una lesión aquí sería una pesadilla. La idea de pasar la noche entre helechos y abedules esperando a un equipo de rescate no me resultaba atractiva, ni siquiera con mi bote de espray antiosos. Nuestra caminata parecía durar horas.

—¿Cuánto más va a durar este atajo? —pregunté.

Atravesamos un amplio prado con agujeros hechos por osos y luego nos deslizamos por un arroyo fangoso antes de volver al arroyo principal. Parecía que habíamos terminado por hoy; sí, había sido un gran esfuerzo para treinta datos, pero esa es a menudo la naturaleza del trabajo de campo.

Schindler tenía otras ideas. En nuestro camino por el Allah, dijo, recogeríamos doscientos veinte peces medio podridos y les extraeríamos sus diminutos otolitos para analizarlos más tarde. Los otolitos revelarían si los salmones eran peces de dos o tres océanos (es decir, si habían pasado dos o tres años en el mar) y dónde habían desovado.

—¿Quieres recogerlos? —preguntó Schindler, con un cuchillo afilado en la mano—. ¿O eso ofendería tu sensibilidad de la costa este?

Me abrí camino por el arroyo, alineando los cadáveres en bancos de grava y en cocinas de osos.

—Saca a tus muertos —gritó Pess mientras cortaba las cabezas y extraía los otolitos.

En esta danza macabra, los salmones se encontraban en diversos estados de descomposición. Muchos habían fallecido, sus cuerpos rojos ahora eran grises. Las gaviotas les habían picoteado los ojos a algunos. Otros parecían estar al borde de la muerte: un macho, todavía de color rojo brillante, me perseguía en esta tierra idílica, movía las mandíbulas mientras lo alineaba con los demás. Los más deteriorados, los infestados de gusanos, se llamaban *crackers* y se evitaban en gran medida. Tomamos muestras de ciento diez hembras y ciento diez machos. Cuando volvimos al barco, estaba bastante seguro de que no quería volver a ver un salmón muerto.

Más tarde esa noche, un estudiante de Japón hizo un hermoso plato de sashimi de salmón que detuvo brevemente nuestra conversación. Holtgrieve asó salmón rojo junto al lago. Sabían bastante bien.

Cuando comenzaron las obras en 1910, la presa Elwha se diseñó para atraer el desarrollo económico a la península Olímpica de Washington, suministrando energía eléctrica a la creciente comunidad de Port Angeles. Fue una de las primeras presas de gran altura de la región, con un caudal de agua de más de cien metros desde el embalse hasta el río. Antes de la construcción de la presa, el río albergaba diez tramos de peces anádromos. Las cinco especies del salmón del Pacífico (rosado, chum, rojo, real y plateado) se encontraban en el río, junto con el *Salvelinus confluentus* (la trucha «toro») y la trucha arcoíris. En un buen año, cientos de miles de salmones ascendían por el Elwha para desovar. Pero los contratistas nunca terminaron las escaleras para los peces que prometieron. Como resultado, el Elwha aisló la mayor parte de la cuenca hidrográfica del océano y el 90 % del hábitat del salmón migratorio.

Miles de presas bloquean los ríos del mundo, diezmando las poblaciones de peces y obstruyendo las arterias de nutrientes desde el mar hasta los manantiales de las montañas. Algunas tienen escaleras para peces. Otras transportan peces a través de muros de hormigón. Muchas actúan como barreras permanentes para la migración de miles de especies.

En la década de 1980, aumentaba la preocupación por el efecto de la Presa de Elwha en el salmón nativo. Las poblaciones habían disminuido en un 95 %, devastando la vida silvestre local y las comunidades indígenas. El salmón de río es esencial para la cultura y la economía de la tribu Klallam del bajo Elwha. En 1986, la tribu presentó una moción a través de la Comisión Federal Reguladora de la Energía para detener la renovación de las licencias de la presa de Elwha y la presa de Glines Canyon, un embalse superior que era incluso más alto que el de Elwha. Al bloquear la migración de los salmones, las presas violaron el Tratado de Point Elliot de 1855, en el que los Klallam cedieron una gran parte de la península Olímpica con la condición de que todos sus descendientes y ellos tuvieran «el derecho a pescar en los terrenos habituales y acostumbrados». La tribu se asoció con grupos ecologistas, como el Sierra Club y la Seattle Audubon Society, para presionar a los funcionarios locales y federales para que retiraran las presas. En 1992, el Congreso aprobó la Ley de Restauración del Ecosistema y la Pesca del Río Elwha, que autorizaba el desmantelamiento de las presas de Elwha y Glines Canyon.

La demolición de la presa de Elwha fue el mayor proyecto de eliminación de presas de la historia; costó 350 millones de dólares y duró unos tres años. A partir de septiembre de 2011, las presas de cajón desviaron el agua hacia un lado mientras se desmantelaba y destruía la presa de Elwha. La presa de Glines Canyon fue más complicada. Según Pess, se necesitó un «alabado martillo neumático en una barcaza flotante» para desmantelar el embalse de más de sesenta metros. La barcaza no funcionaba cuando el agua estaba baja, así que se transportó nuevo equipo en helicóptero. En 2014, la mayor parte de la presa se había derrumbado, pero la caída de rocas seguía bloqueando el paso a los peces. Se tardó otro año en mover las rocas y el hormigón antes de que los peces tuvieran pleno acceso al río.

La respuesta de los peces fue rápida, satisfactoria y, a veces, sorprendente. La trucha «toro» del río Elwha, aislada de la costa durante más de un siglo, empezó a nadar de vuelta al océano. El salmón real en la cuenca aumentó en una media de unos dos mil a cuatro mil. Muchos de los salmones reales eran descendientes de peces de criadero, me dijo Pess durante la cena en Nerka. «Si el 90 % de tu población antes de la eliminación de la presa procede de un criadero, no puedes dar por sentado que una población totalmente natural aparecerá de inmediato». La trucha arcoíris, que se había reducido a unos pocos cientos, ahora superaba los dos mil ejemplares.

En pocos años, una mayor mezcla de peces salvajes y de criadero local había regresado a la cuenca del Elwha. Y la vida silvestre circundante también respondió. El mirlo acuático norteamericano, un ave de río, se alimentaba de huevos de salmón e insectos impregnados de los nuevos nutrientes de origen marino. Sus tasas de supervivencia aumentaron y las hembras que tenían acceso a los peces se volvieron más saludables que las que no. Empezaron a tener múltiples crías y no tuvieron que viajar tan lejos para conseguir comida, un retorno, tal vez, a como era la vida antes de la presa. Un estudio realizado en la cercana Columbia Británica demostró que la abundancia y la diversidad de aves cantoras aumentó con el número de salmones. No se estaban comiendo a los peces; de hecho, ni siquiera estaban presentes durante la migración de los salmones. Pero se estaban beneficiando del aumento de insectos y otros invertebrados.

Igual de emocionante fue que la eliminación de las presas reavivó los patrones migratorios que habían quedado inactivos. La lamprea del Pacífico comenzó a viajar río arriba para reproducirse. La trucha «toro», que había pasado generaciones en el embalse situado sobre la presa, comenzó a migrar hacia el mar. La trucha arcoíris nadó río arriba y río abajo por primera vez en décadas. Con el paso de los años, el río comenzó a tener un aspecto casi natural a medida que los sedimentos que se habían acumulado detrás de las presas se marchaban río abajo.

El éxito en el Elwha podría ser el comienzo de algo grande, fomentando la eliminación de otras presas antiguas. Hay planes para eliminar la presa Enloe, un muro de hormigón de quince metros en el norte de Washington que abriría trescientos veinte kilómetros de hábitat fluvial para la trucha arcoíris y el salmón real. Las orcas en peligro de extinción crítico, que se encuentran río abajo de la costa del noroeste del Pacífico, se beneficiarían de este aumento de salmones y, como solo quedan setenta ejemplares, necesitan todos los peces que puedan conseguir.

La migración primaveral del salmón real en el río Klamath en el norte de California, ha disminuido un noventa y ocho por cierto desde que se construyeron ocho presas en el siglo XX. El salmón *coho* o plateado también ha experimentado un fuerte declive. En los próximos años, está previsto derribar cuatro presas con el objetivo de restablecer la migración del salmón. Más al norte, las presas del río Snake podrían romperse para salvar al salmón en peligro de extinción del estado de Washington. Si eso ocurre, podrían regresar cantidades históricas de salmones, junto con las numerosas especies que dependen de la energía y de los nutrientes que transportan río arriba.

En el oeste se están construyendo otras presas, presas de palos, piedras y barro. Las presas de los castores ayudan a los salmones al crear nuevos hábitats de aguas lentas, fundamentales para los salmones jóvenes. En Washington, los estanques de los castores enfrían los arroyos, haciéndolos más productivos para los salmones. En Alaska, los estanques son más cálidos y los salmones los utilizan para ayudar a metabolizar lo que comen. A diferencia de los enormes embalses de hormigón, diseñados para la estabilidad, las presas de los castores son paisajes dinámicos y heterogéneos por los que los salmones pueden desplazarse fácilmente. Los castores comen, construyen presas, defecan y siguen adelante. Los humanos queremos que las cosas sean estables, pero la Tierra y sus criaturas son dinámicas.

* * *

En el otro lado del continente, las fuerzas antigravitatorias son impulsadas por la reproducción de otro tipo. En primavera, millones de tortugas marinas salen del océano para poner sus huevos.

Karen Bjorndal, directora del Centro Archie Carr Center para la Investigación de las Tortugas Marinas de la Universidad de Florida, ha pasado gran parte de su vida pensando en los reptiles marinos. Las observó por primera vez en las Galápagos durante el verano en el que obtuvo una beca cuando estaba en la universidad; vivió durante tres meses en la isla de Santa Fe, la cual no tenía otros habitantes humanos. «Estaba allí sola acampando en una pequeña tienda de campaña estudiando el comportamiento social de las iguanas terrestres —me dijo—, pero rápidamente descubrí que las iguanas terrestres no hacían mucho». Como no tenía a nadie que le hiciera compañía, pasaba su tiempo libre contemplando el mar, observando a las tortugas marinas que nadaban y se acercaban a respirar. «Me intrigaba la sensación de que están en dos mundos diferentes —dijo—. Son el puente entre el mar y el aire».

Al poco, Bjorndal solicitó trabajar con el legendario biólogo de tortugas marinas Archie Carr en la Universidad de Florida. Ella y sus colegas pasaron años en las playas de anidación, desde Tortuguero, Costa Rica, hasta las Bahamas, rastreando las tendencias demográficas, en su mayoría positivas, de muchas tortugas marinas después de las catastróficas disminuciones que hubo décadas antes. Observaron a cientos —y en algunos casos miles— de tortugas emerger del mar por la noche para poner sus huevos. Después de unas ocho o diez semanas de observación, Bjorndal desenterraba los nidos y contaba los huevos y las cáscaras para examinar el éxito de la anidación. ¿Cuántas crías habían salido? ¿Cuántas habían muerto en la arena? Quedó fascinada por cómo las tortugas marinas podían transformar las praderas marinas, que tienen pocos herbívoros, en estas «partículas enriquecidas con nitrógeno», también conocidas como huevos.

«Es un trabajo extremadamente apestoso —dijo. Los nidos huelen a huevos podridos, como habrás adivinado—. Pero al examinar toda esta biomasa, no puedes evitar pensar: "Vaya, aquí se han dejado muchas cosas"». Incluso los nidos de los que salían el mayor número de crías que llegaban al mar estaban llenos de una sustancia viscosa.

Su sospecha de que el comportamiento de anidación de las tortugas marinas representaba una transferencia de nutrientes del mar a la tierra quedó en un segundo plano hasta que consiguió un puesto de profesora en la Universidad de Florida. Allí, ella y Sarah Bouchard, una estudiante de máster, se propusieron medir la cantidad de nitrógeno y lípidos depositados en los nidos de tortugas bobas en Florida. Su objetivo final era ver cuántos nutrientes volvían al océano y cuántos permanecían en las proximidades del nido. «Nos sorprendió descubrir que solo alrededor de un tercio de todos esos nutrientes regresaban al mar en forma de crías», me dijo Bjorndal. Decenas de miles de tortugas verdes y bobas migran cada año desde terrenos de alimentación ricos a playas pobres en nutrientes en Florida. Los nidos de las tortugas marinas podrían ser una fuente crucial de energía, grasas, nitrógeno y fósforo para estos ecosistemas costeros.

A los osos americanos de Florida seguramente les encantaban. Los primeros naturalistas escribieron que ignoraban a las tortugas, pero adoraban sus huevos que eran fáciles de encontrar y estaban llenos de grasa y nutrientes. Los osos son buenos cavadores y grandes comedores, devoran en un día lo que la mayoría de los humanos podrían comer en una semana. A medida que los osos se movían por el paisaje, transportaban los nutrientes marinos aún más lejos de la orilla.

Otro estudiante continuó el estudio de Bouchard utilizando isótopos estables, demostrando que los nutrientes de los huevos de tortuga marina estaban siendo absorbidos por las avenas marinas en las dunas. Esto tuvo un impacto en la estructura de la playa. Al estabilizar las dunas, los nutrientes depositados en los lugares de anidación ayudan a preservar el hábitat para las futuras generaciones de tortugas marinas, que, al igual que los salmones y las ballenas, tienen un alto grado de fidelidad al lugar donde nacieron o se criaron. También ayuda a los humanos. Nos gustan las dunas fiables, sobre todo en época de huracanes o de aumento del nivel del mar.

Una tarde en Nerka, me senté junto a un arroyo y observé cómo pasaba el agua. Había cientos de salmones, algunos capturados justo debajo de una pequeña cascada. De vez en cuando, alguno encontraba un camino río arriba. Podía ver cómo los salmones se deshacían ante mis ojos, con su piel brillante desprendiéndose en el arroyo. «En el instante de la muerte», escribió el neurobiólogo David Eagleman en *Sum*, «todavía estás compuesto por los mismos mil billones de billones de átomos que en el instante posterior a la muerte; la única diferencia es que su red vecinal de interacciones sociales se ha detenido. En ese momento, los átomos comienzan a separarse, ya no esclavizados a los objetivos de mantener una forma humana».

O, en este caso, mantener una forma de salmón. Como lo describió el biólogo de peces Gary Lamberti: «Han invertido gran parte de sus elementos en sus gametos y han excretado tanto que lo que queda es una especie de cuerpo recalcitrante».

La mayor parte de lo bueno ya se había liberado en forma de óvulos y espermatozoides y los desechos metabólicos asociados con nadar contra corriente sin comida.

En los meses anteriores y posteriores a mi viaje, leí docenas de artículos sobre la migración de los salmones, los subsidios de nutrientes y el N^{15} foliar, la huella química que mostraba que el nitrógeno de los salmones había llegado a los árboles. La integridad de esa historia comenzó a deshilacharse cuando Schindler y Holtgrieve tiraron de algunos de sus hilos esenciales, pero ninguno de ellos negó el efecto generalizado del salmón en los animales que viven en los bosques del Pacífico Norte.

El salmón da forma a los ecosistemas de formas sorprendentes. Se han visto al menos veinte especies comiendo salmón, entre ellas águilas, cuervos, cornejas, visones, martas americanas, coyotes y lobos. Las moscas azules, los consumidores de salmón más abundantes por su gran número, sincronizan su aparición con el regreso del salmón rojo. Esto tiene sentido, dado que las moscas azules, también conocidas como moscas de la carne, obtienen alrededor del 85 % de su alimento de los cadáveres de salmón. Suelen ser los primeros insectos en colonizar un cadáver de salmón y una mosca de esta especie, con ojos de color rojo brillante y un cuerpo azul brillante como el de un coche nuevo, pondrá entre ciento cincuenta y doscientos huevos en un cadáver de salmón. Eclosionan al cabo de unas ocho horas después. Una vez que emergen como adultos, después de aproximadamente una semana, se alimentan de flores y actúan como polinizadores. Schindler y Peter Lisi, uno de sus estudiantes de posgrado, descubrieron que la *Angelica genuflexa*, una flor común en las orillas de los arroyos que se parece vagamente al encaje de la reina Ana de Gran Bretaña, también sincroniza su floración para seguir la migración de los salmones y la aparición de la mosca azul. Más moscas significa más polinización y más semillas.

Los osos pardos dependen del salmón en gran parte de su área de distribución. En Alaska, estos osos alimentados por peces también son cruciales para la propagación de semillas. Los osos son abundantes y grandes comedores y defecan semillas listas para germinar. Había visto excrementos de oso, de color marrón barro con reflejos rojos, que supuse que eran de huevos de salmón. Resulta que eran arándanos rojos. También esparcen semillas de arándano, hasta treinta y siete mil en una sola defecación, y miles de semillas de garrote del diablo, frambuesa y grosella a través de pantanos, bosques y otros hábitats. Los pequeños mamíferos, como los topillos, se comen los excrementos y esparcen aún más las semillas.

Un estudio muy citado realizado en el bosque templado húmedo del Gran Oso en Columbia Británica, descubrió, quizá de forma contradictoria, que los arroyos con muchos salmones tienen una menor diversidad de plantas. Espera, ¿más salmones equivalen a menos especies? Al igual que en Surtsey, la adición de grandes cantidades de nutrientes ya sea de excrementos de aves, salmones muertos u orina de oso, puede favorecer a unas pocas especies dominantes. En el caso de la selva húmeda canadiense, la bien llamada «baya del salmón», una planta que prospera en entornos con alto contenido de nitrógeno, superó a las azaleas y los arándanos en zonas cercanas donde se daban altas densidades de desove.

En la cuenca del río Mokelumne en California, justo al norte de San Francisco, los principales cultivos ribereños son las uvas de vino. Los investigadores encontraron niveles elevados de nitrógeno marino en las vides cercanas a los arroyos salmoneros. Aproximadamente una cuarta parte del nitrógeno de los viñedos a lo largo del Mokelumne proviene del océano. En este caso, no son los osos los que lo trasladan de los ríos al suelo. Los osos pardos desaparecieron hace mucho tiempo de la región, cazados sin descanso en California hasta 1922, cuando el último fue asesinado en el condado de Tulare. Hoy en día, los buitres de Virginia son los carroñeros de cadáveres de salmón más comunes en la zona. Intenté encontrar una cosecha derivada del salmón que no se mezclara con los vinicultores cercanos, pero fue en vano. Si existía un terruño de salmón —¿un *marruño?*—, no pude desenterrarlo.

* * *

Anhelaba la simplicidad de Surtsey, donde las fechas de llegada y los datos sobre la abundancia de casi todas las especies estaban bien documentados. Los ecosistemas complejos como el noroeste del Pacífico, con miles de especies, son otra historia, con miles de millones de interacciones directas e indirectas entre especies. Un efecto directo es bastante fácil de observar. Si un oso se come un salmón, el oso gana, el salmón pierde. Pero los efectos indirectos se propagan a través de la red alimentaria, entre animales, plantas y hongos: un salmón muerto afecta a la polinización de una planta de la ribera y a la productividad de un árbol.

El salmón, los osos y los árboles crean una hermosa historia, una que encaja perfectamente en el marco de este libro. Una que está relativamente ordenada y clara. Y aunque hay bastantes datos que la respaldan, también hay motivos de peso para el escepticismo. La ecología es un tema complejo y las herramientas que utilizamos, como el nitrógeno ligero y pesado, son a veces rudimentarias y están limitadas por la financiación, las estaciones, el clima e incluso las pandemias. La investigación científica es, como casi cualquier actividad humana, compleja, susceptible de interpretación e incluso de fraude y a veces está impregnada de sesgos de todo tipo. La gente busca una respuesta fácil, aunque no la haya.

Los nuevos descubrimientos suelen ir acompañados de una gran excitación que pronto va seguida de debates y desafíos a medida que científicos de diferentes disciplinas y lugares entran en la refriega, poniendo en entredicho la idea original. Con el tiempo y la investigación, debería surgir una comprensión más profunda. Entonces, nuevas incertidumbres surgirán y el ciclo al completo continuará. Como dijo el neuroendocrinólogo Robert Sapolsky sobre su investigación sobre los babuinos: «El debate continúa, manteniendo a los primatólogos fuera del paro».

Cuando mencioné a Naiman el escepticismo de Schindler sobre el nitrógeno derivado del salmón que llega a los árboles, se sorprendió. «No he visto a Daniel desde hace varios años —dijo Naiman— y él piensa largo y tendido en las cosas. Pero a menudo toma el camino menos transitado y hace preguntas difíciles». Fue una respuesta cálida e inmediatamente pensé en Schindler trepando por el talud como un oso *grizzly*. Naiman me enseñó un estudio que mostraba que la cantidad de nutrientes de origen marino en los árboles disminuyó después de la construcción de presas en Washington y Oregón. Cuando los investigadores extrajeron muestras de los árboles, descubrieron que las tasas de crecimiento de los árboles habían vuelto a los niveles ambientales a tan solo dos años de la construcción de la presa. «Ya no recibían el subsidio de los cadáveres de salmón», explicó Naiman. Quizá no fuera una prueba irrefutable y, además, los datos me parecieron un poco confusos, pero era una prueba concreta que respaldaba los numerosos artículos que examinan los nutrientes derivados del salmón.

Cuando le conté a una amiga de la zona de Seattle los debates en torno al salmón en los árboles, ella se opuso. El fertilizante orgánico de salmón que había estado usando en su jardín, me dijo, había hecho maravillas con sus verduras. Así como las historias que los pescadores recreativos traían de Alaska eran tan importantes o, quizá más, como la carne congelada que se llevaban a casa, me preguntaba si su creencia en el valor añadido que daba el fertilizante estaba impulsada por los datos, la belleza de la historia o alguna combinación de ambos.

—La ecología no es como la ciencia espacial —había bromeado Schindler cuando terminamos nuestra caminata en la montaña de Church—. Es mucho más complicada.

4

EL CORAZÓN DE LA TIERRA

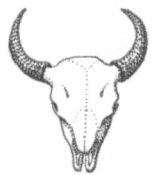

Un lluvioso lunes por la mañana a mediados de junio, llamaron a la puerta de mi habitación de hotel en Cooke City, el cual no estaba lejos de la entrada noreste del Parque Nacional de Yellowstone. Era el gerente del Elk Horn Lodge.

—No sé si has estado al tanto de lo que está pasando, pero el parque está cerrado y la carretera a Silver Gate está inundada.

—Había pasado la mañana contestando correos electrónicos, mirando el aguacero por la pequeña ventana y esperando a que el tiempo mejorara.

Habían caído doce centímetros de lluvia desde que llegué el día anterior que derritieron la nieve de las montañas, lo que sumó la escorrentía a la lluvia. La ciudad esperaba cortes de energía y la pérdida de agua potable.

Di un paseo por la ciudad empapada por la lluvia. Llovía a cántaros; un arroyo fangoso que corría por la carretera principal me llegaba hasta los tobillos. El agua llegaba hasta las ventanas de algunas de las casas bajas.

Aún no estaba listo para irme. Había viajado más de veinticuatro horas para llegar a Yellowstone y acompañar a varios biólogos de bisontes al campo durante un par de días. Pensé que podría aguantar.

Me encontré con el propietario del albergue, que también era socorrista, y me dijo que el agua había llegado hasta los puentes de la carretera a Red Lodge, la única salida. La noche anterior, no había habido una sola habitación libre en la ciudad; ahora las calles parecían desiertas. Mientras charlábamos, los últimos coches de alquiler salían de la ciudad. Los equipos de rescate se estaban desplazando.

—Deberías irte.

Estaba sentado con el biógrafo de cánidos Rick McIntyre en el valle de Lamar cuando un lobo negro salió de entre las nubes. Era el día antes de que llamaran a mi puerta y había tenido la tentación de levantarme tarde. El tiempo no pintaba bien, acababa de llegar a la ciudad y tenía cinco días programados en el parque, incluida una noche en el campo. ¿Por qué apresurarse? No obstante, me levanté a las 3:30 a. m. y me reuní con él cerca de su cabaña en Silver Gate, que estaba cerca de la entrada noreste de Yellowstone.

Nunca digas que no a un día en el agua o a una mañana en el campo, especialmente si es con McIntyre. Me alegro de no haberlo hecho. En ese momento no teníamos ni idea de que sería el último día regular de la temporada.

Había visitado a McIntyre y a sus lobos hacía más de una década, en 2008, para ver uno de los grandes éxitos (y controversias) de la Ley de Especies en Peligro de Extinción. Los lobos grises se habían reintroducido en Yellowstone después de una ausencia de casi setenta años. McIntyre dijo que ese año era el mejor para la observación de los lobos y que el equilibrio entre los herbívoros más grandes del valle, los wapitíes y los bisontes, estaba empezando a cambiar. Así es como recuerdo el primer día de ese viaje: el corazón del mundo estaba abierto, ondeando con la luz del sol. Rick McIntyre y yo nos sentamos entre los huesos de un wapití con vistas a la confluencia del río Lamar y el arroyo Soda Butte. Era junio y McIntyre estaba en una silla plegable, con sus largas piernas extendidas bajo un trípode que sostenía su catalejo, y el valle se extendía frente a nosotros como un libro de texto abierto. A la derecha, se elevaba Specimen Ridge con la nieve serpenteando por los valles del norte y a la izquierda, el Monte Norris, coronado de blanco. Las grandes plantas de salvia cubrían las laderas como un viejo jersey de lana. Hinchado por el deshielo, el río Lamar corría con fuerza. Los árboles muertos yacían esparcidos a lo largo de la orilla entre álamos negros y sauces vivos. A lo largo de la llanura aluvial, los búfalos se movían en manadas. Las vacas estaban mudando, sus pelajes hechos jirones; en el brillo de la hierba fresca, eran las jóvenes las que destacaban, de un ocre ardiente. Con sus cabezas de quitanieves y sus hombros de minotauro, eran increíblemente hermosas.

Una de las tardes de aquel primer viaje, vi a una manada de bisontes luchar contra los lobos de Druid Peak, la manada local, que estaban ansiosos por atrapar a una cría huérfana. Con su madre muerta, la muerte de la cría estaba predeterminada en ese momento. Los bisontes no amamantan a sus crías, así que, en el mejor de los casos, la cría moriría de hambre. Pero la batalla se libró con valentía y, al caer la noche, la cría seguía en pie. Al día siguiente, era un lejano montículo de pieles y huesos. Los cuervos, quizá los mejores carroñeros de Estados Unidos, se habían instalado allí. Por aquel entonces, el valle de Lamar en el noreste de Yellowstone, todavía estaba bastante tranquilo. La gente sabía de la existencia de los lobos, pero había pocas empresas de observación de lobos. La mayor parte del turismo seguía girando en torno a Old Faithful y West Yellowstone.

Catorce años después, apoyado en una roca, McIntyre me deleitó con historias sobre lobos que había conocido y el valor que hay en la vida de los lobos. Describió los últimos días de Wolf 911, un macho alfa al que había seguido durante años y que se enfrentó a una manada rival. «Los otros lobos lo persiguieron hasta la orilla más lejana —dijo McIntyre—, lo miraron fijamente desde el otro lado del arroyo: ocho contra uno. Lo más inteligente que podía hacer era abandonar su presa, cruzar la carretera y subir hasta donde estaba su familia y, así, estaría a salvo. Pero no lo hizo. Se mantuvo firme y finalmente, los otros cruzaron nadando y lo rodearon. Él los estaba dando todas las indicaciones de que no tenía ningún problema en luchar contra ellos, a pesar de estar tan herido y viejo. Lo atacaron y él se defendió bien. Pero ningún lobo puede derrotar a ocho oponentes y lo mataron.

—Más tarde pensé: «¿Por qué no se salvó?» —continuó McIntyre—. Porque podría haber cruzado la carretera y reunirse con su familia. Pero esa noche, esos lobos podrían haber seguido el rastro de su olor que los habría llevado directamente a su familia y ahí es donde se habría producido el ataque, en lugar de aquí.

Creo que se puede decir con seguridad que McIntyre ha pasado más tiempo observando lobos que cualquier otro ser humano en la historia del mundo. Cuando lo visité en 2022, su total era de 9020 días. «No es que los esté contando», bromeó. Había llegado a 6175 días consecutivos antes de tener que parar para operarse del corazón.

«¿Por qué tomarme unas vacaciones? —dijo, mirando el Lamar—. ¿Adónde iría?». Contemplamos la guarida de la manada de lobos de Druid Peak y tuve que estar de acuerdo, el parque es con certeza, uno de los lugares más hermosos que he visto.

Cuando lo conocí, me dijo que estaba planeando escribir un libro sobre los lobos de Yellowstone, pero en ese momento pasaba unas nueve horas al día en el parque. Dudaba que sus meticulosas notas llegaran a imprimirse. Qué equivocado estaba. Desde entonces, McIntyre ha escrito lo que considero la versión canina del cuarteto de Alejandría de Durrell o de las novelas napolitanas de Ferrante: *El ascenso del lobo 8, El reinado del lobo 21, La redención del lobo 302* y *La hembra alfa del lobo*. Relató las batallas y las enemistades sangrientas que se desarrollaron entre las manadas y la profunda devoción entre los lobos alfa. Con un nuevo libro que sale cada año y las largas horas que pasa en el parque, McIntyre puede rivalizar algún día a Balzac con su propia *Comedia del lobo*.

Poco después del amanecer, empezó a caer una ligera lluvia. Me sorprendió la cantidad de campistas, coches y furgonetas de observación de lobos que serpenteaban a lo largo del río Lamar. Ya no era un rincón tranquilo de Yellowstone, sino una parada obligatoria cuando se visita el parque nacional. Yellowstone es el único lugar de Estados Unidos donde los bisontes han vivido de forma continua desde que estuvieron en peligro de extinción en el siglo XIX. Y desde que se reintrodujeron los lobos, el parque cuenta con la mayoría de los principales animales que tenía antes de que llegara la gente: osos pardos, pumas, wapitíes, berrendos (antílopes americanos), coyotes, castores, lobos y bisontes. Yellowstone parece un lugar privilegiado para observar cómo los animales grandes pueden construir ecosistemas.

La lluvia se hizo más intensa, empapando nuestras botas mientras cruzábamos la hierba. Hicimos una pausa junto a una mancha de excremento de bisonte. Me agaché y rompí un trozo. Era marrón, como la mayoría de las cacas de mamíferos, una mezcla de comida digerida (en este caso hierba, principalmente) y células sanguíneas muertas. Olía a tierra fresca con un ligero olor a hierba cortada. Había setas creciendo a un lado. Había oído que los hongos eran seguros para comer, tal vez había incluso alucinógenos. La caca es irregular. Es efímera. Los hongos necesitan reproducirse rápidamente y muchos requieren parejas, a menudo parientes. Los hongos asociados al estiércol pueden utilizar la psilocibina como arma para ayudarles a defender su reino fecal, drogando a los competidores y depredadores, normalmente insectos, que se sienten atraídos por los recursos proporcionados por los bisontes y otros animales.

En este viaje vi más bisontes de los que recordaba haber visto en 2008. Pastaban en el pasto azul de Kentucky, el trébol y el diente de león, revelando la historia agrícola del valle de Lamar. Los lobos parecían menos visibles, tal vez, señaló McIntyre, porque las hembras alfa de la manada local estaban en una lucha de poder, por lo que los territorios eran cambiantes e inciertos.

Hicimos una pausa para leer un nuevo letrero en la carretera que explicaba el efecto lobo:

La reintroducción de los lobos trajo cambios a un ecosistema que evolucionó sin ellos durante casi setenta años. Aunque los lobos no afectan directamente a toda la vida que los rodea, sus efectos posiblemente se extienden por toda la cadena alimentaria. Esta hipótesis se denomina cascada trófica.

En ausencia de lobos, continuaba la placa, manadas de wapitíes anormalmente grandes crecían en el parque. Una vez que los lobos regresaron, las manadas se hicieron más pequeñas y fuertes. Y los lobos crearon el paisaje del miedo; los wapitíes se demoraban menos en los arroyos y, como resultado, los sauces, álamos americanos y álamos negros de Virginia nativos crecían más. Las aves encontraron más lugares para anidar en estos árboles ribereños y los castores regresaron. Y los cambios también beneficiaron a los peces, que se sienten atraídos por las aguas más frías y sombreadas. Del mismo modo, los estanques de castores recién formados eran buenos para las aves acuáticas, anfibios y reptiles nativos.

Le pregunté a McIntyre sobre el efecto de los lobos. ¿Había notado estos cambios?

«Definitivamente existe una regeneración más exitosa de los álamos y los sauces», dijo McIntyre. Se estableció una colonia de castores en Crystal Creek poco después de que los lobos fueran reintroducidos en la zona. Y aunque los castores se trasladaron río arriba con el tiempo, todavía había muchos álamos y sauces para alimentarse y construir presas. Una nueva manada de lobos estaba estableciéndose en la zona.

McIntyre se enteró de que se había avistado un lobo cerca de Soda Butte, así que recogimos nuestro equipo. Incluso después de más de nueve mil días rastreando lobos en Yellowstone, siempre salía corriendo a ver el siguiente. Sus registros son valiosos porque ha visto a casi todos los lobos de Yellowstone y ha informado de cada avistamiento, por fugaz que fuera.

En contraste con el aumento del tráfico de bisontes, parecía haber menos wapitíes que la última vez que visité el parque. ¿Era por los lobos? «Es difícil de decir —señaló McIntyre. Probablemente hubo alguna depredación selectiva—. Los wapitíes y los bisontes sanos pueden cuidarse solos, pero los lobos huelen el miedo o siguen a cualquiera que pueda salir corriendo». Las poblaciones no cambian mucho si los depredadores van a por los más jóvenes o a por los más viejos que tienen tasas de reproducción más bajas que los animales en su juventud. Pero había habido más presión de caza en Montana al norte del parque desde 2008, lo que podría haber influido en las poblaciones de wapitíes. El wapití y el ecosistema habían cambiado desde la llegada de los lobos, pero las causas fundamentales de estos cambios eran complicadas.

Según el biólogo Matt Kauffman, de Wyoming, la reintroducción de los lobos tuvo poco impacto en el comportamiento de los wapitíes. Mientras trabajaba en su doctorado, recibió una beca para examinar la hipótesis de que los lobos podrían ahuyentar a los wapitíes de zonas donde los árboles estaban esquilmados y así la vegetación se recuperaría. Pero después de comenzar a realizar los experimentos, empezó a ver todos estos agujeros. Dondequiera que él y sus colegas protegían los álamos con vallas, los árboles prosperaban. Pero Kauffman vio poca variación entre las zonas donde los lobos habían matado wapitíes y las zonas donde no lo habían hecho. «No había diferencia entre las zonas de riesgo y los lugares seguros —dijo. Cree que esto se debe en parte a que los wapitíes no convivían con lobos todos los días—. Resulta que un wapití tiene que acercarse a más de un kilómetro de un lobo antes de que se produzca algún cambio en su comportamiento o sus movimientos». Eso ocurre solo una vez cada nueve días para muchos de los wapitíes y, para algunos, es solo una vez al mes, así que no es suficiente para cambiar su comportamiento diario. Algunas áreas de Yellowstone podrían haberse beneficiado de la pérdida de wapitíes, pero estos cambios no podrían atribuirse directamente al regreso de los lobos. Los wapitíes disminuyeron después de la llegada de los lobos, pero la caza humana había aumentado al mismo tiempo y se produjo una grave sequía en toda la región.

Ya hemos pasado por esto. Confiaba en mis colegas de ambos bandos en este debate, así que llamé a Os Schmitz, un profesor de Yale que lleva años estudiando el paisaje del miedo o, mejor dicho, las «cascadas tróficas mediadas por el comportamiento», en experimentos de campo controlados. ¿Qué pensaba de los estudios de Yellowstone? Tenía una visión matizada: «Cuando Yellowstone introdujo a los lobos, los wapitíes no habían estado expuestos a este tipo de depredador desde hacía tanto tiempo que no podían calcular el riesgo. Estaban hipervigilantes». En otras palabras, cuando los lobos llegaron por primera vez, los wapitíes estaban al vigilando a los nuevos depredadores en la ciudad, lo que redujo su tiempo de rumiar. Estos cambios tuvieron un impacto positivo en la cubierta arbórea y quizá en los castores y otras especies que rondan la orilla del río. Pero los wapitíes descubrieron con rapidez cómo hacer frente a la situación. Dado que los lobos son más activos al amanecer y al atardecer, aprendieron a evitar rumiar en zonas de riesgo durante las horas punta de los lobos. Pero un lobo en reposo no es una preocupación, por lo que los alces pueden alimentarse con relativa seguridad durante el día. Después de que se adaptaran, no fue el comportamiento de los wapitíes sino la muerte misma lo que cambió el paisaje.

La lluvia empezó a caer con más fuerza a lo largo del río Lamar y McIntyre y yo decidimos dar por terminada la tarde. Al salir del parque en coche, pasé por un gran prado de búfalos que era nuevo en el valle.

Muchos herbívoros, desde las barnaclas hasta los ciervos mulo y los alces, sincronizan sus movimientos para seguir el crecimiento de las plantas cada año. Esta ola verde, la progresión de la vegetación primaveral desde las zonas bajas hasta las altas, dicta el ritmo de las migraciones en todo el mundo. La vegetación joven proporciona el mejor forraje, por lo que los herbívoros siguen la ola.

Los bisontes de Yellowstone habían seguido recientemente esta ola hacia los pastos de Lamar. Es fácil pensar en ellos como máquinas de comer, pero los bisontes también influyen en los pastizales cuando defecan y cuando mueren. «La defecación es el principal efecto —me dijo la bióloga de bisontes Lauren McGarvey— junto con el proceso de pastoreo en sí. Estamos observando plantas que evolucionaron con el pastoreo durante cientos de miles de años». A diferencia de los árboles, que crecen en la parte superior, los pastos y juncos crecen desde la parte inferior. El pastoreo estimula a las plantas a seguir creciendo.

Por supuesto, esa no es la única simbiosis en juego. La gente suele pensar en el consumo como la simple eliminación de biomasa o nutrientes del medio ambiente, pero es mucho más complejo, como hemos visto en especies que van desde las gaviotas hasta las ballenas. Los bisontes recogen nutrientes del pasto y luego los depositan en ese mismo pastizal cuando defecan. Algunas de estas hierbas se consumen justo antes de que las plantas alcancen la senescencia, por lo que el pastoreo las mantiene jóvenes y verdes. Y estos nutrientes aportados por los bisontes están en una forma más accesible de lo que estarían si simplemente fueran depositados por plantas muertas o en descomposición. El nitrógeno de la caca de bisonte puede circular rápidamente por el suelo y ser absorbido más eficazmente por las plantas y, finalmente, por otros animales. «Así que los bisontes estimulan la producción de las plantas —me dijo McGarvey—, acelerando la velocidad a la que el nitrógeno circula por el sistema».

Además de su trabajo sobre los lobos, Kauffman ha estado cartografiando el movimiento de los animales. Piensa en la migración como algo así como los pasos en una danza estacional. «Los ciervos mula coreografían sus movimientos con la primavera», dijo. Siguen la aparición de nuevas hierbas, a menudo a altitudes más altas, a medida que avanza la primavera, un patrón que se conoce como surfear la ola verde. Pero cuando Kauffman y sus colegas observaron a los bisontes, notaron que no estaban surfeando la ola como otros herbívoros; se quedaban en un lugar durante más tiempo, incluso cuando la ola verde seguía subiendo por las montañas. «Vaya, no se les da muy bien», pensó Kauffman al principio. Pero entonces su colega Chris Geremia sugirió que las grandes manadas de bisontes podían gestionar los pastizales: al comer las briznas más altas, mantenían la hierba en un estado joven y nutritivo.

«Cuando la música se detiene —dijo Kauffman—, pueden hacer la suya propia». Era una versión ampliada de la ola verde. Al reciclar nutrientes a través de sus excrementos y orina, los bisontes mantienen sus pastos estables y verdes y los suelos ricos en nitrógeno y fósforo. Los pastizales y los bisontes son menos vulnerables a los cambios estacionales.

A principios de mayo, los bisontes empiezan a emocionarse. «Aunque su condición corporal está en el peor momento de todo el año —Rick Wallen, que fue el biólogo principal de bisontes en Yellowstone hasta que se jubiló en 2018, me dijo—, su nivel de energía es alto. El día es más largo y creo que ver a las nuevas crías rojas entusiasma a todos los bisontes. Hay muchos más corriendo en círculos y persiguiéndose unos a otros. Todos quieren acercarse y ver a las crías». A medida que avanza la temporada, esta sensación de renovación se desplaza hacia la crianza. En Yellowstone se forman grupos gigantes de hasta ochocientos bisontes mientras los machos persiguen a las hembras. Se oyen rugidos, hay muchas patadas en el suelo y enormes nubes de polvo. Cuando los machos dirigen su atención a las hembras en celo, Wallen señaló: «Es el tipo de interacciones macho-hembra que se ven en los bares locales de todo el país». Pero sin los baños.

«No es solo la caca de bisonte —añadió McGarvey—, también es la orina. Podrías salir este verano y ver una mancha muy verde, solo un pequeño círculo, y decir que eso fue una de orina del verano anterior, un pequeño pulso de nitrógeno justo en ese lugar». A veces se convierte en algo más que ocuparse del tema. El apareamiento de los bisontes puede ser espectacular: «El macho introduce el hocico en el chorro de orina [de la hembra]», escribió el ecologista Dale Lott en *American Bison*, «y luego eleva la cabeza, con el labio superior curvado y la lengua moviéndose dentro de su boca, un comportamiento que parece el de un gourmet apreciando un buen vino. Si pasa de curvar el labio a atenderla, es muy probable que la hembra se aparee ese mismo día».

Un buen vino es, de hecho, uno cuyos efectos perduran en la siguiente generación de bisontes y en los verdes prados de pastoreo de Yellowstone.

Fuera de Yellowstone y de algunas zonas remotas del oeste y el medio oeste, se podrían recorrer miles de kilómetros y no ver nunca un bisonte. No fue así cuando los colonos europeos cruzaron por primera vez las Grandes Llanuras. En 1871, el coronel Richard Dodge del ejército de los Estados Unidos, observó que condujo cuarenta y ocho kilómetros a través de una inmensa manada que migraba hacia el norte: «Todo el país parecía una gran masa de búfalos». El naturalista William Hornaday escribió que los bisontes «eran tan numerosos que con frecuencia detenían los barcos en los ríos, amenazaban con abrumar a los viajeros en las llanuras y, en años posteriores, descarrilaban locomotoras y vagones, hasta que los ingenieros ferroviarios aprendieron por experiencia la sabiduría de detener sus trenes cada vez que había bisontes cruzando la vía».

Si nos fijamos en el área de distribución histórica del bisonte en Norteamérica, es difícil encontrar un lugar donde no deambularan. El bisonte de bosque se extendía hasta el norte de Saskatchewan y Columbia Británica. La manada del sur se extendía hasta Durango en México, a más de cuatrocientos kilómetros al sur del Río Grande. Vivían a lo largo de las marismas costeras de Carolina del Norte y al oeste hasta el borde de las Cascadas en Oregón. Era un continente de bisontes, con decenas de millones de ejemplares, cuando llegaron los primeros europeos.

Eso cambió pronto. Más de 30 millones de bisontes fueron asesinados en las Grandes Llanuras en el siglo XIX. En 1875, la gran manada del sur que en su día llegó a contar con millones de ejemplares, había desaparecido. «Unos pocos grupos pequeños de rezagados mantuvieron una existencia precaria durante unos años más en las cabeceras del río Republican y en el suroeste de Nebraska», escribió Hornaday en *Extermination of the American Bison*. Unas pocas docenas resistieron en el Panhandle de Texas. Algunos de ellos fueron capturados vivos, pero incluso este «miserable remanente» acabó desapareciendo. Después de pasar un año en Kansas, Dodge escribió: «Donde había miríadas de búfalos el año anterior, ahora había miríadas de cadáveres. El aire estaba cargado de un hedor repugnante y la vasta llanura, que solo doce meses antes rebosaba de vida animal, era un desierto muerto, solitario y pútrido».

«Su matanza ha sido criminalmente grande e inútil», escribió William F. Cody. Se había ganado el apodo de «Buffalo Bill» quince años antes cuando, como proveedor contratado de carne para las compañías ferroviarias que estaban tendiendo vías, mató cuatro mil búfalos. Después de que los bisontes fueran asesinados, Michael Punke señaló en su libro *Last Stand,* que fueron recolectados dos veces: «Una por los cazadores de pieles y otra por los recolectores de huesos». Apilados en montones del tamaño de iglesias, los cadáveres se vendían como fertilizante y se carbonizaban hasta que se convertían en huesos negros, el pigmento más oscuro de la época. En 1894, incluso los huesos habían desaparecido. No quedaban manadas que los reemplazaran.

¿Qué se había perdido? La coreografía de los bisontes, por supuesto, los lodazales que formaban, las relaciones con los lobos y otros depredadores y las migraciones de larga distancia. Con la desaparición de los bisontes, la pradera también empezó a desaparecer. Había perdido a los ingenieros bóvidos del ecosistema y los incendios que los pueblos indígenas habían estado provocando durante miles de años, incendios que abrían los bosques, promoviendo las praderas, los bordes y los robles, los castaños y las carias tolerantes al fuego. Después de la desaparición de los bisontes y la reducción de las praderas, un mundo sin incendios y sin herbívoros llevó a una falsa creencia en la estabilidad. Durante gran parte del siglo XX, la gente pensó que los ecosistemas originaban de manera inevitable comunidades climáticas, plantas y árboles de raíces profundas que producían sistemas de crecimiento antiguos con pocos cambios.

Este deseo de estabilidad ha dificultado el regreso de los bisontes a zonas fuera de los parques nacionales. El número de bisontes en Yellowstone ha aumentado de una manada en libertad de menos de veinticinco en la década de 1870 a unos tres mil en la de 1980 y cinco mil cuando lo visité. A veces, se han protegido; otras, se han sacrificado. Su número en el gran ecosistema de Yellowstone podría ser aún mayor si los gestores no restringieran la migración fuera del parque nacional para evitar la propagación de la brucelosis, una enfermedad bacteriana introducida por el ganado y que ahora transmiten los bisontes. Alrededor de novecientos bisontes fueron sacrificados o capturados cuando salieron del parque en 2021. También hay un límite de hábitat.

«Las zonas que adoran los bisontes, los fondos de los valles —me dijo McGarvey—, son también las zonas que nos gustan para albergar divisiones y ranchos». Tendremos que buscar otro lugar si queremos restaurar su papel histórico en las praderas.

«Todavía tenemos todas las canciones, historias y ceremonias, pero cuando miras ahí fuera, no se ve ningún búfalo», me dijo una tarde Leroy Little Bear, un erudito niitsitapi o pies negros de la Universidad de Lethbridge en Alberta, desde su casa en Saskatchewan. Aunque el búfalo (la palabra que muchos grupos indígenas utilizan para el bisonte americano) desempeñaba un papel central en la vida de su pueblo, había un problema. Los búfalos ocupaban solo el 1 % de su área de distribución histórica. Era como ser cristiano, dijo Little Bear, «si todas las iglesias de la esquina desaparecieran». Las personas que vivieron en las Grandes Llanuras durante milenios habían integrado a sus vidas estos enormes y abundantes animales: dormían sobre túnicas de piel de búfalo, envolvían sus tipis en pieles de búfalo y azadonaban con sus huesos. Las llanuras sin árboles se iluminaban con fuegos hechos con estiércol de búfalo seco. «Los indios de las llanuras nacían sobre una piel de búfalo y eran envueltos en una piel de búfalo cuando morían», escribió Punke. El búfalo era la base de su economía y su cultura, al igual que el salmón lo era para los pueblos indígenas del noroeste del Pacífico. Los indios usaban las colas de búfalo para matar moscas, como hacían los dueños originales de las colas. «Obviamente, el búfalo es un animal muy importante para el sustento —me dijo Little Bear—. Lo consideramos un pariente. También es nuestro maestro. Los ancianos lo resumen en nuestras canciones, en nuestras historias y en nuestras ceremonias. Si observas a los búfalos moverse, verás que es igual que en nuestras ceremonias. Siempre van en el sentido de las agujas del reloj y es como si hicieran un gran círculo alrededor de las montañas en primavera, se adentrasen más en las llanuras y volvieran en invierno, donde pueden encontrar refugio cerca de las montañas».

En 2009, un grupo de ancianos, entre los que se encontraban Little Bear y Paulette Fox, también conocida como Natowaawawawahkaki («Mujer Santa que Camina»), fundaron la Iniciativa Iinnii entre las naciones de la Confederación Blackfoot para recuperar a los herbívoros nativos y para que los jóvenes reconectaran con su cultura. Esta iniciativa inicial se convirtió en el Tratado del Búfalo, con más de cuarenta firmantes, incluidos los pies negros, los assiniboine y los siux y la tribu kainai. El objetivo de este primer tratado indígena transfronterizo es restablecer el búfalo en más de 2 millones de hectáreas de tierra en el oeste.

«El búfalo es una especie clave, cultural y ecológica», dijo Little Bear. Los pequeños mamíferos y las aves utilizan la gruesa lana marrón del bisonte para hacer sus nidos. Los insectos se reproducen en los lodazales, las depresiones de tierra creadas por los bisontes al revolcarse en el polvo. Este acicalamiento ayuda a reducir las plagas, a esparcir las semillas transportadas en el pelaje de los bisontes y a crear nuevos hábitats para insectos y aves. Los bisontes cultivan su territorio. «Los ves correteando y, antes de que te des cuenta, es casi como si araran los campos con sus pezuñas para que haya un nuevo crecimiento. Son lo que llamamos ecoingenieros: dan vida a las plantas que se utilizan con fines medicinales y alimentarios», dijo Little Bear. Estudios recientes sobre los hundimientos de tierra de los bisontes mostraron varios cultivos nativos americanos que crecían en las zonas abiertas por los gigantescos herbívoros. Cuando los grupos indígenas seguían los rastros de los bisontes, se encontraban con calabazas, *Iva annua*, cebada y girasoles que domesticaron al inicio de la agricultura hace varios miles de años. «Cuando el búfalo regresó, fue casi como si se pudiera ver una sincronización de las plantas y de su maduración para la cosecha», continuó Little Bear. A medida que el búfalo se movía, la gente iba justo detrás de él. Estas enseñanzas tradicionales se anticiparon a los recientes descubrimientos científicos en la coreografía de la ola verde y la aparición de antiguas plantas agrícolas en los hundimientos.

Cuando hablé con los científicos, a menudo escuché las mismas historias que Little Bear me había contado, pero desde puntos de vista ligeramente diferentes. Los grandes herbívoros como los búfalos son importantes: viajan más lejos y en manadas más grandes que muchas especies más pequeñas. Pastan más hierba, ramonean más árboles y hacen más caca que cualquier otro herbívoro nativo de la región. Los bisontes crean paisajes diversos, aplastando una zona y comiéndose todo hasta el suelo, pero dejando intacto otro trozo de pradera. Después de tres décadas de pastoreo de bisontes, la pradera de Konza en Kansas se transformó. El número de plantas autóctonas se duplicó. Los pastizales pastoreados por los bisontes tenían menos especies invasoras y eran más resistentes a la sequía. Por el contrario, el ganado tiende a ser más metódico en su pastoreo y no tiene un impacto tan grande en la diversidad de las plantas. Y a diferencia del ganado, que se cría para el consumo, cuando los búfalos salvajes mueren, dejan grandes cadáveres que atraen a los carroñeros y devuelven los nutrientes a la pradera.

Los bisontes reintroducidos de Konza están cercados, pero las nuevas translocaciones a tierras tribales están experimentando con fronteras más abiertas. A las tribus de todo el oeste se les han dado miles de bisontes, incluidos animales de las manadas que vi en Yellowstone. «Creo que han enviado bisontes a diecinueve tribus», me dijo McGarvey. En 2020, tres bisontes macho fueron enviados por FedEx a una tribu de la isla Kodiak, en Alaska. El objetivo era aumentar la diversidad genética de una manada de setenta bisontes que vagaban libres por una isla deshabitada cercana. «Me ayudó a darme cuenta de lo importantes que son los bisontes para las poblaciones tribales —dijo McGarvey—. Estaban dispuestos a recaudar unos treinta mil dólares para enviar tres bisontes a sus tierras tribales».

Varias naciones indígenas han empezado a traer bisontes como rebaños culturales, animales que no se crían para la venta comercial. «Está ocurriendo en todas partes —dijo Little Bear—, casi de forma exponencial». En Estados Unidos, hay más de veinte mil bisontes en tierras tribales en sesenta y cinco rebaños. Él celebró el regreso.

Muchos de los estudios sobre el bisonte se han realizado en zonas protegidas y relativamente aisladas, como Konza y Yellowstone. Pero la recuperación ecológica, según un grupo de pueblos indígenas, conservacionistas y responsables políticos, requerirá que grandes manadas se desplacen por paisajes extensos y diversos que incluyen praderas de hierba alta, semidesiertos y sabanas. «Cuando empiezas a pensar en ello, te das cuenta de que todo gira en torno a la supervivencia humana —dijo Little Bear—. Debemos nuestra existencia al búfalo».

Cuando le pregunté si había algo que pudiera hacer, me dijo: «Dile a la gente que coma hamburguesas de bisonte». Parecía algo pequeño, pero tal vez fuera un primer paso para restaurar caminos antiguos y coreografiar una nueva ola verde.

Cuando me acosté en Cooke City, a las afueras de Yellowstone, aquella noche de domingo de 2022, el mundo parecía normal, aunque ligeramente anegado. Esperaba pasar una mañana tranquila al día siguiente antes de salir a pasar la tarde en el valle de Lamar observando bisontes, lobos y osos pardos.

Cuando me desperté el lunes por la mañana, los periodistas anunciaban que las precipitaciones de las últimas veinticuatro horas habían sido las más altas registradas en la zona. Habían derretido los quince centímetros de nieve que habían caído en las montañas durante el fin de semana y toda esa agua ahora corría cuesta abajo. El barro y las rocas caían con ella. Los ríos se desbordaron en busca de nuevos caminos, erosionando e inundando largos tramos de la carretera que apenas unas horas antes habían estado llenos de observadores de lobos. La carretera que tomé hacia Yellowstone con McIntyre había desaparecido. Las tuberías del alcantarillado se rompieron. El río Yellowstone alcanzó una altura de 4,2 metros, más de medio metro por encima del récord anterior, establecido en 1918.

El parque fue evacuado, las vacaciones se acortaron y el trabajo de campo se retrasó. Las entradas del norte se cerraron. Nueve puentes se desprendieron de sus pilares, aislando a McGarvey y a otros biólogos en la comunidad de Gardiner. Varios empleados de Yellowstone perdieron sus hogares, que cayeron al Yellowstone y flotaron río abajo. El superintendente del parque Cam Sholly, lo calificó como un acontecimiento insólito y añadió: «Sea lo que sea que eso signifique».

Los sistemas fluviales son dinámicos y las inundaciones no son del todo malas. Pueden restaurar hábitats aislados, conectándolos al cauce principal de un río, lo que permite el desplazamiento de peces, anfibios e insectos. Pero surgieron preocupaciones inmediatas de que el cambio climático podría haber desempeñado un papel en la tormenta de junio, lo que permitió vislumbrar el caos que se avecinaba: incendios más grandes, temperaturas más altas, sequías más prolongadas e inundaciones más grandes. Es difícil atribuir los daños de cualquier evento únicamente al cambio climático, pero los científicos esperan menos nieve acumulada, mayores precipitaciones anuales y veranos más secos, lo que puede elevar el riesgo de incendios en el Gran Yellowstone.

Los botes de rescate venían en remolque desde el este, la única carretera que sale de la ciudad. El dueño del hotel se ofreció a devolverme todo mi dinero si me iba de la ciudad. Había planeado quedarme una semana, pero cuando un lugareño experimentado, sobre todo uno que resulta ser un socorrista, te dice que es hora de irse, supongo que es hora de irse.

Andskotinn, oí maldecir a mi islandés interior.

Nos zarandeábamos por un camino de tierra en Masái Mara en un Land Rover. Salvo por algún charco de barro ocasional, la sabana estaba completamente seca. Nos detuvimos a lo largo de un tramo del río Mara. Había algunos bancos de tierra empinados tallados en los lados.

Amanda Subalusky y su marido, Chris Dutton, llevan quince años trabajando en Kenia. Empezaron como técnicos examinando la calidad del agua del río Mara. En los primeros estudios, observaron que los tramos del río que atravesaban las zonas protegidas del parque nacional tenían niveles más altos de nitrógeno y recuentos bacterianos más elevados que las ciudades y las tierras de cultivo. Al principio, esto no tenía sentido (muchos más descubrimientos, señaló una vez un colega, empiezan con un «Vaya, qué raro» que con un momento de inspiración). El patrón era el opuesto de lo que vemos en Norteamérica, donde las granjas y el césped suelen ser las mayores fuentes de escorrentía de nitrógeno y fósforo. ¿No deberían estar más limpias las zonas silvestres, con niveles más bajos de nutrientes y bacterias fecales?

Y entonces se les ocurrió (me gusta pensar en ello como un destello marrón): los hipopótamos son como cortacéspedes;

145

con el lento movimiento de sus enormes cabezas mientras se alimentan en la sabana, crean grandes extensiones de hierba bien recortada. Son bien conocidos por rociar heces con sus colas girando como hélices de helicóptero en tierra. «Se cagan en la cara unos a otros», dijo Subalusky mientras señalaba unos excrementos a lo largo del sendero. Se desplazan aproximadamente más de un kilómetro cada día desde la sabana hasta los ríos para descansar y refrescarse en las charcas de hipopótamos. «Hay tantos excrementos de hipopótamo —continuó— que cubren hasta el fondo del río. Las rocas están totalmente tapadas». Era una cinta transportadora de hipopótamos.

Los nutrientes del estiércol aumentan el crecimiento de las algas y de las plantas en el río. No estaba claro si era la proliferación de las algas a causa de los nutrientes o de la propia caca lo que atraía a los peces e invertebrados, pero Subalusky y Dutton tenían al menos una pista. «Atrapamos un pez gato de más de setecientos centímetros de largo, un monstruo de río grande —dijo Subalusky desde el asiento del pasajero; llevaba una camisa rosa claro y unas gafas de sol en la cabeza—. Cuando miramos dentro de su estómago, todo era mierda de hipopótamo».

Un par de hipopótamos holgazaneaban en la superficie, tomando el sol. Uno bostezó en medio del río. Un cocodrilo del Nilo nadaba río abajo. Y entonces, algo pasó. Los animales desaparecieron. «Lo siento, Joe —dijo Subalusky—. Déjame ver si puedo darte la vuelta». Dutton, con una espesa barba de alambre, se alzaba en el asiento del conductor. Subalusky me sujetó con el brazo extendido justo al lado del espejo retrovisor.

Nuestra conexión se interrumpió por un momento. Había estado viajando con ellos a través de FaceTime. Poco después de que quedara claro que mis planes de acompañar a los biólogos de bisontes de Yellowstone al campo quedaban anulados por las inundaciones, me puse en contacto con Subalusky y Dutton. Las preocupaciones por el carbono, la COVID-19, los vuelos cancelados, la familia y el cansancio de viajar después de tres meses en constante movimiento, me mantuvieron en casa. Yo estaba en el Masái Mara y en mi oficina; el perro ladraba en la cocina de arriba para salir a pasear.

Subalusky y Dutton se dieron cuenta más tarde de que los hipopótamos que estábamos observando aportaban algo más que nutrientes al río. «El estiércol de hipopótamo y los microbios gastrointestinales convirtieron el río en un buen lugar para los microbios intestinales», dijo Subalusky. Las comunidades microbianas en las aguas fuera de las piscinas de hipopótamos provenían de diferentes fuentes y tenían mucha diversidad, pero las comunidades en el fondo de las piscinas de hipopótamos, negras de estiércol, se parecían más a las que tienen dentro los propios hipopótamos. Los hipopótamos defecaban en las piscinas y bebían el agua, formando una vasta comunidad microbiana que Dutton y Subalusky llamaron *metagut*. El microbioma del hipopótamo seguía funcionando incluso después de que se hubiera liberado parte de él, descomponiendo las hierbas y continuando los procesos biogeoquímicos. Después de que el estanque se vaciara, la comunidad microbiana se asemejaría al resto del río durante un tiempo. Luego, los hipopótamos volverían y el proceso comenzaría de nuevo.

Los hipopótamos tenían una influencia regular, como las ballenas y las aves marinas, a través de su caca. Pero también había un inesperado pulso de nutrientes una vez al año. «Un día fuimos al río y había muchos cadáveres de ñus —dijo Subalusky— alrededor de un remolino del río». Subalusky y Dutton conocían la migración de los ñus, una de las más grandes del mundo con alrededor de un millón de ñus que viajan a través del Serengueti y el Masái Mara cada año. Pero no esperaban una mortalidad masiva. Los cadáveres se amontonaban. Los buitres llegaban volando. Las hienas se alimentaban por la noche.

Hace setenta y cinco años, estos cruces eran poco frecuentes. Las poblaciones de ñus casi desaparecieron a mediados del siglo XX tras verse expuestas a la peste bovina, un virus común en el ganado por aquel entonces. El tratamiento de la enfermedad y su erradicación en 2011 provocaron un aumento exponencial del número de ñus. Tienen cuernos anchos y el pecho en forma de barril, con caras como la de Abraham Lincoln, o eso canta Laurie Anderson. Los supervivientes, junto con cientos de miles de gacelas y cebras, migran cada año a través de las llanuras africanas. Su pastoreo ayuda a reconstruir el carbono del suelo en el Serengueti; las hierbas sin pastar pueden acumular cargas de combustible que hacen que vastas áreas sean vulnerables al fuego. El regreso de los ñus dio lugar a menos incendios. Los insectos ayudaron a trasladar el carbono de sus excrementos al suelo. El ecosistema del Serengueti pasó de ser una importante fuente de carbono, liberado a través de los incendios, a ser un sumidero de carbono, absorbiendo varios millones de toneladas de dióxido de carbono al año.

Durante gran parte del año, hay pocos ñus en esta zona, pero todo cambia en junio. «Es como si te despertaras una mañana y todo hubiera sido rociado con pimienta negra —dijo Subalusky—. En realidad, no puedes entenderlo. Hay lugares donde habrá ñus, literalmente, hasta donde alcanza la vista».

Los ñus cruzan el río Mara varias veces al año. Cuando el río está bajo, es posible que solo se mojen los tobillos. Pero en épocas de gran caudal, el cruce es peligroso. Los individuos se amontonan en la orilla, mirando las aguas blancas, pero una vez que uno de ellos salta, la mentalidad de la manada puede tomar el control. Los ñus no son buenos nadadores. Muchos nunca llegan al otro lado.

—El momento más peligroso para tomar muestras de agua es justo antes de que aparezcan los ñus —dijo Subalusky—. Los cocodrilos del Nilo saben por dónde cruzan los ñus y los verás reuniéndose: treinta o cuarenta cocodrilos grandes congregados alrededor de los lugares de cruce.

Subalusky y sus colegas testearon el agua, pescaron y recogieron microbios. «Entonces, de repente —recuerda—, estábamos sentados en la orilla del río y vimos cientos de cadáveres de ñus».

Por eso había depredadores y carroñeros apareciendo en los cruces. Y apestaba. El olor de la muerte es en gran parte el etanotiol químico. Los seres humanos somos tan sensibles a este compuesto de azufre que podemos detectarlo en una molécula entre mil millones (se añade al propano para avisarte de que el gas está encendido y evitar así que enciendas una cerilla. Cuenta la historia de que los trabajadores petroleros de California notaron que los buitres de Virginia se reunían en las fugas de gas porque detectaban este olor, por lo que el compuesto se mezcló más tarde con combustibles inodoros. Añadimos el olor de la muerte para evitarlo). El olor de la carne podrida puede hacer que los humanos arruguen la nariz, pero el olor atrae a los buitres, a las moscas y a otros carroñeros. El etanotiol y otros odorantes volátiles son tan atractivos que algunas flores, como el *Helicodiceros muscivorus* (*dead horse arum*), los utilizan para atraer a las moscas azules y que las polinicen.

¿Cuál es el impacto de los cientos de cadáveres de ñus que se amontonan en el río? Subalusky y Dutton utilizaron cámaras trampa para contar a los carroñeros. Los buitres volaron desde kilómetros de distancia; las hienas se acercaron al río. Y luego estaban las moscas, que atraían a los ibis y a las mangostas. «Tengo una foto de un cocodrilo joven tomando el sol sobre los cadáveres de estos ñus —dijo al *Atlantic*— y creo que parece muy feliz».

Subalusky estimó que, en un momento dado, el stock de huesos en el Mara equivalía al de unas cincuenta ballenas azules. A medida que los esqueletos se descomponían, el fósforo se filtraba en el río y los peces gato se alimentaban de las alfombras de algas que cubrían los huesos. ¿Te suena de algo? Lo has adivinado. «Estaba muy familiarizada con la migración del salmón», dijo Subalusky. Bob Naiman se convirtió en su mentor cuando ella estaba haciendo su máster, así que había leído mucho sobre el salmón. El trabajo de Subalusky sobre las subvenciones de los animales en África ilustra maravillosamente el flujo de nutrientes, como un sistema circulatorio, que se mueve en pulsos alrededor del planeta. Observar a los ñus y leer los primeros relatos de América del Norte le hizo pensar en otro migrante a largo plazo. Los ahogamientos masivos de bisontes eran comunes en las Grandes Llanuras en primavera, especialmente cuando los senderos cruzaban los ríos. En 1795, el comerciante de pieles John Macdonell pasó el día contando los cadáveres de bisontes que se habían ahogado en el río Assiniboine, en Manitoba. Encontró un total de 7 360 antes de cruzar el río a lomos de los cadáveres y detenerse para pasar la noche. Subalusky reconoció a un alma gemela. Ella y sus colegas estimaron que unos doscientos mil bisontes morían en los ríos de las Grandes Llanuras cada año, cuando había decenas de millones que migraban a través de los ríos. Esto supondría unas cien mil toneladas de bisontes al año; dependiendo de la métrica que se prefiera, eso equivale a unas mil ballenas azules o cuatro Estatuas de la Libertad. Los huesos que dejaron fueron depósitos de fósforo a largo plazo, al igual que los huesos de los ñus en el Mara, que se filtran lentamente y se reemplazan cada año.

¿Y qué hay de los movimientos alrededor del mundo? Martin Wikelski, director del Departamento de Migración del Instituto Max Planck, dio un seminario en Yale cuando Subalusky era estudiante de posgrado allí. «Me encendió una llama que aún arde», dijo Subalusky. El sitio web Movebank de Wikelski permite visualizar datos de más de 2 mil millones de ubicaciones a partir de miles de etiquetas colocadas en todo tipo de animales, desde tortugas marinas hasta ballenas azules y perros en libertad. Sus movimientos recorren el mundo en líneas de neón desde el Ártico hasta la Antártida y todos los lugares intermedios. Cada punto, cada línea, es un animal concreto, como una célula en el torrente sanguíneo: un lobo que se desplaza por Denali o una foca que nada por las aguas escocesas.

Puedes seguir la ruta que Princesa, una cigüeña blanca, tomó cuando viajaba de Alemania a Sudáfrica y viceversa cada año desde que era un ave preadolescente en 1994 hasta que murió en 2006.

«Se me pone la piel de gallina cada vez que lo veo», dijo Subalusky con entusiasmo. Ha considerado cómo este movimiento a través del planeta proporciona subsidios a los animales. Existe un ecosistema donante, a menudo muy productivo y rico en nutrientes: para las aves marinas puede ser el océano, para las ballenas las latitudes altas y para los hipopótamos las praderas. Muchos animales entran y salen de estas zonas, tal vez porque hay demasiados depredadores en sus hogares habituales o porque necesitan un lugar para descansar, aparearse, anidar o amamantar. El ecosistema receptor tiende a ser menos rico en nutrientes; puede ser una isla, un río, una playa tropical. Los animales defecan, orinan y, tal vez, dan a luz o incluso mueren en este nuevo hábitat y, al hacerlo, enriquecen el ecosistema.

«Miles de millones de animales están adaptados a una vida itinerante», escribieron los biólogos suecos Thomas Alerstam y Johan Bäckman en *Current Biology*, «y efectuan migraciones de retorno regulares entre estaciones de vida más o menos distantes en la Tierra nadando, volando, corriendo o caminando». Los ñus y los hipopótamos del Masái Mara eran solo una pequeña parte de este sistema circulatorio. Y al igual que la mala circulación puede provocar la pérdida de una extremidad, la disminución de las poblaciones animales y la migración pueden cortar el suministro de nutrientes a algunos de los hábitats más ricos del mundo, haciéndolos menos productivos y más vulnerables al cambio climático.

Las tormentas que azotaron Yellowstone provocaron las mayores inundaciones registradas y parecía probable que el cambio climático y el calentamiento global (un aumento de los fenómenos meteorológicos extremos, desde inundaciones hasta tormentas de hielo y huracanes) fueran factores contribuyentes. A medida que subía el agua, me retiré a Cody, hogar de Buffalo Bill. Había agua hasta el borde del puente de Clarks Fork. Un atasco de troncos presionaba ominosamente contra el muro de contención.

La inundación pudo ser mala para aquellos residentes que perdieron propiedades o sus ingresos de verano. Pero podría ser buena para la vida silvestre que no fue afectada directamente por la tormenta. Mientras conducía, me imaginaba a los bisontes, a los lobos y a los osos *grizzly* preguntándose qué narices había pasado con todos los coches que habían serpenteado por el valle de Lamar el día anterior. Quizá ahora estuvieran menos estresados, como las ballenas francas después del 11 de septiembre de 2001, cuando el tráfico marítimo se detuvo y los océanos se quedaron en silencio durante un tiempo. McGarvey se preguntaba si los lobos y los osos *grizzly* estarían explorando nuevas zonas, confiando en las carreteras humanas, como podrían haber hecho durante los confinamientos por la COVID.

Visto desde la distancia, mientras viajaba hacia el sureste por la autopista Chief Joseph saliendo de Yellowstone, el gran ganado negro que descansaba en las colinas parecía bisontes, oscuros contra las colinas verdes esculpidas, casi áridas. Pero detrás del alambre de púas que los cercaba, ¿desempeñaban el mismo papel ecológico que alguna vez desempeñaron sus primos migratorios salvajes? «El ganado ciertamente consume pasto —me dijo Rick Wallen desde su casa en Bozeman Pass—, pero no es presa de los depredadores porque los ganaderos disparan a esos depredadores». El ganado no utiliza el paisaje de la misma manera que lo hacen los bisontes en grandes cantidades. Tienden a tener más sed, pasan más tiempo junto a los ríos y arroyos, lo que aumenta la erosión y la escorrentía. La humanidad ha devorado grandes zonas del oeste de Estados

Unidos en detrimento de la conservación y la recuperación de los bisontes.

«Una manada de bisontes cruzando una autopista interestatal de la misma forma que el coronel Dodge describió a los bisontes cruzando el ferrocarril a finales del siglo XIX (una manada de más de treinta y dos kilómetros de largo y más de tres kilómetros de ancho) tendría un impacto social completamente diferente hoy en día». Wallen no cree que la sociedad toleraría bisontes salvajes fuera de lugares como Yellowstone, tierras tribales y las nuevas reservas de la pradera americana a lo largo del río Misuri. Continúan las batallas sobre la reintroducción de los bisontes en el Refugio Nacional de Vida Silvestre Charles M. Russell, de más de cuatrocientas mil hectáreas, en el norte de Montana, un plan que cuenta con el apoyo de los grupos indígenas, pero al que se oponen algunos ganaderos. «Es una tarea difícil —señaló Wallen—. Soy pesimista sobre la posibilidad de que nuestra sociedad, tan polarizada como está, se una para hacer algo significativo como lo que hemos hecho en Yellowstone, pero no he perdido la esperanza».

La recuperación de los animales salvajes podría hacer que los medios se interesaran por ellos, tanto como les interesa el tiempo, y hacerlos tan fiables como las estaciones, pero ¿qué pasa cuando ni siquiera el clima es fiable? Por muy importantes que sean los animales en un lugar como Yellowstone, el caos climático (lluvias torrenciales, deshielo más temprano, sequías prolongadas) podría anular su influencia. En los últimos años, se ha producido un emocionante aumento de bisontes, lobos, castores y otras especies autóctonas en el parque más antiguo del país, lo que promete ayudar a restaurar los ecosistemas y los paisajes, pero los fenómenos extremos desafían las normas vigentes de conservación de la vida silvestre. Se espera que, en 2070, Yellowstone sea cinco o seis grados más cálido de lo que era en el 2000 y que, a finales de siglo, sea hasta diez grados más cálido. Algunos de los animales de Yellowstone se adaptarán, otros se trasladarán y otros tantos podrían desaparecer por completo.

¿Podrán los animales ser alguna vez tan poderosos como lo eran antes de que los humanos dominaran el planeta? Vale la pena considerar cómo hemos llegado hasta aquí.

5

EL PLANETA DEL POLLO

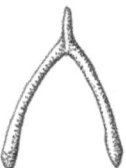

Cuando salí de mi oficina la otra tarde, los cláxones de los coches superaban en número a los cantos de los pájaros. Oí el golpeteo de martillos en lugar de pájaros carpinteros. La única migración que vi fue la de los viajeros en bicicleta, camión o coche.

Podrías pensar que la mayoría de los animales grandes han desaparecido de la Tierra, pero en peso, hay más mamíferos en el planeta ahora que antes de que los humanos empezaran a acaparar la luz del sol. ¿El problema? La mayoría de ellos son los animales de cuatro patas que nos encanta consumir. Las vacas, los cerdos, las ovejas y otros animales que comemos representan el 60 % de todos los mamíferos de la Tierra por peso, unos 100 millones de toneladas. Los seres humanos representamos el 36 % o 60 millones de toneladas. ¿Y la biomasa total de mamíferos salvajes? Solo 7 millones de toneladas o el 4 %.

Cuando leí esto por primera vez en las *Actas de la Academia Nacional de Ciencias,* me froté los ojos. ¿Realmente era posible que todos los rinocerontes, hipopótamos, elefantes, alces, nutrias marinas, osos e incluso las grandes ballenas fueran superados en peso por los humanos y nuestro ganado en una proporción de veinticinco a uno?

Biomasa mundial de mamíferos: los humanos constituyen el 36 % de todos los mamíferos por peso, los animales domésticos el 60 % y los mamíferos salvajes, incluidas las grandes ballenas, solo el 4 %.

Sí. Nuestra especie ha cazado alrededor del 85 % de todos los mamíferos salvajes desde que nos apoderamos de las sabanas africanas y migramos por todo el mundo. A medida que los animales grandes desaparecían, hace unos diez mil años, los seres humanos los reemplazaron por animales domésticos. No es de extrañar que los animales salvajes sean descartados como ingenieros de los ecosistemas. En el Antropoceno, la era actual, que comenzó cuando los seres humanos empezaron a tener un impacto ambiental abrumador en el planeta, los mamíferos salvajes son poco más que un error de redondeo.

Lo mismo ocurre con las aves. Las gallinas, los pavos y los patos superan en número a sus parientes salvajes, incluyendo todas las avestruces, cóndores, pingüinos emperador, fulmares, águilas calvas, búhos barrados, gaviotas argénteas, azulejos, carboneros y gorriones chicharra, en una proporción de tres a uno. La porción que queda para las aves silvestres no es tan pequeña como la de los mamíferos, pero solo alrededor del 30 % de la biomasa aviar es silvestre.

Estos cambios tienen consecuencias ecológicas. Muchos animales se crían en granjas intensivas en lugar de en pastos o praderas. El estiércol líquido de estas granjas industriales libera amoníaco a la atmósfera, una de las causas de la lluvia ácida y la contaminación por nitrógeno, y puede contaminar las aguas subterráneas con nitratos. Las vacas fermentan celulosa y grano en los campos, en los corrales de engorde y en los establos de leche de todo el mundo; como subproducto de esta reacción química, cada vaca libera más de 90 kilos de metano a la atmósfera anualmente. Y la suma no para ahí. La producción de carne de vacuno y de leche representa más de un tercio de las emisiones de metano causadas por el hombre que es aproximadamente ochenta veces más potente que el dióxido de carbono como gas de efecto invernadero.

Hemos alterado tanto el mundo que hemos roto una ley básica del océano. En todo el espectro de los tamaños, desde los microbios hasta las ballenas, la biomasa de cada clase de vida marina ha pesado históricamente lo mismo. Es decir, si se calcula el peso colectivo de todo el zooplancton pequeño del planeta, cada uno de los cuales suele pesar menos de 28 gramos, este equivaldría a la masa de todos los organismos de la siguiente clase por tamaño, por ejemplo, los peces forrajeros, y así sucesivamente, hasta la megafauna, como los tiburones y las ballenas. Este patrón, según el cual la abundancia de un organismo está inversamente relacionada con su tamaño corporal, se denomina espectro de Sheldon. Dicho de otro modo, el krill es diez mil veces más pequeño que el bacalao, pero también es diez mil veces más abundante que el bacalao. La pesca y la caza industrial de ballenas cambiaron todo eso. Los animales más grandes han sido. en gran medida, extirpados por los humanos y los más pequeños dominan los océanos. Las ballenas, otros mamíferos marinos y los peces más grandes se han reducido en casi un 90 % desde 1800. No importa el Antropoceno, hemos entrado en lo que el ecologista marino Daniel Pauly llama el Mixoceno, «la era del fango» (*muxa*, en latín, significa «fango»). Un océano desprovisto de peces, tiburones, aves marinas, ballenas y grandes invertebrados es un mundo sin viajeros marinos, un océano que no proporciona ni asombro ni criaturas comestibles.

A pesar de estos cambios, los humanos no han establecido un «reino soberano independiente», como señaló el historiador ambiental Donald Worster: «En realidad, no hay escapatoria de la matriz ecológica». Antes de que cercáramos la naturaleza y matáramos a más del 80 % de los mamíferos, peces y aves, existía un equilibrio entre el nitrógeno y el fósforo que se filtraba río abajo y el que volaba, nadaba, corría o se arrastraba por todo el mundo a través de los animales, distribuyendo estos nutrientes en forma de heces, carne y huesos.

Una vez que perdimos este equilibrio, tuvimos que buscar estos nutrientes en otra parte.

En 1802, el explorador prusiano Alexander von Humboldt llegó a la costa peruana del Pacífico tras varios años de viaje por América. Recientemente había escalado el volcán Chimborazo, que por aquel entonces se creía que era la montaña más alta del mundo. Aunque no estaban preparados para la escarpada escalada, él y sus compañeros habían alcanzado la mayor altitud jamás registrada por humanos: 5 916 metros. Mientras estaba en el Chimborazo, escribió Andrea Wulf, Humboldt miró hacia abajo a los diferentes tipos de vegetación que había encontrado en cada nivel y vio las plantas de una manera nueva, observando «la naturaleza como una fuerza global con zonas climáticas correspondientes en todos los continentes».

De vuelta en la Tierra, Humboldt se acercó a una isla de aves marinas que los incas valoraban como fuente de fertilizante. Las aves marinas de la isla defecaban justo antes de emprender el vuelo y los lugareños habían observado la acumulación de excrementos, cáscaras de huevo y cadáveres durante décadas y siglos. Llamaban a la sustancia calcárea *wanu*, la palabra quechua para «mierda de pájaro». Era tan valiosa que, según la ley inca, perturbar a las aves marinas durante la temporada de anidación o matarlas en cualquier época del año se castigaba con la muerte.

Humboldt puede haber revolucionado la forma en que vemos el mundo natural, pero era un mal ornitólogo según Gregory Cushman, autor de *Guano and the Opening of the Pacific World*. Humboldt observó el sustrato seco que los lugareños habían recogido y cuestionó su interpretación; lo consideró el resultado de alguna catástrofe antigua, como los yacimientos de carbón de Europa. Aunque el olor a amoníaco a lo largo de los muelles era tan fuerte que acabo estallando con ataques de estornudos, Humboldt estaba lo suficientemente intrigado como para llevarse algo de guano sudamericano a Francia. Se lo entregó a un amigo íntimo, el químico Louis Vauquelin, quien descubrió que tenía concentraciones sorprendentemente altas de ácido úrico rico en nitrógeno y reconoció su potencial para aumentar la fertilidad del suelo. Experimentos posteriores demostraron que el guano era un fertilizante mucho mejor que el estiércol de cerdo o de vaca, pero Humboldt y sus colegas aún no estaban seguros de su origen.

Europa estaba desesperada por estos nutrientes y lo había estado durante siglos. En la Inglaterra medieval, los campesinos podían llevar a sus ovejas a pastar a las tierras de la nobleza, pero se enfrentaban a severos castigos si los sorprendían quitando los excrementos. Cuando los campesinos se trasladaban a la ciudad, su propia orina y heces se desataban en las zonas urbanas. El número de enfermedades infecciosas se hizo evidente, lo que llevó a la revolución sanitaria y las aguas residuales se sacaron de las ciudades y se vertieron en lagos, ríos y, finalmente, océanos. El valioso nitrógeno y fósforo se desechaban con las aguas residuales. Los cadáveres de animales que antes se dejaban en los campos, se transportaban a las carnicerías y despensas urbanas. Los traperos recorrían las calles de la ciudad. Los huesos que recogían se tallaban, se convertían en pegamento, se trituraban para hacer abono o se utilizaban para refinar azúcar; los trapos se utilizaban principalmente para fabricar papel.

En el siglo XIX, los saqueadores de tumbas y los recolectores de huesos ingleses viajaron largas distancias y desenterraron miles de esqueletos de soldados y los caballos que habían montado en las batallas de Leipzig, Waterloo, Austerlitz y otros lugares. Inglaterra se convirtió en el mayor traficante de huesos humanos del mundo y sus ciudadanos se llevaron generaciones de esqueletos de las catacumbas de Sicilia y momias de tumbas egipcias. Muchos fueron enviados al puerto de Hull y molidos en los molinos de huesos de Yorkshire.

Había un límite en la cantidad de huesos humanos que se podían desenterrar en Europa, pero los suministros de guano, al menos al principio, parecían infinitos. Los incas de Sudamérica habían estado en lo cierto todo el tiempo: el guano era un recurso vivo. Millones de cormoranes, pelícanos y alcatraces patiazules se alimentaban en las aguas ricas en nutrientes del Pacífico. Sus crías formaban anillos de guano en forma de cráter que los incas llamaban *quillairaca*, «la vagina de la luna». Las islas de las aves marinas tenían un clima cálido, casi sin lluvias, por lo que gran parte de la caca se quedaba en tierra en lugar de ser arrastrada al mar, formando un depósito mineral natural.

Con el paso de los años, las salpicaduras de caca de pájaro ganaron masa y empezaron a parecerse a las propias rocas. En algunas islas peruanas, las capas de guano tenían más de 60 metros de profundidad, dieciocho pisos de excrementos de aves marinas. Las concentraciones más altas de nitrógeno y fósforo jamás medidas en la superficie de la Tierra se encontraron debajo de estas colonias de aves marinas.

Cushman sitúa el inicio del Antropoceno en 1830, con el primer envío de fertilizante de nitrato, seguido poco después por el guano de Sudamérica a Inglaterra. El guano se extraía del suelo con picos, se cargaba en carretas y se bajaba a los barcos que esperaban. A medida que crecía el comercio internacional de guano, se traían de China decenas de miles de trabajadores para que trabajaran junto a convictos y deudores locales, muchos en condiciones de esclavitud. Los barcos estadounidenses, británicos y alemanes pronto abarrotaron la costa peruana, ansiosos por llenar sus bodegas con la carga.

El guano fue tan esencial para la Revolución Industrial como el combustible fósil, sostiene Cushman, y su descubrimiento en Europa marcó un momento crucial en la historia de la humanidad. Cuando descubrieron su valor, los colegas de Humboldt consideraron la exportación de guano como una misión moral; la propagación del nitrógeno y del fósforo era buena para todas las personas. El suelo enriquecido con guano impulsó las contribuciones de la agricultura intensiva, aumentando la productividad de los cultivos y pastizales, lo que permitió que las poblaciones urbanas crecieran y prosperaran. Un dicho común en el siglo XIX era «haz crecer dos briznas de hierba donde antes crecía una». El guano ayudó a que eso fuera posible. El fertilizante llegó a Europa al final de una larga era de la historia de la humanidad, una época de estabilidad, pueblos pequeños y agricultura de subsistencia y ayudó a impulsar otra: una era pronto dominada por la producción mecánica, la máquina de vapor y la agricultura producida para los mercados urbanos.

El siglo xix fue la era del guano y la búsqueda de este poderoso fertilizante impulsó el comercio mundial, el cual comenzó en las antiguas costas de Perú y abarcó con rapidez algunas de las islas más remotas del mundo. La importancia de este comercio es casi imposible de exagerar. En 1841, Gran Bretaña importó unas dos toneladas de guano peruano. Cuatro años después, importó casi 220 mil toneladas. El traslado de nutrientes sigue dominando la producción de alimentos en la actualidad. El fertilizante procedente del guano alteró el ciclo del nitrógeno en el hemisferio norte y provocó una revolución de los pastizales en los puestos avanzados de Australia y Nueva Zelanda. Los pastos del sur se volvieron más fértiles y el cordero y la ternera criados con estiércol de aves se exportaron a Europa, Estados Unidos y Oriente Medio. «El guano peruano abastecía principalmente a los consumidores de carne y azúcar del norte», escribió Cushman; no estaba luchando contra el hambre en el mundo.

Durante un tiempo, las aves marinas de Perú fueron las más valiosas del planeta: aves que valían miles de millones de dólares. El guano alcanzó su punto máximo alrededor de 1870. Con el tiempo, la sobrepesca agotó la anchoveta de la que dependían las aves marinas de Perú y las ratas, los gatos y los cerdos aniquilaron a muchas de las aves de las islas de guano del Pacífico Central. En el siglo xx, las islas remotas se hicieron populares como lugares de pruebas nucleares; miles de aves marinas que anidaban fueron asesinadas, algunas completamente despojadas de plumas, otras con los ojos quemados en sus puntiagudas cabezas. Millones de aves fueron expuestas repetidamente a pruebas atómicas en los años posteriores a la Segunda Guerra Mundial.

Incluso antes de que la sobrepesca y la era nuclear llegaran a estas islas lejanas, estaba claro que no había suficiente guano;

nunca había suficiente. Una vez más, la gente recurrió a los animales para obtener fertilizantes, pero esta vez los huesos de las criaturas antiguas fueron la fuente de fósforo. A finales del siglo XIX, el Valle de los Huesos de Florida, rico en fósiles de mamíferos y criaturas marinas del Mioceno, se convirtió en un centro de extracción, con numerosas minas y plantas de procesamiento de fosfato, así como imponentes pilas de yeso blanco como la tiza, los residuos de las minas. Las primeras actividades mineras se realizaban a mano, con pico y pala. Zora Neale Hurston describió el trabajo, realizado principalmente por hombres negros, en su autobiografía: «Bajan a las minas de fosfato y sacan el polvo húmedo de los huesos de monstruos prehistóricos para hacer tierras ricas en lugares lejanos y, así, la gente pueda comer. Pero no todo es polvo. Costillas enormes de seis metros desde la tripa hasta la columna vertebral... dientes de tiburón tan anchos como la mano de un trabajador». Los trabajadores pasaban de diez a doce horas al día con el agua hasta las rodillas mientras la dinamita hacía saltar las rocas de las paredes. Los guardias armados patrullaban a caballo para asegurarse de que nadie se fuera a otro lugar en busca de un trabajo más lucrativo y de que los convictos que habían sido contratados por el estado de Florida para trabajar en las minas no escaparan.

En el siglo XXI, existe una creciente preocupación por haber alcanzado el pico de fósforo. Estados Unidos va por detrás de China y Marruecos en la extracción de fosfato y el guano se sigue recolectando y vendiendo en Perú y Chile. Pero las fuentes del elemento, ya sean antiguas o recién depositadas, podrían volver a ser un problema para la agricultura. Continúan los debates sobre cuándo llegará o si llegará una crisis mundial de fósforo, pero las aves marinas, incluso en su número reducido, siguen fertilizando islas, costas y arrecifes de coral. Según un informe, el movimiento de fósforo y nitrógeno a los ecosistemas costeros está valorado en 473 millones de dólares al año y asciende a 1 100 millones de dólares si se incluye el turismo y la pesca. Los cormoranes, pelícanos y alcatraces patiazules no son tan comunes como antes, pero ellos, junto con otras aves marinas, siguen siendo aves que valen miles de millones de dólares.

Vivimos en la era de las aves. Pero ahora la mayoría no pueden volar y muchos nunca ven la luz del día. Alrededor de 50 mil millones de pollos son sacrificados anualmente en todo el mundo y más de 8 mil millones de pollos de engorde son criados en los Estados Unidos cada año. En todo el cinturón de pollos broiler o industriales (*Broiler Belt*), una zona que se extiende desde Maryland hasta Texas, aunque también se crían muchas aves en California, los pollos criados para sacrificarlos suelen vivir en bandadas de diez mil o más, pasando toda su vida en interiores (no solo los pollos broiler, sino también las ponedoras. Las gallinas ponedoras suelen vivir en diminutas jaulas de alambre, apiladas unas junto a otras o unas encima de otras). Desde que nacen hasta el momento de su muerte, nunca experimentan el aire fresco ni la luz natural; toda su existencia transcurre en un paisaje árido de aves de corral, excrementos y pienso. «En cuanto pones un pie en uno de estos almacenes, el hedor tóxico te golpea como una tonelada de ladrillos; el aire es acre y sofocante —me dijo Leah Garcés, presidenta de Mercy for Animals—. Toses, se te llenan los ojos de lágrimas, no puedes respirar. No te imaginas tener que tolerar esto más de un rato, y mucho menos pasar tu vida aquí».

Sin embargo, estos pollos broiler son condenados a cadena perpetua y apenas se parecen a sus antepasados. En los seis mil años transcurridos desde que los pollos fueron domesticados en el sudeste asiático, hemos cambiado sus esqueletos, genes y epidemiología. Sus huesos son tres veces más anchos y dos veces más largos que los de las gallinas salvajes, sus homólogas no domesticadas. Crecen tres veces más rápido que sus parientes salvajes y mueren mucho más jóvenes, sacrificados alrededor de las seis semanas. Durante la Edad Media, los pollos duplicaron su tamaño gracias a la cría selectiva en las granjas. En el siglo XX, su tamaño se ha quintuplicado. Los pollos domésticos tienen una diversidad genética menor que sus parientes silvestres y una mutación en un receptor hormonal que les permite reproducirse durante todo el año. La manipulación genética y las prácticas agrícolas industriales intensivas han dado lugar a un mundo en el que el pollo abunda y es sorprendentemente barato si no se tienen en cuenta los verdaderos costes que hay detrás de su producción.

Casi 500 millones nunca llegan al comedor del instituto ni a los bollos de Chick-fil-A: están demasiado enfermos o débiles como para sobrevivir las seis o siete semanas que les quedan hasta el sacrificio. Incluso los que lo consiguen, están plagados de enfermedades y lesiones. «Decenas de miles de aves que defecan, muchas debilitadas por un crecimiento anormalmente rápido, no tienen más remedio que revolcarse en sus propios desechos, que se acumulan bandada tras bandada», continuó Garcés. Sus patas y pechos se ponen en carne viva con quemaduras similares a las de las escaras. «Cuando compras pollo para consumir en un restaurante o en un supermercado, esto es lo que te estás comiendo».

Para estos pollos y de manera similar para las vacas, cerdos y otros animales criados en granjas industriales, la vida es una jaula de alambre, una caja de metal o un superrebaño con poco espacio para moverse, a los que les quitan las crías en cuanto resulta eficiente hacerlo. Con cantidades tan grandes, pueden actuar como incubadoras y superpropagadores de la gripe aviar y otras enfermedades zoonóticas.

Hemos llenado tantos vertederos con esos huesos de pollo extragrandes que las patas, los huesos de la espina dorsal y las alas sean probablemente, un marcador clave de esta época en el registro fósil. Estos huesos también pueden rastrear la migración humana antigua. En un yacimiento arqueológico de Chile, los investigadores encontraron un solo hueso de pollo que dataron del año 1400 d. C. La secuencia de ADN coincidía con la de los pollos encontrados en la República de Vanuatu y otras islas del Pacífico Sur. El hueso proporciona evidencia del movimiento de las personas desde Polinesia hasta Sudamérica, mostrando que los pollos llegaron a Perú antes que los conquistadores españoles en 1532.

Puedes llamar al nuestro un planeta de pollos. Puedes llamarlo un planeta de vacas. Pero no importa cómo lo mires, la vida ha sido domesticada. La historia del movimiento e influencia humana en Sudamérica y el planeta se remonta mucho más allá de 1532.

En 2010, cuando Chris Doughty estaba realizando un trabajo de posdoctorado sobre la dinámica de los bosques de carbono en la Universidad de Oxford, se encontró con el esqueleto de un perezoso terrestre gigante (megaterio) en Fossil Way, el vestíbulo de ladrillos amarillos del Museo de Historia Natural de Londres. Residente de Sudamérica, el megaterio medía más de cuatro metros de altura, tenía largas garras y una mandíbula profunda y carnosa.

Más grandes que los elefantes, los perezosos gigantes se alzaban sobre los antepasados de los tapires y los pecaríes que hoy en día viven en Sudamérica. A diferencia de sus parientes modernos que viven en los árboles, los perezosos gigantes no eran lentos. Estos enormes vegetarianos se movían libremente por las sabanas, probablemente dependiendo de la fermentación que hace el intestino anterior para descomponer la celulosa de su dieta, al igual que los bisontes, los hipopótamos y otros herbívoros. Este tipo de fermentación no suele funcionar en animales más grandes que un hipopótamo, en parte porque la acumulación de metano en el intestino puede ser peligrosa. Los perezosos gigantes eran tan grandes (hasta 6 000 kilos) que es increíble que no explotaran después de una gran comida a base de hojas, bromeó un biólogo.

Doughty levantó la vista y se preguntó: con todo lo que comían, cagaban y morían, ¿cómo estructuraban los bosques y las sabanas estos perezosos gigantes que podían alcanzar los cinco metros de altura sobre el suelo del bosque?

No se preguntaba solo por los perezosos de movimientos rápidos. Antes de que los humanos emergieran de África, la Tierra estaba gobernada por gigantes: tortugas enormes, aves elefante, moas, gliptodontinos acorazados (mitad armadillo, mitad escarabajo Volkswagen) y otras criaturas que parecen dibujadas y escritas por el Dr. Seuss y Borges. El toxodonte parecía un hipopótamo mezclado con un rinoceronte, según Doughty. Sin cuernos, con grandes dientes parecidos a los de una mula y pelaje lanudo, fueron en su día el mamífero con pezuñas más común en Sudamérica. También había depredadores en toda América, felinos dientes de sable, leones americanos, enormes osos y lobos y aves del terror no voladoras que medían más de dos metros y medio de altura y podían matar a su presa de un solo golpe. Los animales luchaban por cada bocado. En el registro fósil, los dientes de muchos de estos carnívoros estaban desgastados hasta el hueso, probablemente porque estaban desesperados incluso por conseguir la médula.

Además de los perezosos del tamaño de un elefante, también había muchos elefantes de verdad. La diversidad de proboscidios alcanzó su punto máximo hace unos 3 millones de años, cuando treinta y tres especies de elefantes y sus parientes vagaban por el mundo. Había mamuts, mastodontes, gonfotéridos y tetralofodontes, que medían tres metros de altura, tenían largos colmillos y orejas pequeñas. Abundantes y ecológicamente innovadores, los miembros de esta gran rama del árbol evolutivo prosperaron hasta hace unos cien mil años, cuando los cambios climáticos y la caza humana provocaron un declive catastrófico de la diversidad global y solo unas pocas especies sobrevivieron.

Perfil de algunas especies del Pleistoceno de América, incluyendo el
perezoso gigante (extremo derecho), el gliptodonte (abajo a la derecha),
el mamut (con colmillos), el camello *Aepycamelus* (centro) y el *Moropus*,
parecido a un caballo. Los bisontes, a la izquierda, eran más pequeños
que la mayoría de estos megaherbívoros. Son los únicos de esta figura
que sobrevivieron a la extinción del Pleistoceno.

¿Cómo afectaron al paisaje los movimientos diarios y
las migraciones estacionales de estos gigantes, que cagaron
y murieron durante millones de años? Doughty y sus colegas empezaron a buscar en Sudamérica, tierra de perezosos
y toxodontes. «Había gradientes de concentración por todas
partes», dijo. Los grandes mamíferos y otros animales pueden
desplazarse largas distancias a través de estos gradientes, desde zonas de alta concentración de nutrientes hasta zonas con
menos nutrientes, de forma muy similar a como las ballenas
transportan los nutrientes de latitudes altas a bajas. «Siempre
pienso en esto como un sistema integrado: hay ciertos elementos, como el fósforo, que son absorbidos por las plantas y
son necesarios para los animales —me dijo Doughty desde su
oficina en la Universidad del Norte de Arizona, donde ahora
es profesor asociado— y esa es la unión crítica. Primero hay
que entender con qué eficiencia los elementos se mueven del
suelo a las hojas y luego de las hojas a los animales. Una vez

que los animales consumen el follaje, caminan un poco y lo defecan».

Doughty cuantifica este último movimiento como Φ o phi, el término de difusión para el estiércol: la transferencia lateral de nutrientes por parte de los animales de un ecosistema a otro. En tierras más nuevas, como Surtsey, el nitrógeno tiende a ser limitante, ya que la roca volcánica es rica en fósforo, pero en regiones más antiguas, cadenas montañosas como los Apalaches y bosques tropicales como el Amazonas, el fósforo se agota. «Básicamente, son suelos viejos», dijo. Después de millones de años, gran parte de él desemboca en los ríos y, finalmente, en el océano.

El fósforo nuevo puede liberarse por la erosión natural, a través del desgaste de las rocas y los minerales por el agua, el hielo y el viento, descrita de forma evocadora como erosión eólica. Una de las únicas formas, a falta de un nuevo volcán o de vientos favorables, de hacer que el fósforo vuelva a subir y a remontar la corriente es a través de los excrementos, la carne y los huesos de los animales.

Los excrementos de los animales frugívoros suelen estar llenos de semillas, como migas en una masa caliente de fertilizante de nitrógeno y fósforo. Los cadáveres de los perezosos gigantes, de los gonfotéridos y de los toxodontes, que a menudo pesaban varias toneladas, también eran enormes paquetes de nutrientes, aunque los descomponedores y las plantas tenían que esperar a que estas especies de larga vida murieran.

«En los trópicos se producen tasas muy bajas de pérdida de fósforo porque todo ha evolucionado para reciclarlo muy bien», continuó Doughty. Esto se puede ver en acción en el Amazonas. Si haces caca en el bosque después de comer, habrá desaparecido antes de la cena, descompuesta por los insectos y la humedad. En un lugar seco como el Kalahari, las heces podrían permanecer durante meses. En las selvas tropicales, el fósforo que los animales mueven se reincorpora rápidamente a las plantas cercanas.

¿Por qué nos preocupamos por el fósforo en lugares como los trópicos? «Sin fósforo, las tasas de crecimiento disminuyen —dijo Doughty—. Las plantas son menos productivas. Hay menos frutas y flores. Pero una vez que se añade fósforo, la fotosíntesis aumenta, las tasas de crecimiento suben». Y las plantas pueden dedicar más energía a la reproducción.

Los animales también necesitan fósforo, por supuesto, pero solo toman lo que necesitan y liberan el resto a través de las heces y la orina de forma regular. Los animales de gran tamaño son grandes fuentes concentradas de nutrientes con mucho fósforo en sus huesos, pero pueden vivir mucho tiempo e incluso cuando mueren, sus cuerpos pueden tardar un tiempo en descomponerse. Los cadáveres pueden ofrecer un pulso de nutrientes mayor que la caca, pero los cálculos de la phi de Doughty indicaron que el movimiento del fósforo y otros nutrientes en el estiércol superaba con creces la huella de nutrientes de un cadáver.

Por lo que sé, fue Doughty quien vio por primera vez estas vías de nutrientes como el sistema circulatorio del mundo. Como hemos visto, los animales son el corazón palpitante del planeta. Los perezosos gigantes, los armadillos y los mastodontes ayudaron a esparcir fósforo, nitrógeno y otros nutrientes vitales por los continentes, a menudo dispersándolos desde puntos calientes de nutrientes. Hoy en día, las ballenas los llevan a través de los océanos, las aves marinas los llevan a tierra y los insectos los mueven por los campos.

Cuando el *Homo sapiens* se separó por primera vez de nuestros antepasados humanos hace unos 300 mil años, había más especies de animales, plantas y hongos en la Tierra que en cualquiera de los 4 500 millones de años anteriores. Los seres humanos son tanto los productos juveniles de la biodiversidad como la causa principal de su desaparición.

El número de especies en el planeta, incluyendo aves, anfibios, peces, reptiles, invertebrados y plantas, entre otros, ha ido disminuyendo desde que los humanos salieron de África. La gran extirpación de los grandes herbívoros en América comenzó a finales del Pleistoceno: el pico de extinción, especialmente entre los animales de la sabana como los perezosos gigantes, los gliptodontinos, los mamuts y los mastodontes, se produjo hace unos doce o trece mil años, cuando llegaron los humanos y se intensificó el cambio climático. Ciento setenta y ocho grandes mamíferos, la megafauna terrestre, se extinguieron al final del Pleistoceno. A medida que estas especies desaparecían, también lo hacían sus depredadores, como los grandes felinos dientes de sable. Las especies que dependían de estos grandes animales, que tal vez vivían en su piel o en sus intestinos, también desaparecieron, al igual que las que dependían de los charcos que hacían o de las praderas que mantenían. Los murciélagos vampiro que bebían la sangre de los animales más grandes, los escarabajos peloteros que se alimentaban de sus enormes excrementos y los buitres que dependían de los cadáveres también desaparecieron con rapidez. Los ecologistas llaman a estas pérdidas «coextinciones» y fueron vastas.

Aunque existe cierto desacuerdo sobre el papel del cambio climático frente a la sobreexplotación en las extinciones del Pleistoceno, me parecen convincentes los trabajos de Jens Svenning en la Universidad de Aarhus, de Felisa Smith en la Universidad de México y muchos otros: las pruebas apuntan a la sobreexplotación por parte de los humanos como el principal motor de las extinciones de la megafauna al final del Pleistoceno. «Creo que el debate nunca desaparecerá — advirtió Svenning —, al igual que la gente sigue discutiendo por qué se extinguieron los dinosaurios». Doughty describió el argumento como una «enemistad mortal».

Que nuestros antepasados pudieran matar mamuts, muchos de ellos mucho más grandes que los elefantes actuales de la sabana africana, cavando fosas y afilando lanzas, es asombroso. Las siete especies que existían de mamuts se extinguieron tras la llegada de los humanos y la pérdida de mamíferos de gran tamaño en los ecosistemas es un signo clave de la migración humana. Según Doughty, el último gran enfrentamiento entre simios bípedos y proboscidios tuvo lugar en Sudamérica. Era el único gran continente libre de humanos hasta hace unos doce mil años. Los gonfotéridos, los parientes lejanos del elefante moderno, perdieron la batalla y se extinguieron hace unos once mil años.

Como ha señalado Doughty, hemos viajamos por el mundo a lomos de la megafauna salvaje, desde perezosos terrestres hasta mastodontes. Buscamos los animales más grandes, los matamos y luego seguimos descendiendo; el tamaño de los animales terrestres se redujo en África, luego en Eurasia, Australia y América, siguiendo la estela de los movimientos humanos. Y una vez que desaparecieron, utilizamos sus hábitats para alimentarnos. Los organismos compiten por los recursos (el término ecológico es *desplazamiento competitivo*), por lo que, una vez que los animales grandes desaparecieron, al poco tiempo los humanos, al menos en términos geológicos, empezaron a reemplazarlos por vacas, pollos y ovejas. La radiación solar es limitada para sustentar plantas y animales salvajes o domésticos. La extinción de los mamuts, de los perezosos terrestres, de los gliptodontinos y de otros ingenieros de ecosistemas del Pleistoceno abrió las puertas al mundo humano moderno.

En una tierra sin mastodontes, el ciervo de cola blanca es el rey. Este patrón de reducción de animales salvajes acabaría extendiéndose también a los océanos. Tanto los marineros de agua dulce como los lobos de mar viven en alguna variante de la edad del fango.

Vemos estas disminuciones de población en el registro fósil, pero también en los genes de los animales vivos. Svenning y sus colegas examinaron los genomas de más de un centenar de especies supervivientes de grandes mamíferos. La historia de la población de los animales permanece codificada en su ADN;

todavía podemos ver evidencia de un cuello de botella poblacional en los humanos que ocurrió hace unos setenta mil años. En el caso de muchos grandes mamíferos, como osos, pumas, bisontes y ciervos, la variación genética indica que las poblaciones fluctuaron hacia arriba y hacia abajo durante aproximadamente un millón de años. Hace unos cien mil años, la variación genética, vinculada al tamaño de la población, disminuyó. Esto es exactamente cuando los humanos aparecieron en la escena global. Además de las extinciones generalizadas de muchas de las especies más grandes, otras especies del planeta pasaron por un cuello de botella poblacional que continúa hasta nuestros días. Antes de ese momento, antes de la llegada de los humanos, como dijo Svenning, «los ecosistemas de todo el mundo estaban llenos de animales de una manera que ni siquiera podemos imaginar». Ahora hemos aprendido a aceptar los paisajes sin animales grandes como el estado natural de las cosas.

En América del Sur, al final del Pleistoceno, se extinguieron el 70 % de los animales que pesaban más de nueve kilos (del tamaño de un beagle o más grandes), incluidos los gonfotéridos, los perezosos gigantes y los gliptodontinos. Sus mundos, sus territorios, también se hicieron más pequeños. Los animales más pequeños tienen tractos gastrointestinales más cortos, por lo que el tiempo medio de tránsito, es decir, el tiempo que transcurre desde que comen hasta que defecan, se redujo drásticamente. Los animales más pequeños tienen vidas más cortas. La esperanza de vida media se redujo en un tercio. En el Pleistoceno, la distancia media entre comer y defecar era de ocho kilómetros o unas ciento diez manzanas de una ciudad. Después de la extinción, se redujo a dos kilómetros.

Los grandes animales de Sudamérica eran esenciales para las sabanas y los bosques, ya que esparcían nutrientes a través de sus movimientos diarios y migraciones estacionales. También esparcían semillas. Puedes agradecer a los animales desaparecidos hace mucho tiempo tu guacamole y chocolate negro; las plantas probablemente coevolucionaron con estos mamíferos, dependiendo de ellos para dispersar sus grandes semillas. La profunda conexión entre los productores de plantas y los consumidores de animales fue igual de importante en otros continentes, desde Eurasia hasta África, América del Norte y Australia.

Después de que desaparecieran los gigantes del Pleistoceno, la phi disminuyó en un 98 %, desde una distancia típica de unos cinco kilómetros hasta solo treinta metros por año. Todavía se pueden ver evidencias de estos caminos diez mil años después en el Amazonas, pero están empezando a desvanecerse. Los principales impactos humanos en los ciclos biogeoquímicos globales se remontan a mucho antes de los albores de la agricultura, el auge del comercio de guano, la extracción de combustibles fósiles y las bombas nucleares. Doughty y sus colegas señalaron que algunos aspectos del Antropoceno, como el bloqueo de las arterias de nutrientes y la limitación de fósforo en el Amazonas, podrían haber comenzado con estas extinciones del Pleistoceno.

Si la llegada de los humanos fue como la aparición de una enfermedad coronaria en el sistema circulatorio animal, el daño fue debilitante pero no fatal. Uno podría confundir fácilmente una selva tropical con un montón de palos, troncos y hojas. Pero sería injusto descartar el conjunto actual de animales del Amazonas (monos, tucanes, pecaríes, tapires, jaguares, hormigas cortadoras de hojas y otros) como irrelevante (las zonas sin este conjunto de especies tienen niveles de amoníaco un 90 % más bajos que aquellas con los animales). Muchas especies se han extinguido en Sudamérica y no hay tantos animales revoloteando entre las hojas. Podría ser el último lugar en el que querrías buscar si te dispusieras a demostrar que los animales importan a escala ecológica. Hasta que miras de cerca y ves los caminos desgastados de los animales bajo los árboles.

Después de las extinciones del Pleistoceno, también hubo cambios globales. Cuando los mamuts desaparecieron, hace casi trece mil años, estos enormes motores orgánicos dejaron de pastar, poniendo fin a sus eructos ricos en metano. El resultado: menos gases de efecto invernadero, lo que provocó una caída de diez grados en las temperaturas, lo que a su vez provocó una edad de hielo que duró mil trescientos años. Ya no nos preocupamos por las edades de hielo, por supuesto, pero la pérdida de animales nos pone a todos en riesgo de perder funciones y servicios cruciales del ecosistema. Para restaurar estos sistemas, tenemos que ayudar a los animales grandes, como los bisontes, los tapires y otros herbívoros nativos, a regresar a las praderas, pastizales y bosques.

El problema es que es difícil repetir ese modelo fuera de los parques nacionales y las reservas de caza. En África, muchos parques mantienen a su fauna salvaje cercada. Después de la caza furtiva masiva en el siglo XX, sobreviven menos de uno de cada diez elefantes de la sabana. «Me dan envidia tus ballenas —me dijo Doughty—. Ya no queda espacio para animales grandes. Los elefantes siguen matando gente».

Saca músculo. Es probable que la mitad del nitrógeno de tus bíceps se haya fabricado en una planta industrial. ¿El nitrógeno que forma tu código genético? Cocinado de la nada. ¿El ARN que traduce el código y construye las proteínas? Construido a partir de nitrógeno inorgánico, antes inaccesible para los animales a menos que fuera capturado por una planta, un microbio o un rayo.

El guano peruano y chileno cambió el mundo a través de la expansión económica y agrícola. Algunos de los nutrientes oceánicos del Pacífico Sur podrían haber terminado en la nata espesa de Cornualles, en la lana merina de Australia o en una rueda de parmesano reggiano en Italia. Pero no fue suficiente. Nunca es suficiente.

Los nutrientes de origen marino alimentaban a las personas, pero, en forma de nitratos, también ayudaban a matarlas. El nitrato de potasio o salitre, era un componente esencial de la pólvora, junto con el carbón vegetal y el azufre. Estos dos últimos ingredientes eran fáciles de encontrar en los siglos XIX y XX, pero el nitrato de potasio era relativamente escaso. Muchas fábricas de pólvora dependían del guano para obtener el compuesto oxidante.

Los comerciantes de guano no escogieron bandos; vendieron a Alemania, Inglaterra y Estados Unidos al comienzo de la Primera Guerra Mundial. Pero cuando un bloqueo naval británico cortó los suministros de Chile, Alemania se desesperó por encontrar nuevas formas de nitrógeno para explosivos. En 1905, Fritz Haber, un químico físico de Karlsruhe, había desarrollado una nueva forma de sintetizar amoníaco, combinando el nitrógeno del aire con el gas hidrógeno utilizando alta presión y osmio, un catalizador poco común. El osmio era demasiado caro para su uso generalizado y la aplicación fue limitada hasta que Carl Bosch, un químico industrial, desarrolló una forma de producir amoníaco en masa utilizando el hierro, que era barato y estaba ampliamente disponible, como catalizador. Recién armados con explosivos, Alemania y sus aliados siguieron luchando durante otros cuatro años. A medida que la guerra continuaba, Haber encontró formas de convertir el cloro gaseoso y otros venenos en armas y ayudó a desplegarlos en el frente de Bélgica en abril de 1915 (su esposa, también química, se suicidó diez días después). Tres años más tarde, Haber recibió el Premio Nobel de Química.

El proceso Haber-Bosch revolucionó la agricultura al convertir el gas nitrógeno en amoníaco para fertilizantes.

$$N_2 + 3\,H_2 \rightarrow 2\,NH_3$$

El físico británico Mark Sutton y sus colegas llaman al proceso Haber-Bosch «el mayor experimento individual de geoingeniería global que los humanos han hecho jamás». La ventaja: se mantuvieron fértiles millones de hectáreas de tierras agotadas de nutrientes. Los agricultores suelen aplicar unos 45 kilos de fertilizante sintético por hectárea de cultivos activos como el maíz (las granjas orgánicas no utilizan fertilizantes sintéticos, sino que se basan en la rotación de cultivos, la cría conjunta de cultivos y ganado o el uso de abonos y compost orgánicos; las tasas de producción suelen ser más bajas).

Creamos más formas reactivas de nitrógeno como el amoníaco, alrededor de 165 millones de toneladas al año, que todos los procesos naturales combinados. Como resultado, aproximadamente la mitad de la población humana mundial vive gracias a Haber-Bosch. Fue la piedra angular de los esfuerzos del agrónomo estadounidense Norman Borlaug para industrializar la agricultura y reducir la hambruna. El director de la Agencia de los Estados Unidos para el Desarrollo Internacional denominó a los nuevos avances la «Revolución Verde». Dos años después, Borlaug ganó el Premio Nobel de la Paz.

Pero también hubo costes. Millones de hectáreas de bosques y praderas de productividad marginal se perdieron bajo el arado y se quemaron miles de millones de barriles de combustibles fósiles para sintetizar el amoníaco. La Revolución Verde que dio lugar a la agricultura moderna fue impulsada, al menos en parte, por el cambio de la materia fecal natural (estiércol, huesos y guano) a formas manufacturadas de fertilizante nitrogenado. Claro, se pueden ver los impactos de las aves marinas en Surtsey y los bisontes en Yellowstone, pero el efecto de Haber-Bosch ocurre a una escala mucho más vasta. La deposición atmosférica de nitrógeno se ha multiplicado por veinte en algunas zonas, cambiando el equilibrio de nutrientes en ecosistemas acostumbrados a la limitación de nitrógeno. Esto se ve quizá más fácilmente en las zonas costeras, donde la proliferación de algas ha provocado una disminución de la calidad del agua. La escorrentía de fertilizantes de las granjas del medio oeste y las ciudades a lo largo del río Mississippi fluye hacia el golfo de México, causando floraciones tan grandes e intensas que pueden cortar el suministro de oxígeno y formar zonas muertas del tamaño de Connecticut. Los peces, los mamíferos marinos y las aves marinas se han mudado o han muerto. Las pesquerías humanas también se han agotado.

Al igual que la mitad de nuestro nitrógeno proviene de los laboratorios, alrededor del 50 % del fósforo que consumimos ahora proviene de las minas de fosfato. A diferencia del nitrógeno, el fósforo no tiene fase gaseosa en las condiciones habituales en las que se encuentra en la Tierra y no circula en la atmósfera. No se puede fabricar ni destruir. En las próximas décadas, las estimaciones oscilan entre treinta y trescientos años, la escasez de fósforo podría amenazar la producción de alimentos a medida que se agoten los depósitos de minerales. Incluso si nunca se agotan, los fosfatos podrían volverse tan caros que los agricultores ya ni podrían permitírselos.

La cuenca de Oulad Abdoun en Marruecos tiene unos 26 mil millones de toneladas de fosfato, un depósito sedimentario marino que contiene fósiles de peces, tiburones, tortugas, cocodrilos y otros vertebrados que se han acumulado durante un período de unos 25 millones de años. Las excavadoras de cangilones, uno de los vehículos más grandes jamás fabricados, extraen las rocas. Una vez procesados los fósiles, el fertilizante se envía y se esparce en campos y prados, principalmente en países europeos. El fósforo puede retenerse en el suelo, entrar en los cultivos y el ganado, reciclarse como abono o, con demasiada frecuencia, acabar en arroyos, ríos y otras vías fluviales como escorrentía, donde puede causar floraciones de algas nocivas. Más de 24 millones de toneladas de fósforo fluyen desde el agua dulce hacia los océanos cada año y más de 15 millones se pierden en suelos erosionables. Un recurso renovable se ha vuelto no renovable y dependiente de fuentes antiguas en lugar de recicladas.

En todo el mundo, hemos llevado los ciclos del nitrógeno y el fósforo más allá de los límites planetarios provocando cambios irreversibles a gran escala. Nos hemos convertido en una fuerza geológica. Los seres humanos hemos trascendido nuestro papel como agentes del cambio biológico, destruyendo las redes alimentarias, arando los ecosistemas y aniquilando la biodiversidad, para convertirnos en agentes del cambio geológico, alterando directamente los ciclos del carbono, el fósforo y el nitrógeno. Si no te crees que los animales puedan cambiar el mundo, como sostiene el ecologista Joseph Bump, no tienes más que fijarte en Haber-Bosch.

Los animales somos nosotros.

6
TODO EL MUNDO DEFECA Y MUERE

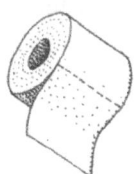

Un montón de mierda se me vino encima. Como si fuera un dinosaurio acorazado, un tractor negro sucio con luces amarillas intermitentes tiraba de un esparcidor de estiércol inestable bajo la lluvia. La caca de vaca se derramaba por los laterales del camión, cubriendo la calle principal de nuestro pequeño pueblo. Era mediados de mayo en la zona rural de Vermont. La temporada de barro había terminado. Los árboles brillaban con hojas de color verde claro, la clorofila estaba en pleno apogeo. El aire estaba cargado del olor a caca de vaca: un poco de hierba, un poco de descomposición, un toque de azufre. Una franja de estiércol doraba el borde de un campo de heno junto al río. Si visitas una granja lechera, no tendrás ninguna duda, dados los olores, el movimiento del estiércol, el transporte de leche y carne a larga distancia, de que los animales importan.

Nuestros vecinos utilizan tractores y combustibles fósiles para trasladar la caca del establo de la lechería a los pastos y a los campos de maíz. En el borde del campo, a lo largo del río Winooski y escondida detrás de algunos árboles cuidadosamente plantados, la planta de tratamiento de aguas residuales hace su magia. La vida en el Antropoceno es la gestión de residuos, no solo para las vacas, sino también para nosotros, los humanos.

Todo el mundo hace caca. La simple verdad es que la defecación y la micción o hacer caca y orinar, forman parte de los rituales diarios de casi todos los animales, las elipsis de la ecología que fluyen a través de la vida. Si los animales son el sistema circulatorio del planeta, entonces los tractos gastrointestinales, desde la boca hasta el ano, son las bombas que mantienen el flujo de nutrientes. Gran parte del trabajo sucio en el ecosistema que está dentro de nuestras entrañas lo realizan los microbios. Residentes en el estómago, los intestinos y el colon, las bacterias, los hongos y otros microorganismos descomponen los carbohidratos complejos, las proteínas y las grasas que consumen los animales, poniéndolos a disposición del huésped. Estos microbios somos nosotros, formando un superorganismo que es en parte un animal y en parte un circo microbiano itinerante. No podemos sobrevivir los unos sin los otros, aunque yo apostaría por los microbios si la relación se agriara.

«Come, defeca, repite». Con un titular así, ¿cómo no iba a resultar atractivo «Hidrodinámica de la defecación» (un artículo que apareció en la revista *Soft Matter* en 2017)? Llamé a un par de autores.

«En primer lugar, ¿qué es la materia blanda?», pregunté a Patricia Yang. Recientemente había aceptado un puesto académico en su Taiwán natal tras completar un doctorado en Georgia Tech y hacer un posdoctorado en Stanford.

«Hace mucho tiempo, solo existían los fluidos y los sólidos», me dijo. La mecánica de sólidos tenía sus propias técnicas, la mecánica de fluidos, otras. Pero más tarde, los profesionales de ambos campos llegaron a la misma conclusión: «Oh, hay algo que ninguno de los dos podemos entender, algo intermedio, como el kétchup, la pasta de dientes y la plastilina». Al principio, llamaron al campo «ciencia de los polímeros», centrándose en sustancias que actuaban como fluidos, a menudo moléculas grandes con muchas subunidades pequeñas, como el ADN y las proteínas, pero eso era demasiado limitante. El campo en sí era fluido, abarcaba la química, la biología y la ingeniería, por lo que los investigadores idearon un término nuevo y más amplio. «Vale, nos rendimos —dijo Yang—. Esas sustancias son blandas. Materia blanda».

Yang y su asesor académico, el matemático David Hu, tenían un interés particular en el tema. Querían examinar la dinámica de los fluidos y la biomecánica de las heces como una extensión de algunos trabajos anteriores que habían realizado sobre la micción (llegaremos a eso en un minuto). «Durante años —señalaron Hu y Yang—, los rastreadores de animales han estado registrando las formas y tamaños de las heces de una serie de animales, pero no existe una visión unificada de los procesos que generan las heces». Los movimientos intestinales se juzgaban cualitativa y subjetivamente por su frecuencia y apariencia. Hay varias formas de clasificar esas heces, incluida la escala de heces de Bristol para los humanos, desde los bultos duros del estreñimiento hasta la consistencia líquida de la diarrea severa. La salchicha es el patrón oro, lisa o agrietada.

Hu, Yang y sus colegas querían cuantificar las fuerzas, tamaños y cantidades de heces producidas por los mamíferos. Pero ¿de dónde sacar sus muestras? Yang fue al Zoo de Atlanta para observar y grabar a los animales defecando y vio muchos vídeos de especies que no vivían en el zoo. Recopiló mediciones de elefantes, pandas, leones, jabalíes verrugosos y gorilas, así como de especies más domesticadas, como conejos, gatos, perros y humanos. «Me llamó especialmente la atención la cola rotatoria del hipopótamo», me dijo, al igual que me había pasado en mi safari por FaceTime en el Masái Mara.

Yang se dio cuenta de que muchos animales tenían heces cilíndricas y que hacer caca les llevaba aproximadamente el mismo tiempo, sin importar el tamaño del animal. Los elefantes producen unos siete kilos de caca al día, cien veces más que un perro. ¿Cómo puede llevarles el mismo tiempo defecar? Los elefantes tienen movimientos intestinales rápidos, de unos siete centímetros por segundo, seis veces más rápidos que los de un perro (la media de los humanos es un poco menos de dos centímetros por segundo). Yang empezó a construir un modelo.

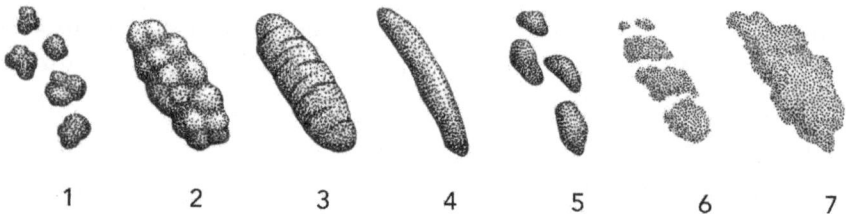

| 1 | 2 | 3 | 4 | 5 | 6 | 7 |

Una tipología de heces. La escala de heces de Bristol clasifica las heces según su viscosidad, desde el estreñimiento duro, 1, hasta diarrea líquida, 7. Los números 3 y 4 se consideran formas normales y saludables.

«Tienes un proceso de transporte de esta columna de heces que hay que expulsar —me dijo Hu. Estaba en casa, con una camiseta blanca y auriculares negros—. El cuerpo ya tiene algunas presiones internas y luego haces fuerza, lo que aumenta la presión...».

Por un momento, perdió el hilo, mirando por la ventana desde detrás de la pantalla del ordenador. «Eh, lo siento, mi mujer está intentando sacar el coche de la entrada del aparcamiento y me va a gritar porque lo he aparcado demasiado cerca —dijo con una sonrisa felina—. Las fuerzas motrices son la presión —continuó Hu— y las fuerzas de resistencia son las interacciones con las paredes que lo rodean».

La duración es la misma para elefantes, gatos y humanos. «El número mágico es doce segundos», dijo Hu. Al principio, se sorprendieron, ya que el recto de un elefante mide tres metros de largo. Debatieron si las heces actuaban más como un fluido o como un sólido. No había un modelo claro en el que basarse. «Los materiales tienen personalidad —dijo Hu—. Las moléculas se reorganizan. Algunas tienen memoria. Si sacas mantequilla de cacahuete del tarro, mantiene su forma. La salsa de tomate fluye de una manera determinada. Todos tienen estos matices. Es como un zoológico de los diferentes tipos de fluidos».

Utilizaron un reómetro, un instrumento que mide la viscosidad y la elasticidad. Es como una galleta Oreo, dijo Hu, con placas que miden el par de torsión, similar a la fuerza necesaria para separar las dos galletas del relleno. «Imagina hacer eso, pero en lugar de relleno, tienes caca dentro», dijo. En el laboratorio compartido, había un reómetro limpio y sin caca de un físico vecino que parecía una máquina de café exprés de alta gama y luego estaba, bueno, el «reómetro de Hu», atascado con el trabajo sucio de medir heces, moco, saliva y quién sabe qué más. La materia blanda.

Mientras Yang estaba en el laboratorio, también registró el olor y la flotabilidad de las muestras. Los carnívoros hacen heces más pesadas y malolientes: su caca densa huele fatal. Piensa en la bolsa de caca de tu perro, el hedor de la mierda de perro en tus zapatos o el olor persistente de una caja de arena. Los carnívoros también hacen menos caca, ya que la carne es fácil de digerir. Los herbívoros hacen heces flotantes y su materia fecal tiende a ser suave y bastante terrosa. Piensa en un establo de caballos bien ventilado o en un pasto de vacas. Las boñigas de bisonte que recogí en Yellowstone tenían el olor de la tierra rica y terrosa, que, en esencia, eran.

Después de su debate sobre si las heces eran fluidas o sólidas, sus mediciones les revelaron algo nuevo. «Nos dimos cuenta de que íbamos en la dirección equivocada», dijo Yang.

La caca se mueve como un tapón sólido, pero lo más importante era la fina capa que la rodeaba: el moco, el lubricante que impulsa todo el flujo. El grosor varía según el tamaño. Los animales más grandes tienen más heces y niveles de moco más espesos, lo que permite a todos, desde gatos hasta humanos y elefantes, defecar aproximadamente al mismo tiempo. Sin esta capa, las heces saldrían expulsadas como la pasta de dientes de un tubo y las fuerzas necesarias serían tremendas. «También se obtendrían heces deformadas —señaló Hu— que no es lo que quiere tu cuerpo». Pensé en aquellas heces doradas en el centro de la escala de Bristol. «Tu cuerpo quiere deshacerse de ellas limpiamente, por lo que tiene que proporcionar algún tipo de lubricación en el exterior».

Hu y Yang describieron la mecánica de la defecación en su artículo como algo así como un remolcador empujando una barcaza. Es la primera ley de la termodinámica de Newton: los objetos en reposo permanecen en reposo, pero bajo la presión de los músculos rectales, la materia fecal es expulsada del cuerpo y depositada en el suelo del bosque o en una caja de arena o en el inodoro. El moco ayuda a que las heces se deslicen hacia afuera. Así que la defecación es un poco como un plátano deslizándose fuera de su piel. O tal vez una evacuación intestinal es como un tobogán acuático, lo que le da un nuevo significado a las bromas sobre «tener que ir al baño»: «Tengo que dejar a los niños en la piscina».

La hidrodinámica de la defecación depende de la anchura y la longitud de las heces, del diámetro del colon y de la cantidad de moco desprendido de las paredes del intestino grueso que mantiene todo en movimiento. Como el moco se evapora una vez liberado, Yang tuvo la oportunidad de medirlo. Pesó las heces de animales tan pequeños como ratones y tan grandes como humanos inmediatamente después de la defecación y luego siguió la pérdida de peso a lo largo del tiempo: después de unos treinta segundos, el moco (unos cuarenta y cinco miligramos en una bolita de conejo) desaparecía. También se produjo un cambio visual: el brillo desapareció del excremento. Cuanto más grande era el animal, más grande era la caca y más gruesa la capa de moco. Yang y Hu describieron más tarde su investigación como una «teoría unificada de la defecación».

Cuando Yang llegó por primera vez a Georgia Tech para trabajar en el laboratorio de Hu, no tenía ningún proyecto en mente. «Al principio —me dijo—, los posibles temas de investigación eran muy diversos». Como matemático aplicado, Hu, su profesor principal, había publicado sobre temas que iban desde los zapateros hasta la locomoción de las serpientes, pasando por la frecuencia que utilizan los mamíferos cuando sacuden su pelaje para secarse. ¿Por dónde empezar?

Cuando Yang llegó, Hu acababa de ser padre. Había estado cuidando a su hijo pequeño mientras le cambiaba el pañal. «Me fascinaba la cantidad de pis que hacen los niños pequeños», dijo. El hijo de Hu era aproximadamente una décima parte de su tamaño, pero orinó durante mucho tiempo. Hu se preguntó si los animales podrían ser iguales. ¿Cómo se comparan los gatos domésticos con, digamos, los elefantes, que pueden pesar mil veces más que ellos? Era hora de hacer un trabajo de campo.

«Un día, David me dijo que existía la posibilidad de que pudiera ir al zoo —dijo Yang—, pero tendría que observar cómo orinaban los animales. "¿Te gustaría hacerlo?"».

Yang le dijo a Hu: «Si existe alguna forma de que no tenga que quedarme en esta oficina, iré. Y si hay alguna posibilidad de poder estar cerca de animales, mejor que mejor».

Buscó en publicaciones mediciones de la uretra, los caudales y la capacidad de la vejiga, pero sus mejores recursos no estaban en Google Scholar. «Antes de hacer el experimento en el zoo de Atlanta —dijo Yang—, vimos muchos vídeos de YouTube». Los visitantes del zoo tienen una afición especial por ver, grabar y publicar vídeos de animales meando. «Obtuvimos muchos datos de esos vídeos», dijo. Más tarde, darían crédito a estos colaboradores. Entre el zoo de Atlanta y el Premio de la Fundación Nacional de Ciencias para Jóvenes Profesionales, dieron las gracias a «demondragon115», «ElMachoPrieto83», «krazyboy35», «MrTitanReign», «relacsed» y otros quince colaboradores de YouTube.

Yang dio varias vueltas por los recintos de los elefantes, pero lo que más le gustó fueron las zonas donde podías acariciar animales. «Hay muchos animales simpáticos y bonitos, como cerdos y cabras —dijo—. Puedes tocarlos y acercarte a su trasero cuando hacen pis».

Hasta que analizaron los datos, Yang y Hu pensaban que la uretra era un tubo que conectaba la vejiga de un animal con el mundo exterior. Pero descubrieron que, en realidad, acelera el flujo. «Si preguntaras a los profesores de ingeniería cuánto tarda un elefante en vaciar su enorme vejiga —dijo a *New Scientist*—, seguramente dirían que media hora». No exactamente... Los elefantes eran muy buenos sujetos de investigación. «No les importa que los estés observando —me dijo Yang— y tienen un horario regular. Todas las mañanas a las siete y media, orinan en el mismo lugar». No importa la hora del día, todas las conversaciones se detienen cuando un elefante orina, porque hace mucho ruido. «La uretra de un elefante hembra mide un metro y medio —dijo Hu—. Y, según el ancho y el largo, la orina de los elefantes emerge como si saliera de cinco cabezales de ducha».

Después de horas de observar a los animales orinar, Yang, Hu y sus colegas desarrollaron un modelo que muestra que la duración es la misma para todos los animales. Desde gatos de casi 3 kilos hasta elefantes de más de 4 000 kilos, el número mágico es veintiún segundos. Los animales más grandes tienen vejigas más grandes y la uretra más larga, lo que acelera todo el proceso. Solo los mamíferos pequeños, como los murciélagos y las ratas, rompen las reglas, ya que orinan en gotas en lugar de chorros. La micción para estos animales pequeños es un evento de alta velocidad, que a menudo dura menos de un segundo.

Así que había una regla de doce segundos para la defecación y una de veintiún segundos para la micción, pero la variación era mucho mayor para el pis. La regla de los veintiún segundos se cumple porque los animales orinan cuando la vejiga está llena en dos tercios. Pero el comportamiento puede influir en la duración de un pis. Los perros, por ejemplo, utilizan la orina como marcador de olor, una forma de comunicarse. Por eso, a veces no esperan a que se les llene la vejiga y hacen micciones más cortas.

El envejecimiento también influye, dijo Hu, ya que la tensión muscular en la vejiga disminuye en los animales de más edad. Algunas personas pueden orinar durante tres o cinco minutos. En cuanto a los humanos más jóvenes que se quedan en el baño, se acabó la fiesta. Se trata más de buscar tiempo a solas o ponerse al día con la lectura que del tiempo que se tarda en defecar.

Una vez a la semana, la *New York Times Book Review* pregunta a un autor qué libros tiene en su mesita de noche. En mi estantería del baño: *A Swim in the Pond in the Rain*, de George Saunders; *Primate's Memoir*, de Robert Sapolsky; *Metazoa*, de Peter Godfrey Smith; y *Poop: A Natural History of the Unmentionable*, de Nicola Davies. No es que alguien me lo haya preguntado.

En 2015, Yang y Hu recibieron un Premio Ig Nobel, un galardón satírico presentado en Harvard que destaca estudios reales, aunque absurdos, después de que su trabajo apareciera en la prestigiosa revista *Proceedings of the National Academy of Sciences*. Hu llevaba una tapa de inodoro alrededor del cuello durante su discurso de aceptación. Más tarde, recibirían un segundo Premio Ig Nobel por su trabajo sobre el origen de las heces en forma de cubo de los wómbats.

Hay alrededor de 79 millones de perros en Estados Unidos y 93 millones en Europa, todos ellos ofrecen a sus compañeros humanos una visión directa del momento, la forma, el olor y los nutrientes que proporcionan la orina y la caca de los animales. También dan forma al medio ambiente a través de la dispersión de nutrientes, al igual que las aves marinas, las ballenas y los salmones salvajes. Antes de que las leyes de la recogida de excrementos fueran comunes, los científicos descubrieron que las defecaciones de los perros podían elevar los niveles de fósforo del suelo en los parques públicos durante años después de que se prohibiera la entrada de perros en la zona. En Bélgica, los científicos estimaron que los perros aportan alrededor de cincuenta kilos de nitrógeno por hectárea cerca de los senderos de los bosques, praderas y otras áreas naturales alrededor de las ciudades, más de lo que los agricultores suelen aplicar a las tierras de cultivo activas.

He podido observar de primera mano cómo se liberan estos nutrientes derivados de los perros. Todas las mañanas a las seis y media, saco a pasear a nuestra perra, Zoey, por nuestra tranquila calle sin salida. Un meneo de la cola es una forma estupenda de empezar el día (es una bola de energía inquieta por la mañana), pero el primer paseo también es una observación atenta de la defecación y la micción. En verano, un paseo tranquilo está bien. Pero en invierno, lo importante es quitarse el asunto de en medio cuanto antes . No quiero quedarme parado en el frío valle de Champlain esperando una caca o, peor aún, salir una hora más tarde si no conseguimos una caca helada en el primer intento.

Después de mi charla con Hu y Yang, aprecié de una forma distinta los rituales diarios de Zoey. Después de orinar en cuclillas, arañaba la hierba con las patas delanteras y traseras, exponiendo la glándula odorífera debajo de los dedos de los pies, como una loba alfa marcando su territorio en Yellowstone. Sus meadas eran más cortas que la regla de los veintiún segundos, unos trece segundos cada una, diría yo, tal vez porque caminábamos por los límites de su territorio y sentía la necesidad de distribuir su orina un poco más lejos, en los bordes del césped, en los márgenes de las carreteras, en la plaza del pueblo, en cualquier lugar donde pudiera encontrarse con otro perro.

Cuando los perros van atados con correa, las concentraciones de nitrógeno en una zona aumentan a medida que disminuye el espacio para deambular. Investigadores finlandeses descubrieron que las concentraciones totales cerca de los árboles, las farolas y el césped a lo largo de los senderos para caminar en Helsinki, eran mucho más altas que en el césped con poco tráfico de perros. Y la huella química de dicho nitrógeno reveló que los perros eran su fuente principal. Los senderos son como los arroyos de salmón del Pacífico, caminos muy transitados para el transporte de nitrógeno, en este caso, hacia espacios verdes urbanos.

Nuestros perros, en su mayoría, están entrenados para orinar y defecar a determinadas horas (¿o tal vez ellos nos han entrenado a nosotros?). Jeremy Kiszka, un mastozoólogo marino de la Universidad Internacional de Florida en Miami, se preguntó si podríamos utilizar esta atención al detalle para responder algunas de las preguntas irresolubles sobre la defecación en el océano.

Seamos realistas, es casi imposible recoger caca de ballena de forma fiable en una temporada de campo típica. Estás con la niebla, el viento, los problemas con el barco, los días sin ballenas y los días con muchas ballenas, pero ninguna de ellas defeca. Tenemos suerte si conseguimos unas doce muestras en el agua en el transcurso de unas pocas semanas. Y, en su mayor parte, estamos limitados a las columnas fecales, porque podemos verlas. La orina de ballena es casi imposible de encontrar en el campo. Es como intentar saber cuándo alguien está orinando en una piscina pública, excepto que, en este caso, es una piscina muy grande, a menudo un poco turbia y de unos seiscientos metros de profundidad. Kiszka pensó que podría haber una solución. No es biólogo cualquiera de SeaWorld; ha realizado trabajos de campo con tiburones y ballenas en las Seychelles y Madagascar. También ha trabajado con balleneros en San Vicente, en el Caribe, para realizar biopsias para el análisis de ADN y metales pesados. Ballenas salvajes, ballenas muertas y, entonces, pensó: «¿Y si pudiéramos utilizar animales en cautiverio para resolver algunos de los problemas insolubles a los que nos enfrentamos sobre el terreno?». ¿Se podría entrenar a delfines mulares en cautiverio para que proporcionaran muestras de heces y orina cuando se les pidiera?

La gente se quedaba con los ojos como platos ante la perspectiva de delfines que aprendían a ir al baño. «Cagan como locos —me dijo Kiszka mientras conducíamos hacia Cayo Largo en su todoterreno negro una tarde de finales de agosto—. Es increíble. También los entrenamos para que orinen cuando se les ordena».

Había pasado los últimos dos meses trabajando con ocho delfines mulares y sus cuidadores en Island Dolphin Care, una pequeña laguna excavada en un canal en Cayo Largo.

Mientras caminábamos descalzos por el pontón, noté que un lindo delfín me seguía en el agua moteada. Mi corazón se aceleró. Con sus grandes ojos oscuros, su sonrisa de color rosa brillante, sus pecas y su piel suave, Bella me robó el corazón. Pero mantuve la profesionalidad y me quedé en la cubierta (el centro sin ánimo de lucro tiene un programa para nadar con delfines). Bella, nacida en noviembre de 2000, era una de las estrellas de Island Dolphin Care. Seguía viviendo con su madre, Sarah, pero no me quitaba los ojos de encima, casi coqueteando. Estaba embelesado.

«Muy seductora», dijo Kiszka, mirándome con ojos pícaros. Se había estado jactando de su relación en el coche de camino a Cayo Largo.

Dejando a un lado los celos, pronto nos centramos en la tarea que teníamos entre manos. El entrenador principal, Luke

Bullen, llamó a los delfines haciendo gestos con las manos y un fino silbato de metal. Sentado en el borde de la cubierta, llevaba una camiseta de comprensión azul marino y lucía un moño rubio. Uno a uno, los delfines se alinearon, con la espalda apoyada en los pies acurrucados de Bullen, con el vientre rosado hacia el cielo. Liz Goetzl, la técnica veterinaria de Island Dolphin Care, insertó cuidadosamente un fino catéter rojo de unos quince centímetros en el orificio de Squirt y sacó un tapón de heces de un bonito color marrón chocolate.

—Hora de la recompensa —animó Kiszka desde debajo de su gorra de salvavidas de paja, transfiriendo la muestra a un tubo Eppendorf transparente. Squirt recibió un par de peces.

—Buena chica —dijo Bullen con un movimiento de muñeca—. Ve a enjuagarte.

Squirt nadó y volvió dando vueltas, con el vientre hacia el cielo.

—Veamos. ¿Completamente seco o como el Niágara? —se preguntó en voz alta Goetzl, que llevaba unas gafas de sol de espejo y una camiseta azul claro con los nombres de los ocho delfines residentes. Golpeó suavemente la vejiga de Squirt para facilitar la micción, pero no fue necesario. Pronto apareció un charco amarillo alrededor de la hendidura genital de Squirt. Goetzl extrajo la orina con una pequeña jeringa de plástico.

—¡Niágara! Buena chica —dijo con una gran sonrisa. Aplaudimos, como se hace con un niño que aprende a ir al baño. Squirt recibió otro pez como recompensa y Bullen la despidió con un gesto con la mano y lanzando un anillo de juguete.

Goetzl le entregó la jeringa a Kiszka, quien la transfirió a una botella de plástico marrón para evitar la luz solar. El proceso es eficiente, amigable y está lleno de recompensas, tanto vocales como culinarias. Los becarios entretuvieron a los otros delfines, manteniéndolos felices y distraídos. Si a los delfines les molestaba esta ronda de excreciones, no lo demostraron.

El estudiante de posgrado de Kiszka susurró: «Ciencia del Dr. Dolittle». Estas muestras permitirían a Kiszka examinar el contenido de nutrientes (nitrógeno, fósforo y hierro) en la orina y las heces. También podría examinar el tiempo de tránsito intestinal: cuántas horas transcurren entre una comida y una deposición o una micción. Hasta ahora, a menudo hemos dependido de modelos de focas y leones marinos para estimar el consumo, la digestión y el metabolismo de ballenas y delfines. Kiszka estaba cada vez más cerca de comprender cómo funciona la ecología de los nutrientes de los cetáceos. Esto es importante porque muchos delfines, como los delfines giradores de Hawái, se alimentan en alta mar y descansan en aguas poco profundas cerca de la costa. Las muestras que Kiszka y sus colegas estaban recogiendo podrían proporcionar una mejor estimación del nitrógeno y el fósforo derivados de los delfines en los arrecifes de coral, las praderas de pastos marinos, el plancton y los peces.

Mientras estábamos en el pontón procesando la caca y la orina, los delfines se comunicaban a través de golpes, chasquidos y silbidos en la laguna. Cada delfín tiene un silbido característico, como nombres humanos, que emiten y responden a lo largo de sus vidas. Los delfines, al igual que los perros, también utilizan el pis como marcador; pueden detectar muestras de orina de individuos familiares (amigos o aliados) e ignorar o evitar a los desconocidos o posibles antagonistas (con los que Bella y sus compañeros de la laguna no se encontrarían). A diferencia de los perros, los delfines no pueden oler; no tienen bulbos olfatorios, por lo que probablemente utilicen el gusto para detectar a sus amigos. La ecolocalización les permite explorar la velocidad, el tamaño y la densidad de los objetos que les rodean y el sabor de la orina les permite saber quién está cerca, tal vez su estado reproductivo, y quién sabe qué más.

Bella, Sarah, Squirt y los demás estaban haciendo otra cosa cuando los entrenadores no estaban mirando. Los entrenadores son muy cuidadosos a la hora de controlar la cantidad de comida que recibe cada delfín. Además del análisis de nutrientes, Kiszka realizó un código de barras de ADN utilizando marcadores genéticos para identificar las especies de sus presas en la caca. Querían ver si el ADN identificaba el calamar, el arenque, las sardinas y otros peces que se daban de comer a los delfines cada día para poder utilizar el mismo protocolo para los cetáceos salvajes. Los animales que se esperaban estaban allí, pero también lo estaba una especie que no se les había dado en su alimentación. ¿Se habían contaminado las muestras? Era un pargo local. Algunos delfines habían estado robando comida y comiéndose el pescado que nadaba a través de las redes hacia la laguna (el tamaño de la malla mantiene a los delfines dentro, pero permite que los pargos y otros peces viajen de un lado a otro bajo su propio riesgo).

Con la última muestra recogida, Kiszka dio las gracias a los cuidadores y se marchó rápidamente con seis muestras de orina y cinco de heces. Habría llevado varias semanas recoger tantas muestras fecales en la naturaleza y nunca habríamos conseguido la orina sin estos delfines cautivos y sus entrenadores. Kiszka tenía prisa. Tenía que llegar a casa para dejar que su pastor alemán, Wolfgang, fuera a hacer pis.

—Empezamos con el estudio de la micción porque pensé que los datos eran muy interesantes y que podíamos llegar a un buen modelo —dijo Hu—. Ese estudio nos hizo ganar un Premio Ig Nobel, —Un logro del que estaba muy orgulloso—, pero hizo que se me acercara mucha gente extraña (cuando nuestra conversación llegó a mi trabajo con la defecación de ballenas y delfines, traté de no tomar el comentario como algo personal).

Uno de los nuevos conocidos de Hu, David Meyer, un ingeniero civil canadiense que estudia sistemas de tuberías, le preguntó si podía ayudar a localizar brotes de enfermedades infecciosas en campos de refugiados y otras zonas de alto riesgo mediante la detección de nuevos casos de diarrea. Estaban interesados en fabricar un detector de cólera automatizado para inodoros, me dijo Hu. «Si hay una alta incidencia de cólera —dijo—, queríamos enviar una señal para que el campamento lo supiera». El tratamiento clínico correcto del cólera puede marcar la diferencia entre la vida y la muerte; sin los cuidados adecuados, la mortalidad por cólera en los campos de refugiados puede llegar al 60 %. Con un tratamiento clínico adecuado, puede estar muy por debajo del 1 %. Hu y sus colegas querían instalar un micrófono para detectar la diarrea con la ayuda del aprendizaje automático. Los cambios en el agua, el saneamiento y la salud pueden ser difíciles de medir. Pero los sonidos pueden ser anónimos, por lo que fue fácil recopilar muchos datos. Los ruidos podrían actuar como un sistema de alerta temprana de un brote.

—¿Qué tipo de ruidos? —pregunté.

La micción es un chorro, con el extremo de la uretra haciendo que la orina se rompa en gotas. «Tiene un sonido tintineante», dijo Hu. La defecación es una serie de eventos discretos asociados con la velocidad y el tamaño del objeto: plof. La flatulencia no tiene las características de un fluido. Hay un esfínter y hay aletas; la oscilación de las aletas genera el sonido: «Un aleteo», como lo describió Hu.

Consiguieron que el sistema reconociera los ruidos: la micción es un tintineo, la defecación un plof, la flatulencia un aleteo (utilizaron cojines de pedos para crear las flatulencias).

La diarrea es más difícil de describir; es una combinación de las tres. La liberación del número 7 en la escala de heces de Bristol es casi instantánea. La diarrea no sigue las reglas habituales del tiempo fecal, una arruga en la teoría universal de la defecación.

«Queremos que los sensores de audio nos digan qué tipo es», dijo Hu. Así que consiguieron cientos de minutos de experimentos de YouTube. «Hay mucha más diarrea en Internet que caca y pis normales —señaló Hu—. Este Dios de la Diarrea en YouTube se bebe un montón de solución electrolítica que se usa para la preparación cuando te hacen una colonoscopia y se graba a sí mismo», publica vídeos largos de los ruidos de diarrea (la pantalla está en negro, pero no los escuches con el estómago lleno).

El colega de Hu también hizo muchos experimentos por su cuenta, seguidos de disculpas a su esposa y algunos productos de limpieza. Hora de la verdad: parte de mi trabajo sobre las ballenas en ayunas se me ocurrió en el baño, antes de una colonoscopia. La dieta a base de líquidos claros y el laxante me hicieron darme cuenta de que las ballenas en ayunas probablemente tienen el tracto gastrointestinal vacío durante la mitad del año.

Una vez que tuvieron los ruidos, construyeron un simulador de un inodoro que podía emular los sonidos. La siguiente etapa será desplegar los sensores sobre el terreno.

El amplio trabajo de Hu, que ha abarcado desde caminar sobre el agua («la hidrodinámica de la locomoción de los zapateros») hasta deslizarse lateralmente sobre la arena y la física de lanzar arroz frito (una combinación de deslizarse por el wok y arrojarlo al aire), pareció desafiar al matemático G. H. Hardy, quien comentó: «¿No es la posición de un matemático ordinario aplicado un poco patética en cierto modo? Si quiere ser útil, debe trabajar de forma monótona y no puede dar rienda suelta a su imaginación ni siquiera cuando desea elevarse a las alturas». Hardy debería hablar, ya que su equilibrio Hardy-Weinberg, un principio fundamental en la genética de poblaciones, ha estado torturando a los estudiantes de biología durante generaciones (por su parte, pensaba que el enfoque era muy simple).

Hu parecía dar rienda suelta a su imaginación al tiempo que abordaba cuestiones prácticas, como la forma de prevenir la propagación del cólera y otras enfermedades infecciosas.

Tanto si los retretes con IA para detectar diarrea de Hu se materializan como si no, el trabajo que él y Yang han realizado ha sido esencial para comprender la mecánica de la defecación. Ellos, quizá junto con otros bichos raros que conocieron a través del Ig Nobel, fueron los primeros en calcular la cantidad total de heces que los seres humanos y nuestro ganado (incluidos tanto los animales que comemos como los que utilizamos para el transporte, como caballos, burros y mulas) producen cada año. Fue ciencia de «servilleta de cóctel», como lo describió uno de los colegas de Hu, lanzada con una cerveza y sin ningún tipo de consolidación (una situación no inusual para los escatológicos ocasionales).

Los mamíferos defecamos alrededor del 1 % de nuestro peso corporal cada día. Cada tres o cuatro meses, un elefante defeca una cantidad descomunal de caca. Lo mismo ocurre con los perros, los hipopótamos, los osos y, presuntamente, las ballenas. Según mis humildes cálculos, eso significa que los humanos defecamos más que nuestro peso corporal, tirando más de tres veces nuestro peso por el inodoro (o en el retrete exterior o donde sea) cada año. Si lo sumamos todo, los animales domésticos (principalmente el ganado vacuno, las gallinas y las ovejas) producen más de 3 billones de kilos de caca al año. Dependiendo de cómo se cuente, eso equivale al peso de diez mil edificios como el Empire State o setecientas pirámides como la Gran Pirámide de Guiza (las pirámides se ajustan mucho mejor a la silueta de un emoji de caca). Los humanos producimos más de 900 millones de kilos al año.

También somos animales, por supuesto, y no hay razón para que no desempeñemos un papel más integral en los ciclos del nitrógeno y el fósforo en lugar de fabricar y extraer para reemplazar los nutrientes que dejamos escapar. Los humanos hicieron esto durante milenios antes de romper el ciclo; pensemos en el simple retrete exterior, el Arborloo (un pozo móvil que luego fertilizará un árbol) o los retretes de compostaje que utilizan serrín y aire para mejorar la descomposición.

Con la pérdida de la megafauna y la casi desaparición de la phi (la medida de dispersión de Doughty para el estiércol), los humanos crearon una paradoja. Las granjas y los pastos, sujetos a la cosecha y la escorrentía, tienden a perder nutrientes. Los ríos, los lagos y las costas situados aguas abajo de las tierras agrícolas y las zonas urbanas tienen demasiado nitrógeno y fósforo. Las masas de agua están sujetas a la proliferación de algas que tienen poco oxígeno y pueden causar la muerte generalizada de peces e invertebrados.

Una tarde de agosto, cuando las floraciones de cianobacterias en el lago Champlain aparecieron en las noticias, pasé por el Rich Earth Institute (REI) en Brattleboro, Vermont. De camino, visité por una pequeña exposición de inodoros de descarga cero, de descarga ecológica y de compostaje de un blanco reluciente. Kim Nace, cofundadora de Rich Earth, y Julia Cavicchi, directora de educación, me hicieron un recorrido por el centro de investigación. Su misión: promover el uso de los desechos humanos como recurso: el «reciclapís» (*peecycling*). Nace, que fundó Rich Earth en su sótano en 2012, tenía una cálida sonrisa, unas gafas con montura de color rosa, el cabello gris y un piercing en la nariz. Desde entonces, REI se ha convertido en un gran laboratorio en un edificio de poca altura a las afueras de Brattleboro, en la zona industrial, no lejos del distrito de gestión de residuos sólidos. El Rich Earth Institute ha llamado la atención de los medios de comunicación, como CBS, PBS, *The New Yorker* y *The New York Times*.

«Una vez que salió en el *New York Times* —dijo Nace—, hubo cientos de comentarios. Y muchos de ellos eran como "yo llevo años haciendo esto"». De repente, la gente se sintió libre de admitir que había estado haciendo su propia forma de reciclaje de orina durante décadas. «El *New York Times* de alguna manera hizo que esto fuera legítimo para discutirlo en público», dijo Nace. El instituto tiene alrededor de doscientos donantes de orina que entregan sus «nutrientes corporales» a REI. Otros usan su orina para fertilizar sus propios jardines.

Piénsalo antes de tirar de la cadena: muchos de los nutrientes liberados en las alcantarillas van directamente a través de los sistemas de tratamiento de aguas residuales a bahías, lagos y suministros de agua potable. La proliferación de algas nocivas, provocada por un exceso de fósforo, puede causar enfermedades graves, como la intoxicación paralizante por mariscos y matar a peces, animales salvajes y mascotas. Cuando la gente empezó a trasladar los excrementos nocturnos (heces y orina eliminadas al amparo de la oscuridad) de las granjas a centros de tratamiento rudimentarios, rompieron el ciclo humano del fósforo, «remodelando su bucle en una tubería unidireccional», como escribió Julia Rosen en el *Atlantic*.

El Rich Earth Institute estaba decidido a restaurar el ciclo: Comer. Orinar. Desinfectar. Fertilizar. Crecer. Reciclar la orina, el «oro líquido» como lo describe el REI, podría reducir la minería y el proceso de Haber-Bosch, que consume mucha energía, y recuperar más de 13 mil millones de dólares en nutrientes al año. Hay suficiente nitrógeno, fósforo y potasio en las aguas residuales urbanas para compensar más del 13 % de la demanda de fertilizantes agrícolas y suficiente energía, en forma de amoníaco y otras moléculas, incrustada en las aguas residuales para proporcionar electricidad a 158 millones de hogares. Incluso podríamos reciclar la orina en una planta de tratamiento de aguas residuales y distribuir los nutrientes a las granjas locales, una nueva vuelta de tuerca al movimiento de solo consumir productos locales.

De vez en cuando, mientras los tres caminábamos por Rich Earth, podíamos oler la orina que se estaba procesando para su liberación.

—¿Quieres un tomate de nuestro jardín fertilizado con orina? —preguntó Tatiana Schreiber, la directora de investigación social, mientras me daba un tomate Sungold.

Dudé por un momento: «Claro».

Tenía un sabor tan brillante como su nombre indica.

Su huerto, en el límite industrial de Brattleboro, tenía mucho mejor aspecto que el que teníamos en nuestra casa: los tomates fertilizados con orina eran más numerosos, las berenjenas más grandes y el maíz más alto.

El Rich Earth Institute trabaja a nivel local y más ampliamente para llevar el reciclaje de orina a otros pueblos y ciudades. «Soy una gran fan de los sistemas de saneamiento basados en contenedores —señaló Nace—. Uno de los problemas de las plantas de tratamiento centralizadas es que, cuando hay una inundación o un desbordamiento del alcantarillado combinado, se vierten enormes cantidades de residuos al agua». Las orillas, los lagos y los ríos reciben las aguas residuales en un gran impulso. El saneamiento basado en contenedores, en cambio, es modular y fácil de manipular. O eso afirmaba Nace.

Al salir, vi unos contenedores translúcidos. Con un embudo rojo brillante y una jarra de recogida de más de nueve litros, cada uno de estos reciclapises parecía un *ready-made* de Duchamp. Cavicchi me dijo que eligiera mi favorito de una caja de bolas de plástico que se suelen utilizar para llenar las piscinas de bolas en los parques infantiles interiores.

Me llevé uno de los urinarios portátiles a casa y, durante un tiempo, decoró las escaleras de mi oficina en el sótano. Pensé que añadiría un toque dadaísta sostenible al baño. Pero mi familia se opuso firmemente. No les interesaba el reciclapís, ya fuera arte moderno o no, y me prohibieron usarlo en el baño completo, en el medio baño o en mi oficina.

Protesté, haciéndome eco de una charla que había escuchado de Chelsea Wald, autora de *Pipe Dreams: The Urgent Global Quest to Transform the Toilet*. Los dije que el desvío de orina tiene una larga historia que se remonta a miles de años atrás, cuando los pueblos antiguos usaban la orina como fertilizante y medicina. La invención del inodoro moderno, esa revolución sanitaria, puso fin a la práctica, desviando la mayoría de los nutrientes transportados por la orina bajo tierra o al mar. Si la gente usara la orina como fertilizante, dije, podríamos reducir la producción mundial de nitrógeno en una cuarta parte. Cada uno de nosotros podría ahorrar unos quince mil litros de agua al año (al no tirar de la cadena), reducir la contaminación por nutrientes en un 50 % y disminuir las emisiones de gases de efecto invernadero al reducir la energía necesaria para el trata-miento convencional de las aguas residuales.

Estaban de acuerdo con la revolución sanitaria, muchas gra-cias, me informó mi familia. No querían que el reciclador de orina entrara en casa. Fuera, tal vez, pero eso parecía un poco arriesgado y atrevido con los vecinos. Así que me subí al au-tobús con mi *ready-made* (vacío, no os preocupéis) y lo llevé a mi alquiler en Cambridge, donde estaba haciendo una beca. Ahora tenía mi propio reciclador de orina. En honor a Hen-nig Brandt, que supuestamente reclutaba bebedores de cerveza para suministrar los ingredientes de sus experimentos del si-glo XVII, bebí un par de cervezas artesanales como base. Tardé unas dos semanas en llenar la jarra.

Reciclar la orina tiene otras ventajas. Está el cálido resplan-dor (el emocional, por favor) y el efecto de bienestar de un comportamiento ecológico que se ha registrado en los estudios sobre sostenibilidad. Estas recompensas intrínsecas vienen con los esfuerzos para sanar la Tierra en lugar de dañarla. En REI, el objetivo es avanzar en esta dirección.

Después de llenar mi recipiente, empezó a broncearse con el tiempo. Durante el invierno, fermentó en el sótano (algo que en REI se considera bueno, ya que puede ayudar a desinfec-tarlo). ¿Qué hacer con este valioso fertilizante? Mi familia se mantuvo firme en su negativa cuando mencioné aplicarlo en el huerto. Mis amigos dijeron que ese año no cultivarían verdu-ras. Y el Rich Earth Institute tiene políticas estrictas contra la propagación de orina sin permiso.

Así que una tarde de primavera, dejé mi orina en el centro de reciclaje de orina del REI en el centro de Brattleboro. Entraría en el ciclo: Comer. Orinar. Desinfectar. Fertilizar. Crecer. Nace y sus colegas pasteurizarían la orina siguiendo las directrices de la Organización Mundial de la Salud y luego la utilizarían como suplemento para las granjas cercanas. Gran parte de la orina (unos 3785 litros por hectárea, la producción anual de ocho personas) se destina a los campos de heno, sustituyendo a los fertilizantes sintéticos (chuparos esa, Haber y Bosch).

La resistencia al fertilizante de pis, me di cuenta mientras conducía de vuelta desde el punto de entrega de Brattleboro, estaba en consonancia con la forma en la que los humanos ocultamos el resto de nuestras aguas residuales y cadáveres.

La caca y la orina a menudo se tiran por el inodoro y se tratan en sistemas sépticos o se vierten al océano. Ese es el flujo diario, pero también hay un pulso final: nuestros cadáveres se embalan, se incineran, se entierran o se emparedan, a menudo con grandes costes medioambientales que implican altas emisiones de carbono y otros contaminantes.

¿Podemos participar en la descomposición y devolver nuestros nutrientes a la naturaleza? Tras años de estudios en la Estación de Investigación de Osteología Forense de la Universidad de Carolina del Oeste, también conocida como «la granja de los cadáveres», los investigadores han optimizado el compostaje humano, desde la muerte hasta el suelo. Recompose, un servicio funerario ecológico de Seattle, coloca los cuerpos en una cápsula llena de virutas de madera, alfalfa y paja. Los gases como la cadaverina y la putrescina, comunes en la putrefacción (la quinta etapa de la muerte), se tratan con un biofiltro antes de ser liberados. Los huesos se muelen hasta convertirlos en polvo. Un cuerpo tarda entre cuatro y seis semanas en descomponerse por completo.

Contamos con la tecnología, pero «con la muerte, el cambio llega lentamente», advierte Caitlin Doughty, funeraria y defensora de la reforma funeraria. Solo unos pocos estados, entre ellos California, Washington y Vermont, han aprobado leyes que legalizan el compostaje humano.

¿Qué hacer con esta tierra de compostaje humano? Se puede esparcir en un cementerio, colocar en una tumba o entregar a la familia para que la use en un jardín. Pero ¿por qué no pensar de forma innovadora? En Recompose, puedes donar tus restos, un metro cúbico de tierra al Bells Mountain Conservation Forest en el estado de Washington. Los árboles jóvenes se plantan con compost humano para ayudar a dar sombra a los arroyos, lo que podría restaurar los hábitats de desove del salmón y la trucha arcoíris. Los restos humanos podrían reemplazar a los fantasmas de las carcasas de los salmones.

7

LECTURA DE VERANO

S i estás leyendo este libro en una playa tropical, considérate afortunado, sobre todo si una magnífica fregata caga en tu libro abierto, como hizo una en mi ejemplar de *Birds of Heaven* de Peter Matthiessen hace unos años en el Parque Nacional Tortugas Secas, frente al sur de Florida.

Mete la mano en la arena áspera, de tonos avena, crema, arenisca, pizarra; los colores que te trajeron hasta aquí. En un solo grano de arena, puedes ver toda la biosfera: desde el pez volador hasta la fregata, desde la palmera de coco hasta el coral cuerno de alce y el pez loro, todo está presente en esta playa isleña.

Poca gente sabe que, al tumbarse en una playa de Hawái, en realidad lo están haciendo sobre una cama de desechos animales. La llamada arena biogénica puede haber pasado por el intestino de un pez loro o provenir de restos triturados de animales —espículas de esponja, fragmentos de percebes— y de algas coralinas.

Me adentré en las aguas de Kona, en la isla de Hawái, para encontrar el origen de la arena. El arrecife mostraba signos de desgaste, con muchos golpes en los corales causados por buceadores descuidados, pero había peces grandes, tan brillantes como Broadway, por todas partes. Los uhu, como los hawaianos llaman a los peces loro, estaban trabajando duro. Mientras buceaba, oí un crujido fuerte. Los peces loro pueden morder el hormigón y, mientras los seguía, parecía que estuvieran besando el arrecife, como si fueran vampiros hundiendo sus colmillos en la piedra.

El primer *uhu* que vi era un espectáculo: un pez loro con unos colores azules y verdes al estilo Chihuly, que parecía iluminado desde dentro. Tenía una mordida imponente, con miles de dientes fusionados en forma de pico, capaces de triturar esqueletos de coral como si fueran caramelos. Los peces loro pueden triturar carbonato cálcico, también conocido como piedra caliza, y liberarlo a través de sus heces y hendiduras branquiales en forma de arena y limo. Hacen algo más que mover nutrientes; son ingenieros físicos, que muerden y raspan corales muertos y pastan en superficies rocosas para llegar a algas grandes, pequeñas e incluso microbios.

El pez loro al que seguía dejó un rastro de arena blanca tras sus aletas de color naranja brillante. La caca se mantuvo unida por un momento, casi como una tela, antes de depositarse en el fondo marino. Mientras tanto, un pez loro cercano expulsó una nube de limo de sus hendiduras branquiales, dando la impresión de una extraña locomotora. Pasé la mano por otra nube de caca de pez loro; se disolvió en mil granos.

Si sigues a un animal el tiempo suficiente, hará caca. Así que seguí a otro de mis favoritos (todos lo son): un pez loro de ojos estrellados o *pōnuhunuhu* en hawaiano, a lo largo del borde del arrecife. La espera fue corta. Este macho en particular, con estrellas rosas alrededor de los ojos y un cuerpo azul neón, estaba comiendo y haciendo caca casi simultáneamente. No es ninguna sorpresa. En otras partes del Pacífico, los peces loro cototo dan unos tres bocados a los corales muertos por minuto. ¡Hacen caca unas veintidós veces por hora!

Los peces loro desempeñan un papel crucial en los ecosistemas costeros. Como constructores de playas, utilizan su formidable dentición, placas dentales derivadas de dientes fusionados, para alimentarse de corales, algas, rocas y arena. Las algas, junto con los trozos de roca, coral y arena que consumen, son trituradas por pequeños dientes en la garganta, conocidos como el molino faríngeo, haciéndolas más digeribles. En el proceso, los fragmentos de piedra caliza se convierten en arena y la arena en arena más fina. Cuatro de cada cinco granos de arena en muchas playas tropicales son excrementos de peces loro. Con su constante pastoreo, los peces loro protegen el arrecife y ayudan a mantener los corales libres del crecimiento excesivo de las algas y reduciendo las especies invasoras. A medida que raspan, abren nuevas áreas para que los corales jóvenes y otros habitantes del fondo marino se asienten y crezcan.

Un solo pez loro cototo verde, nativo de los océanos Índico y Pacífico y que mide más de un metro y medio de largo, puede defecar casi cuatro mil kilos de arena al año. ¡Contraten a ese pez! Tres de ellos pueden llevar a la playa cada año la cantidad de arena que lleva una hormigonera. Cuanto más grande es el bocado, más corales vivos y muertos consumen y más arena de playa excretan. Observé el borde cremoso de la playa a lo largo del borde de la isla. Los peces loro que estaba siguiendo eran más pequeños que los peces cototo, pero aun así podían generar hasta más de 400 kilos de arena, el equivalente a veinticinco sacos de arena, al año. Los estaba viendo construir lentamente la playa de la Gran Isla, una caca tras otra.

Nick Graham, el ecologista británico que estudió los efectos generalizados de las ratas y las aves marinas en el archipiélago de Chagos en el océano Índico, ha centrado su atención recientemente en los peces loro. Graham ha demostrado que estos herbívoros crecen más en las aguas que rodean a las islas de aves marinas. ¿Por qué? La respuesta ya te resultará familiar. Cuando los charranes, los alcatraces, las tiñosas y las fragatas defecan, liberan nitrógeno y fósforo que es recogido por las algas, el plancton, los corales y, finalmente, los peces. Los peces loro crecen más con alimentos de mayor calidad. Los peces más grandes dan bocados más grandes y las tasas de pastoreo son tres o cuatro veces mayores en las islas de aves marinas. Cuanto más grandes se hacen estos constructores de playas, mejor reducen las algas marinas, abren áreas para los corales jóvenes y defecan grandes cantidades de hermosa arena tropical.

«Estas aves marinas —dijo Graham— podrían mantener el crecimiento de las islas frente a la subida del nivel del mar». Mantener las vías ecológicas desde la cordillera hasta el arrecife podría ser clave para salvar los atolones de baja altitud en las próximas décadas. Con la ayuda de las aves, los peces loro forman un cortafuegos de neón contra la desaparición del arrecife.

* * *

Al día siguiente, conduje hasta la bahía de Kealakekua. Las aguas eran más claras y el arrecife mucho más colorido. A veces, me sentía como si estuviera buceando en un acuario. Vi tres de las especies de uhu nativas de la isla: el pez loro «de ojos estrellados», el pez loro «de anteojos» y el pez loro «de cabeza de bala». Podía oír sus sonidos al morder, como martillos aplastando rocas. Los arrecifes ruidosos son arrecifes saludables; resuenan con el continuo chasquido de las gambas, los gruñidos y los aullidos de los peces y, cuando levantas la cabeza por encima del agua, los gritos de las aves marinas. El alboroto indica una comunidad marina vibrante que ayuda a los peces e invertebrados a localizar arrecifes vivos en mar abierto.

Incluso en esta zona aparentemente bien protegida, noté que los peces loro eran asustadizos. Más tarde me enteré de que los cazadores locales los disparaban con arpones mientras dormían en los arrecifes. No es de extrañar que los supervivientes nadaran cuando me acerqué. Un biólogo me dijo que se sorprendió por la escasez de peces loro cuando regresó a Hawái en 2013. Cuando habían sido abundantes en la década de 1970, ahora eran sorprendentemente raros. Su comportamiento también había cambiado: en lugar de viajar en grandes bancos, los peces loro ahora tendían a ser solitarios. En Oahu solo queda uno de cada veinte. Esta devastadora disminución del 95 % es el resultado de la pesca comercial y recreativa, especialmente la pesca submarina nocturna y la contaminación de las aguas residuales. Si los peces loro desaparecen, no podrán desempeñar su función ecológica: construir playas y proteger los corales.

Había muchos otros espectadores, incluido el pez estatal: el *humuhumunukunukuapuaʻa* o pez «ballesta de arrecife». El pez unicornio de espina naranja, que es increíblemente hermoso, también estaba presente, al igual que el pez «mariposa reticulado», el pez ídolo moro y el pez cirujano de filo amarillo. Resulta que muchas de estas especies desempeñan un papel importante en los arrecifes. Existen pruebas de que los peces loro, los peces mariposa y otros comedores de coral ayudan a propagar los microbios fotosintéticos esenciales para la supervivencia de los corales. Ingieren zooxantelas (los endosimbiontes de algas que crecen en los tejidos de los corales) cuando se alimentan. Su materia fecal está cargada de estas algas microscópicas en densidades que son varios órdenes de magnitud superiores a las del agua de mar circundante. Así, cuando los peces se mueven por el arrecife, propagan los simbiontes esenciales a otros corales, lo que supone un beneficio potencial para los pólipos jóvenes en asentamiento (como se conoce a los corales individuales) que aún no han recibido estos microbios. Las zooxantelas también pueden beneficiarse al dispersarse a nuevos arrecifes.

La comunidad es algo más que estas especies vistosas. La modesta esponja, una criatura sedentaria, antigua y bastante simple, desempeña un papel descomunal en la productividad de los arrecifes. Rob Toonen, de la Universidad de Hawái, me lo explicó más tarde: «¿Por qué los arrecifes de coral, estos sistemas increíblemente biodiversos y productivos, se encuentran en estas aguas increíblemente pobres en nutrientes? Durante mucho tiempo, la gente ha pensado en los corales como el motor fotosintético de los arrecifes. Pero no hay muchos animales que se alimenten del coral y los corales no producen una gran cantidad de alimento». El eslabón perdido era la esponja, a menudo agrupada en grandes jardines. Estos animales filtradores, muchos de ellos con esqueletos de vítreos, toman materia orgánica disuelta en la columna de agua y la convierten en partículas fecales que alimentan a otros invertebrados marinos, como los anfípodos, los copépodos y los poliquetos, los animales que son la base de la diversidad de los arrecifes de coral. «Estamos empezando a darnos cuenta de que los nutrientes de los arrecifes tienen muy poco que ver con los corales —dijo Toonen— y mucho que ver con la caca de las esponjas». A menudo pasado por alto, incluso este organismo, el más simple y estacionario, puede transformar el arrecife. Es una bomba antigua y silenciosa.

Una tarde, nadé desde una de las playas más hermosas de Oahu. Picos volcánicos verdes cubrían el horizonte; una luna casi llena se elevaba hacia el este. La suave y cálida arena, una mezcla de granos biogénicos y de basalto, había sido pulida. Incluso había algo de microplástico mezclado (casi todas las playas tienen un poco de plástico hoy en día).

Conmigo estaban dos de los expertos mundiales en peces de arrecife: Mark Hixon, un ecologista de arrecifes de la Universidad de Hawái, y Brian Bowen, biogeógrafo especializado en peces de arrecifes de coral y genética molecular (antes de ir a la Universidad de Hawái, Bowen fue mi mentor en la Universidad de Florida). Hicimos esnórquel en la bahía de Hanauma, un antiguo cráter volcánico donde están los restos de una erupción que tuvo lugar hace unos treinta mil años, mucho antes de que llegaran los humanos. Es un lugar popular para nadar y hacer esnórquel no muy lejos de Honolulu. Los martes, el lugar está cerrado y los peces descansan. Hixon, que dirige un proyecto de investigación allí, nos invitó a acompañarlo. Nos advirtió que camináramos con cuidado hasta el agua para no perturbar las arenas cuidadosamente arregladas. Incluso una playa necesita un día de descanso.

Cuando era más joven, Bowen mataba peces loro para extraer su ADN. Pero, con el tiempo, perdió el gusto por el trabajo y dejó de hacer lo que los científicos llaman eufemísticamente como muestreo invasivo. Yo también había sido cómplice de la muerte de un pez loro. Hace unos años, mis colegas y yo pedimos una comida en una playa de Bahía, Brasil, que incluía pescado guisado. Era una carne blanca deliciosa en una rica salsa de tomate. Al final de la comida, un colega le preguntó a nuestro camarero qué tipo de pescado había en el guiso y nos enteramos, para nuestro horror, de que habíamos comido pez loro (muchos de los peces de arrecife carnívoros de la costa ya habían sido cazados). El restaurante estaba situado en una península arenosa que probablemente había sido construida y mantenida por el pez loro. Habíamos consumido a un ingeniero del ecosistema local y muy posiblemente uno en peligro de extinción: el pez loro «de espalda verde».

La pesca está prohibida en la bahía de Hanauma, la cual está designada como parque submarino estatal, y los peces loro allí parecían menos asustadizos. Buceé hasta un enorme pez loro «de anteojos», el uhu más grande que había visto en mi vida. Rompió los corales y las rocas del fondo como si estuviera mordiendo hormigón.

Al haber trabajado en el Caribe, donde la sobrepesca ha diezmado las poblaciones de peces, me sorprendió el color y la abundancia de peces en los arrecifes de Hawái. Los arrecifes de coral son los principales puntos calientes de los océanos;

alrededor de un millón de especies (una cuarta parte de todos los animales y las plantas marinas) pasan al menos parte de sus vidas en estos complejos hábitats. Vimos peces mariposa, elegantes *Coris gaimard*, peces cofre amarillo y peces globo en una sesión de esnórquel de cuarenta minutos. Los arrecifes también protegen las costas de las tormentas y, en muchas zonas, sirven de intersección entre las profundidades marinas y los ecosistemas poco profundos como las praderas de pastos marinos y los bosques de manglares.

El tiempo empezó a empeorar, así que volvimos a la playa buceando. Había otro pez loro enorme nadando sobre la arena. ¿Qué hacía en esas aguas poco profundas? Tal vez haciendo un depósito o, más probablemente, comprobando su harén. Persiguió a una hembra más joven hasta las profundidades.

Todas las hembras eran más jóvenes. Los peces loro son hermafroditas y, tras unos años, experimentan un cambio de sexo de hembra a macho, dependiendo de la densidad de población y de las tasas de crecimiento. Durante esta transición, el uhu local pasa de un gris y rojo bastante apagados a verdes y azules que cautivan a la vista con sus patrones de color rosa, amarillo y naranja brillantes desde la boca hasta la cola. Un macho exitoso puede tener un harén de dos a cinco hembras a las que preside, protegiendo un territorio de quizá más de 900 metros cuadrados, más grande que una típica casa estadounidense. Cuando el macho muere, la hembra más grande del harén suele pasar a la fase de macho terminal y toma el control. En ocasiones, un pez cambia de sexo sin los colores llamativos. Estos machos zapatilla, como se los conoce, pueden viajar con las hembras y aparearse sin llamar la atención de los machos más grandes y vistosos.

La visibilidad empeoraba y Hixon se disculpó por la turbidez. Bowen respondió: «Cualquier inmersión, como cualquier buceo, es buena si vuelves con vida». Nos retiramos a la Kona Brewing Company para hablar de los peces loro. Un pájaro de cuello largo se acercó a nuestra mesa en busca de restos. Una garza entra en un bar...

El *Kumulipo*, el canto de creación nativo hawaiano, dice que el mundo comenzó con un solo pólipo de coral, nos dijo Hixon. Llevaba una gorra de béisbol azul marino y una camiseta de la Universidad de Hawái; sus cejas lanudas casi se posaban como orugas sobre sus gafas de sol Maui Jim. «Y creo que eso está muy bien, porque es así como comienza exactamente —dijo Hixon—. Un volcán golpea la superficie, las larvas de coral se asientan y comienza un arrecife. Me encanta».

A mí también, ya que la historia me sonaba familiar. Darwin no se quedó muy atrás de los hawaianos en la comprensión del desarrollo de los arrecifes. Intuyó que los atolones de coral, arrecifes en forma de anillo, eran los restos de los volcanes. Los corales se asientan y crecen a lo largo de la roca basáltica poco profunda de una nueva isla volcánica o monte submarino. A medida que la isla envejece, la roca volcánica se erosiona y el monte submarino desaparece. La vida se apodera de él: un anillo de arrecifes y arena construido por corales, esponjas, peces loro y aves marinas. En muchos lugares, estos atolones son todo lo que queda de islas volcánicas olvidadas hace mucho tiempo.

Los arrecifes de coral, como Alfred Russel Wallace sabía en el siglo XIX, son los bosques de los animales marinos. Cada pólipo es como una medusa boca abajo envuelta en un esqueleto de piedra caliza auto creado. Gran parte de este libro se centra en cómo los animales dan forma a los ecosistemas dominados por plantas (árboles, praderas, bosques de algas), pero, en este caso, los animales proporcionan el paisaje marino por sí mismos. Las esponjas, las plumas de mar y los gusanos de tubo gigantes también pueden formar bosques marinos.

Los corales son como agricultores oceánicos. Las hidras y las anémonas, las cuales están emparentadas con las medusas, proporcionan refugio y entregan dióxido de carbono a sus algas simbióticas y, a cambio, las zooxantelas sintetizan carbohidratos ricos en energía para sus huéspedes. Los corales no son los únicos invertebrados que cultivan; es una relación que ha surgido en el mar varias veces: muchas especies de almejas, anémonas y esponjas tienen simbiontes de algas que viven en sus células.

«Los herbívoros, los peces que comen algas, son muy importantes en los arrecifes de coral —me dijo Hixon—, porque mantienen las superficies del arrecife limpias de algas para que los corales puedan crecer». Las algas crecen más rápido que los corales, compitiendo por la luz, el espacio y los nutrientes. En algunos casos, asfixian a los corales hasta matarlos, especialmente cuando la escorrentía de la tierra los proporciona demasiados nutrientes, como las heces humanas y los fertilizantes agrícolas. Los peces herbívoros son como jardineros que quitan la maleza del arrecife, cada uno con una técnica diferente o con predilección por un tipo particular de algas. «Se necesitan diferentes herramientas de jardinería para cortar el césped y podar los setos —dijo Hixon. Los peces cirujanos mordisquean las algas de la superficie de las rocas y los corales—. Los peces loro son los que más peso levantan de los herbívoros. Yo los llamaría los cortacéspedes del arrecife».

Con sus dientes fusionados en forma de pico, los peces loro raspan y excavan el arrecife, liberando los nutrientes de los corales muertos y las algas en el agua. «Las cicatrices que dejan son donde crecen los corales bebés», dijo Hixon.

Los peces loro abren el espacio y otros peces se comen las algas. En un ciclo de retroalimentación positiva, los arrecifes de coral crean un refugio para los herbívoros. Además de consumir algas marinas y abrir áreas para nuevos corales, los peces loro proporcionan nutrientes a través de sus heces, convirtiendo a un competidor de los corales en un fertilizante para los corales. «Los corales prosperan donde hay muchos peces —dijo

Hixon—. Las heces y la orina de los peces fertilizan los corales, los cuales albergan plantas unicelulares. Un arrecife sano tiene todas estas interconexiones —añadió Hixon—. Demos gracias a Dios por los peces loro».

Mi habitación en el Lanai Suites de Coconut Island, sede del Instituto de Biología Marina de Hawái, tenía una vista impresionante de He'eia, una empinada montaña verde que se alza sobre la bahía de Kaneohe. Podía seguir los empinados surcos verdes de la montaña hasta las aguas azules, los oscuros arrecifes de coral y la arena blanca justo fuera de mi ventana.

Esas aguas cristalinas eran demasiado tentadoras. Bajé a la arena al final de una jornada laboral acortada y me puse la máscara y las aletas (mi anfitrión, Brian Bowen, me dijo que no pasaba nada si nadaba solo: «Pero no te mueras»). Hice esnórquel a lo largo del borde del arrecife poco profundo, admirando los abundantes peces pequeños: lábridos y peces mariposa, a mi ojo inexperto. Los corales parecían sanos. Estaban dominados por dos especies modestas, pero resistentes: corales arroz, con pequeños pólipos beige que se asemejaban a una vieja alfombra de pelo desde cierto ángulo y con cierta luz, y corales dedo, robustos dedos agrupados en montículos amarillentos. La bahía estaba lejos de ser prístina: aviones de carga y de combate zumbaban por encima y realizaban tomas y despegues en la Base de la Infantería de Marina de Hawái y gran parte de Coconut Island está llena de hormigón y manglares no autóctonos, pero los peces y los corales parecían estar prosperando.

Cuando le conté a Bowen lo de mi baño, me dijo que habría tenido pocos incentivos para meterme en el agua unas décadas antes. Entre los años cuarenta y setenta, los arrecifes habían desaparecido en su mayor parte. «Las aguas residuales solían ir directamente al extremo sur de la bahía —me dijo Bowen— y podían pasar semanas antes de que llegaran al mar». La penetración de la luz disminuyó, los niveles de nutrientes aumentaron y hubo nuevas actividades de dragado en la zona. La bahía, que en su día fue descrita como un jardín de coral, mostraba signos de estrés.

Subí la colina para charlar con el conspirador de Bowen en el laboratorio de ToBo, Rob Toonen. Su laboratorio había publicado docenas de artículos sobre la genética de los peces de arrecife de Hawái y los organismos marinos de todo el mundo, pero yo quería hablar con Toonen sobre su trabajo sobre la historia antinatural de la bahía de Kaneohe. Cuando Toonen llegó a Coconut Island en 2003, los arrecifes tenían muy buen aspecto. «Nunca hubiera sabido que aquí no había un arrecife de coral si no hubiera interactuado con nuestra comunidad —dijo— y descubierto la historia oral de nuestros *kūpuna* de la zona». En hawaiano, *kūpuna* significa «antepasado o anciano honrado», los guardianes del conocimiento tradicional y la historia local. Durante siglos, Hawái se gestionó con un enfoque *ahupuaʻa*, que reconocía las conexiones entre las cimas de las montañas y el mar e integraba los ecosistemas terrestres, de agua dulce y marinos.

En el siglo xx las prácticas tradicionales de la tierra, como los estanques de peces y las terrazas para recoger la escorrentía de los arroyos para las «plantas de canoa» traídas por los polinesios, como los cocos, los ñames, los frutos del pan y el taro, comenzaron a disminuir. La bahía de Kaneohe sufrió décadas de ataques: una base militar con dragados masivos; pastoreo de ganado, erosión y carga de sedimentos; y sobrepesca. Las aguas residuales de los pozos negros, las fosas sépticas y la Estación Aérea del Cuerpo de Marines de Kaneohe se vertían en la bahía. Los niveles de nitrógeno y otros nutrientes aumentaron, los niveles de visibilidad disminuyeron y las algas prosperaron. Antes de la Era Occidental, los corales cubrían el 80 % del fondo de la bahía. El número disminuyó alrededor del 60 % a medida que los sedimentos agrícolas fluían hacia la bahía. Los corales casi desaparecieron en la década de 1970 después de que se urbanizara la tierra y llegaran las aguas residuales.

Según Toonen, la bahía era como una sopa de guisantes en los setenta. Hubo grandes vertidos de aguas residuales. Los arrecifes no eran funcionales: había demasiados nutrientes, lo que provocaba que las algas se apoderaran del ecosistema, y no había suficiente penetración de luz para que los corales prosperaran.

Sin corales, los peces de arrecife (los peces loro, los peces cirujano y los peces mariposa) también disminuyeron. El pastoreo de ganado provocó la deforestación, la erosión y las cargas de sedimentos en los arroyos cercanos y, finalmente, en la bahía. El perfil clásico de Coconut Island es conocido por personas de cierta edad por los créditos iniciales de *La isla de Gilligan* y se me ocurrió que en el momento en el que se grabó, la isla estaba rodeada de aguas residuales.

Los arrecifes sufrieron un duro golpe en aquellos años al igual que la cultura hawaiana. Toonen me sugirió que hablara con Kawika Winter, un profesor de ecología biocultural en la Universidad de Hawái. Coconut Island es pequeña, así que caminé bajo las palmeras hasta la oficina de Winter.

«En los años cincuenta y sesenta, ser hawaiano significaba ser ignorante —me dijo Winter. Estábamos sentados en una sala común fuera de su oficina; él vestía una camisa hawaiana, pantalones cortos y chanclas—. Conoces todos los estereotipos: perezosos, con bajo coeficiente intelectual y propensos a la delincuencia. No había orgullo en ser hawaiano». En los setenta, eso empezó a cambiar. «El renacimiento hawaiano se inspiró en el movimiento indio americano y en la ocupación de Alcatraz [isla] —dijo Winter—. Un grupo de personas que tendrían la edad de mis padres, yo nací en el setenta y seis y eso fue justo cuando todo esto estaba sucediendo, estaban empezando a ocupar islas».

Había un creciente sentimiento de la entidad indígena, ha escrito Winter, basado en el concepto de *aloha 'āina* o «amor por la tierra». Durante la década de 1970, después de décadas de «explotar la cultura hawaiana para atraer turistas», dijo Winter, hubo un renacimiento del idioma, las artes, la cultura, la filosofía y la espiritualidad hawaianas. «Hubo un gran resurgimiento del orgullo de ser hawaiano, incluidas las prácticas tradicionales y culturales de la administración de la tierra». Entre estas prácticas se encontraba el concepto de *kapu,* que restringía la pesca en determinadas épocas del año (los infractores se enfrentaban a penas extremadamente duras, especialmente en torno a la temporada de desove) y fomentaba el intercambio entre comunidades.

En 1974, aumentó la presión para reducir los desechos humanos en la bahía. Junto con la promoción de las prácticas tradicionales hawaianas de gestión de los sistemas ecológicos, desde las cordilleras hasta los arrecifes, se produjeron cambios federales en la forma de gestionar la contaminación del agua. En 1979, las aguas residuales se desviaron a aguas más profundas en alta mar. «Se ve cómo la bahía empieza a limpiarse —dijo Toonen— y se ve un cambio en la estructura de la comunidad». Los niveles de nutrientes, la turbidez (opacidad) y el número de fitoplancton y de otras algas más grandes disminuyeron, creando circunstancias mucho mejores para los corales que quedaron. La cobertura de coral de la bahía aumentó del mínimo del 10 % al 60 %. Limitar el dragado y proteger a los peces locales también mejoró la salud de la bahía, tanto fue, que los jóvenes científicos de hoy no tienen idea de lo mal que estaba hace apenas cincuenta años.

La recuperación de los arrecifes hawaianos es una cosa; la restauración de los bosques nativos es otra muy distinta. Me llamó la atención la abundancia de coloridos peces de arrecife y corales azules, rosas y morados en el agua. Pero cuando hice senderismo por los bosques hawaianos, había pocos destellos de color y reinaba la tranquilidad, excepto por los cantos de algunas aves no autóctonas, como el shama culiblanco; un eco melodioso en un bosque vacío. Los cerdos podrían haber llegado con los polinesios. Las ratas aparecieron en oleadas procedentes de otras islas del Pacífico y también con los europeos. Sin importar su pedigrí, destruyeron el hábitat, se alimentaron de aves y favorecieron la propagación de mosquitos por las islas. Hawái ha perdido dos tercios de sus aves nativas desde que llegaron los humanos, hace unos mil seiscientos años, y muchas de ellas desaparecieron tras la introducción de la malaria aviar, probablemente a causa de las larvas de mosquitos en el agua potable de los barcos balleneros. «La antigua Hawái es un fantasma que acecha las colinas», escribió E. O. Wilson en *El futuro de la vida*, «y nuestro planeta es más pobre por su triste retirada».

«La sabiduría nativa hawaiana nos enseña que los cambios en la tierra tienen un impacto en el océano —señaló Kawika Winter—, pero ¿cómo afecta la salud del océano a la salud de la tierra? Esa conexión para mí son las aves marinas. Las aves ennegrecían los cielos de estas islas y, cuando lo hacían, depositaban muchos nutrientes en el bosque». Los bosques coevolucionaron con este fertilizante de origen marino, que, según Winter, era «como un tiro directo al sistema radicular». Estas aves marinas como el 'ua'u (el petrel hawaiano) y el 'a'o (la pardela de Newell), a menudo excavan en la base de los árboles, pero cuando las aves desaparecieron, los bosques fueron invadidos por especies invasoras. «Nuestro único bosque nativo que queda está en la cima de las montañas», Winter dijo, pero las especies invasoras siguen extendiéndose cuesta arriba a medida que el clima se calienta. Los árboles nativos no son tan resistentes y fuertes como deberían ser «porque no están recibiendo las dosis de fertilizante de guano con las que coevolucionaron —señaló—. No es de extrañar que nuestro bosque esté en problemas». La gente piensa que se pueden talar árboles y replantar especies nativas, pero no siempre funciona así, señaló Winter. Está la cuestión de la pérdida de los regímenes de nutrientes y las micorrizas, los simbiontes fúngicos que rodean las raíces de los árboles, que podrían resultar dañadas o destruidas. «¿Cuáles son los elementos ocultos del sistema que hay que restaurar para que las partes visuales del sistema puedan sobrevivir? —preguntó Winter—. Yo veo a las aves como una parte importante de esa historia».

No solo se pierde la transferencia de nutrientes, sino también las conexiones culturales. «Los cantos de creación hawaianos —señaló Winter— dan cuenta del nacimiento de las islas, de la biodiversidad de sus tierras y mares, y del pueblo hawaiano». Todos ellos son *kūpuna*, ancianos y antepasados, con un parentesco que se extiende más allá de los humanos hasta la flora y la fauna. Los hawaianos todavía cantan sobre aves que ahora están extintas, porque se conservan en los viejos cantos y hulas. «Cantamos estas canciones —dijo Winter— y nadie sabe siquiera cómo eran estas aves. Ni siquiera nuestros mayores saben cómo sonaban estas aves, porque hace mucho tiempo que se fueron».

La cultura hawaiana es dinámica y evoluciona, como todas las culturas del planeta. «Nuestro idioma está vivo y la gente está escribiendo nuevas canciones en hawaiano que no hablan de los pájaros que hemos perdido», dijo Kawika Winter. Él llama a esto «coextinciones» y con razón. Así como la pérdida de un animal puede significar la pérdida de sus parásitos, depredadores y función ecosistémica, la pérdida de uno de los pájaros de Hawái es la pérdida de cultura: historias, canciones, tradiciones.

«Hay un hula que alguien compuso, una danza tradicional, que trata sobre la rana coquí», una especie introducida accidentalmente en Hawái desde Puerto Rico en la década de 1980. «Por supuesto, tiene sentido —dijo Winter—. Creamos arte sobre los sistemas que nos rodean. Ahora estamos haciendo bailes y canciones sobre las ranas coquí porque la biodiversidad y el bosque donde nuestros antepasados hacían canciones ya no están. Hemos visto la extinción de esas canciones e ideas. Todas las especies tienen lecciones que enseñar y están codificadas en nuestro lenguaje y en las canciones. Pero esas lecciones están desapareciendo».

Las directrices federales y el *aloha 'āina* local ayudaron a restaurar la bahía de Kaneohe. Centrarse en la restauración de la vida silvestre y en la reducción del impacto de las especies invasoras, como los cerdos salvajes, podría hacer lo mismo en las tierras de Hawái. Kawika Winter ha estado trabajando con los administradores y cazadores locales para crear zonas libres de cerdos, lo que beneficia a los animales y plantas autóctonas y en las zonas donde se fomenta la caza, se hacen un poco más accesible a los cerdos mediante la creación huecos en las vallas por los que puedan entrar, pero no salir. «Fue una victoria para las plantas, una victoria para los administradores y una victoria para las familias hawaianas —dijo Winter—. Así pueden cazar de forma más eficiente».

Cuando salí de la oficina de Kawika Winter, miré las aguas azules que rodean la isla. Pensé en una frase de un canto hawaiano: *Cuida del océano y el océano cuidará de ti.* Era hora de ir a nadar.

La costa sur de Long Island puede parecer lo opuesto a las playas biogénicas y las aguas cristalinas de Hawái. Pero la costa ha sufrido un abuso similar. En la década de 1970, los lodos llegaban a la famosa Jones Beach de Nueva York. Hubo informes de aguas residuales humanas, mareas negras, desechos médicos, agujas hipodérmicas en la playa y en el agua como resultado de años de enviar los problemas de la ciudad al mar. Después de la revolución sanitaria de finales del siglo XIX, muchos municipios comenzaron a verter sus aguas residuales en alta mar o a canalizarlas hacia las vías fluviales cercanas. Y en 1938, las ciudades de Nueva York y de Nueva Jersey empezaron a enviar sus aguas residuales a más de diecinueve kilómetros de la costa hasta el vertedero 106, justo al lado de la bahía de Nueva York. En los años setenta y ochenta, depositaron una media de 8 millones de toneladas de lodo al año en la plataforma continental (mi abuelo que fue capitán de un remolcador, podría haber llevado algunas de las barcazas con su tripulación allí). Gran parte de los lodos permanecieron en la superficie, lo que provocó un aumento de los niveles bacterianos. Los lodos que se hundieron contaminaron el fondo marino con metales pesados.

Los efectos de la brillante y valiente legislación federal de los años setenta (incluidas la Ley de Agua Limpia, la Ley de Protección de Mamíferos Marinos, la Ley de Especies en Peligro de Extinción y la Ley Magnuson-Stevens de Conservación y Gestión de la Pesca) son ahora visibles en toda la ciudad de Nueva York. La Ley de Agua Limpia impuso regulaciones estrictas sobre lo que las plantas de tratamiento de aguas residuales y las fábricas podían descargar en el puerto. El transporte marítimo de lodos se detuvo en 1992. La calidad del agua mejoró.

Y al igual que en la bahía de Kaneohe, los resultados de los nuevos métodos de gestión han sido asombrosos. Las sardinas, el pez forrajero en la base de las redes tróficas de agua dulce y marina, comenzaron a regresar a medida que los ríos se limpiaron y se redujeron las prácticas pesqueras insostenibles. Después de décadas de ausencia, las ballenas jorobadas regresaron a las aguas cercanas a la ciudad de Nueva York para alimentarse de las grandes bolas de cebo de estos peces esenciales. Las ballenas de aleta, las ballenas francas y los tiburones martillo también están regresando. Los delfines comunes cazan en el río Bronx; las águilas calvas y las águilas pescadoras son de nuevo imágenes comunes en el Hudson.

Una ballena jorobada saltando del agua en la ciudad de Nueva York.
(Artie Raslich / Gotham Whale)

Hay decenas de millones de ostras alrededor del puerto de Nueva York, muchas de ellas instaladas por el Proyecto Mil Millones de Ostras que ha estado trabajando para restaurar mil millones de estos clásicos ingenieros del ecosistema en la ciudad para 2035. Estamos acostumbrados a pensar en los estuarios de la costa este como turbios, ricos en fitoplancton. Pero los arrecifes de ostras alguna vez filtraron bahías enteras cada tres días; ahora es más como una vez al año. El proyecto ha plantado 75 millones de ostras en dieciocho lugares de restauración con la ayuda de estudiantes de secundaria y voluntarios. Cada ostra puede filtrar casi ciento noventa litros de agua de mar al día, amortiguar las olas de las tormentas y construir arrecifes para otras especies nativas como los cangrejos azules, los percebes y las gambas de orilla. Se están llevando a cabo esfuerzos similares en el puerto de Boston y otras zonas urbanas; ahora la gente puede nadar en aguas donde antes se vertían miles de millones de litros de aguas residuales al año. Las ballenas han vuelto y también los nadadores y los surfistas. Es un trabajo en curso, pero la economía costera de estas zonas ha pasado de basarse en la extracción (pesca comercial) y el vertido al mar (aguas residuales y otros contaminantes) a una economía diversa que incluye la administración, la observación de la vida silvestre y la recreación.

A lo largo del siglo xx, e incluso antes, cada generación estaba acostumbrada a la pérdida de tamaño y abundancia de peces, aves y otros animales salvajes. Un biólogo que empezó en la década de 1960 probablemente recordaba haber visto peces más grandes y fauna más abundante al principio de su carrera que al final. Pero a sus padres, los peces de su juventud les habrían parecido insignificantes y escasos. El biólogo marino Daniel Pauly llamó a esto el «síndrome de la línea de base cambiante»: cada generación establece una línea de base más baja que la anterior.

Pero las líneas de base también pueden *elevarse*. En todo el mundo, coaliciones de agencias gubernamentales, grupos indígenas, organizaciones sin ánimo de lucro y voluntarios locales han trabajado juntos para restaurar los ecosistemas y los animales que los construyen. Un joven biólogo del siglo xxi podría ver ahora una abundancia mucho mayor de pavos salvajes, águilas, aves costeras, ballenas y focas que sus padres o abuelos. Tener estos animales cerca tiene beneficios espirituales y para la salud; como señaló Leroy Little Bear, el regreso del búfalo devolvió parte de la cultura de los pies negros a la vida. De cierta manera, las personas se vuelven otra vez salvajes. Para una nueva generación, estas líneas de base que se elevan (las jorobadas que saltan en el puerto, los halcones peregrinos que se abalanzan sobre los rascacielos, los caimanes que nadan por el canal) nos devuelven la naturaleza.

8

EL ÁRBOL CANTARÍN

Evoca el flujo de los animales en la vida cotidiana. Para muchos de nosotros, las ballenas, los bisontes y otros animales de la megafauna rara vez se ven y, cuando sí se ven, a menudo se observan desde lejos, tal vez mientras estamos de vacaciones. Más cerca de casa, se puede ver una ardilla saltando por el travesaño superior de una valla de tela metálica. Si es primavera, es posible que veas hormigas: hormigas de jardín moviéndose en fila desde un melocotón podrido en el fregadero hasta un agujero invisible en el alféizar de la ventana de la cocina. Hormigas del pavimento pululando cerca de un hormiguero en la acera. Hormigas cortadoras de hojas esculpiendo un hueco en el suelo del bosque.

Contando en cuatrillones, las hormigas son cosechadoras, agricultoras y superorganismos. Algunas usan hongos para convertir el nitrógeno atmosférico en biomasa de hormigas, la respuesta artrópoda a Haber-Bosch. Las hormigas cortadoras de hojas cultivan un jardín de hongos entre las hojas de su nido y los hongos y las bacterias proporcionan alimento y nitrógeno a las cortadoras de hojas.

Según algunas estimaciones, me dijo el entomólogo Nate Sanders, más de la mitad de las especies vegetales del sotobosque de los bosques dependen de las hormigas para dispersar sus semillas. «Una vez hicimos un experimento en el que pusimos semillas en el suelo y observamos lo que sucedía —dijo Sanders—. Más del 90 % o, más bien, el 99 % de las semillas fueron transportadas por una hormiga». ¿Qué hace esa hormiga con la semilla? «La lleva de vuelta a su nido, arranca las recompensas ricas en nutrientes y se las entrega a sus hermanas y a las que pronto serán sus hermanas», dijo Sanders. Luego saca esa semilla del nido y la deja en un montón de basura junto con los desechos que han recogido del suelo del bosque. «Así que la planta madre no solo ha dispersado sus semillas, sino que las hormigas las depositan en un trozo de tierra fertilizada. Las hormigas son las que mueven verdaderamente los hilos de la ecología».

Para aquellos de nosotros que vivimos en ciudades y en pueblos, los puntos calientes de la naturaleza pueden parecer lejanos. Pero también hay momentos calientes y muchos de nosotros podemos oírlos más allá de la puerta mosquitera. No es necesario ir a una isla volcánica lejana o a un parque nacional remoto para ver cómo los animales hacen el planeta. Está sucediendo en tu patio trasero, al final de la calle, en el parque a unos metros de distancia. Cuando comencé a escribir este libro, uno de los movimientos de biomasa animal más grandes y quizá más ruidosos del planeta estaba a punto de ocurrir a pocas horas de mi casa. Salía en las noticias casi todos los días: la locura de las cigarras. Antes de la emergencia en 2021, hubo un revuelo mediático que rivalizaba con los cantos de apareamiento de las propias cigarras. Llegaron a los titulares de los programas de televisión matutinos, las revistas semanales y los periódicos de todo Estados Unidos. Un periodista científico de PBS abogó por la empatía hacia las cigarras que contrajeron el hongo *Massospora*: «Imagínate que, después de toda una vida bajo tierra, solo te quedan unas gloriosas semanas para vivir al sol, comer y aparearte. Y entonces se te cae el culo».

En mayo de 2021, billones de cigarras periódicas conocidas como Brood X (X por el número 10) emergieron de su encierro de diecisiete años, un pulso que se produjo desde Indiana hasta Nueva Jersey y Georgia. En ese momento, millones de seres humanos y yo habíamos estado en diversas formas de encierro durante los últimos catorce meses. La aparición de las cigarras me pareció una oportunidad para emerger también: tenía que verlas por mí mismo.

Las cigarras tienen el ciclo de vida más largo de todos los insectos. Los adultos que esperaba ver se habían escondido bajo tierra como ninfas sin alas en 2004, antes de que naciera mi hija, ahora adolescente. Habían pasado casi toda su vida bajo un solo árbol, un arce azucarero, tal vez, o un roble blanco, a treinta o cuarenta centímetros bajo la superficie, alimentándose de los fluidos que corren por las raíces, principalmente agua, un poco de azúcar y otros nutrientes. Después de diecisiete años, a principios del verano, cuando los días se alargan y se vuelven un poco más húmedos, y la temperatura del suelo sube a unos sesenta y cuatro grados, salen del suelo, dejando atrás tubos de arcilla o «chimeneas» que parecen simples castillos de arena.

En 2004, los investigadores contaron 356 cigarras emergiendo en un solo metro cuadrado de tierra, aproximadamente del tamaño de una toalla de baño. En algunas zonas, en una sola hectárea, más de un millón de estos insectos de unos 5 centímetros se abrieron camino desde el suelo.

Antes de irme a Maryland, que tiene una de las densidades más altas, llamé a Louie Yang a su laboratorio de la Universidad de California, Davis. Yang había escrito un artículo en *Science* sobre los recursos que proporcionan las cigarras periódicas poco después de su última aparición en 2004. Estamos acostumbrados a ver poblaciones explosivas de insectos, como la polilla lagarta peluda y las langostas, que arrancan las hojas de los bosques y arrasan las tierras de cultivo, pero los efectos de la mortalidad masiva pueden ser difíciles de determinar cuando se trata de insectos. «Las cigarras han cambiado un poco las reglas del juego», dijo Yang.

Las cigarras comen lentamente (herbívoro crónico, como lo llama Yang) durante un período de unos diecisiete años. Muy pocos ecologistas observan esos cambios incrementales a lo largo del tiempo, ya sea el sorbo de savia de las raíces de un árbol o la muerte ocasional. Los brotes de insectos con una consumición de plantas intensiva y daños visibles acaparan toda la atención. «El efecto fertilizante de la mayoría de los insectos no es realmente perceptible —dijo Yang—, porque los insectos muertos caen al suelo todo el tiempo». Es más como una llovizna constante que un huracán. Pero no es así con las cigarras.

La fertilización pulsada dramática de las cigarras muertas las hace diferentes de prácticamente todos los demás insectos de la Tierra. Se parecen más a los salmones, que tienen un único pulso final, que a, digamos, los pulgones o las hormigas. La aparición de las cigarras periódicas se documentó en el primer volumen de la primera revista científica del mundo. En 1665, la *Philosophical Transactions of the Royal Society of London* informó de «enjambres de extraños insectos», lo que correspondería a hace veintiuna generaciones para la Brood X. Las cigarras muertas se amontonaban hasta una profundidad de siete a diez centímetros en camas y mesas.

«Dejaban un hedor increíble —dijo Yang, pero el amontonamiento le hizo pensar—. Por lo que pude ver, la gente no había pasado mucho tiempo estudiando lo que les sucede después de caer al suelo». Yang descubrió que la hojarasca de las cigarras, como él la llamaba, aumentaba la biomasa microbiana y la disponibilidad de nitrógeno en los suelos forestales, subsidios que impulsan el crecimiento y la reproducción de las plantas forestales. Las cigarras periódicas crean así fuertes vínculos recíprocos entre los componentes aéreos y subterráneos del bosque. Tenía ganas de verlo por mí mismo.

Era mi primer viaje por carretera desde el comienzo de la pandemia de la COVID, unos catorce meses antes, lo que era una tontería para una cigarra subterránea. Me subí al coche y empecé un nuevo audiolibro, la novela del siglo XIX de Machado de Assis *Memorias póstumas de Brás Cubas*. Él abre su libro con una dedicatoria:

A la lombriz que primero roía la fría carne de mi cadáver, dedico como cariñoso recuerdo estas memorias póstumas.

Me encantó desde el principio.

Dan Gruner vive en una anodina casa de ladrillo en un mar de viviendas unifamiliares no lejos de la Universidad de Maryland y del río Anacostia en Silver Spring. Me presenté en su casa una cálida tarde de principios de junio. Con una camiseta que decía *magicicada* y una gorra de béisbol, me llevó a su porche trasero para charlar. Había tanto ruido como en un bar lleno de gente.

«Los árboles de la calle se volvieron locos la primera semana —gritó Gruner a medias—. Sus raíces están debajo de la carretera y el pavimento de las aceras, así que hace calor y hay mucha luz. —Entramos en su patio trasero—. Todavía están saliendo aquí, en la sombra. Esperaron unas dos semanas después de los de los árboles de la calle principal». Se ofreció a mostrarme algunas chimeneas de cigarras en el camino detrás de su casa, pero el acceso estaba bloqueado por bambú invasor: «No sé si te apetece saltar la valla».

Salté la valla.

A lo largo del sendero boscoso, el coro de cigarras parecía tan fuerte como una pista de aterrizaje en el aeropuerto JFK. La generación X está formada por tres especies de *Magicicada*: «Primero aparece la *septendecim* —dijo Gruner—, después la *cassini* y, por último, la *septendecula*». Este patrón se repite cada diecisiete años. Mientras Gruner, entomólogo de la Universidad de Maryland, recitaba sus nombres, me parecían meros epítetos científicos; el aire zumbaba con cigarras y todas sonaban igual. Al principio.

Gruner hurgó entre la hojarasca y desenterró unas cuantas chimeneas de donde las cigarras habían salido recientemente. Al principio, las ninfas son mitad Joker, mitad Groucho: ojos rojos, cuerpo y alas blancas y cejas gruesas y oscuras. El pigmento oscuro de la melanina es caro, así que ¿por qué desperdiciarlo bajo tierra, donde pasaría desapercibido? Una vez emergen, dejan atrás caparazones huecos de color marrón que a menudo quedan adheridos a las ramas de los árboles mientras se desarrollan sus nuevos y elegantes cuerpos negros. Sus ojos permanecen de color rojo brillante en lo alto de su cabeza con una mirada permanente. Al mirar a mi alrededor, se me ocurrió que estos insectos eran un mensaje del subsuelo empaquetado en un exoesqueleto.

Las cigarras son voladoras torpes. Cruzar una carretera tranquila puede ser un desafío para ellos y mucho más una autopista con mucho tráfico. Hice una mueca cuando golpeé a algunas en la interestatal de camino a la casa de Gruner. Son demasiado lentas para evitar a los depredadores y una hipótesis principal para el ciclo de diecisiete años es que ayuda a reducir las posibilidades de que alguno de los muchos depredadores de la cigarra pueda adaptarse a él. Al principio, los omnívoros e insectívoros locales respondieron a la abundancia de comida. Los carboneros, las ardillas, las arañas y las serpientes se aprovecharon del bufé. Un gato se zampó una cigarra entera; sus bigotes zumbaron como un despertador de los dibujos animados hasta que bostezó y soltó a la cigarra. Vi a un grajo bronceado abalanzarse y agarrar una cigarra por las alas. Si los años anteriores eran indicativos, habría un *baby boom* de aves a finales del verano como resultado del alimento extra.

Pero una vez que los depredadores se saciaron, el resto de las cigarras, parte quizá de la mayor emergencia de insectos del planeta, fueron ignoradas en su mayoría. Louie Yang estima que la proporción de cigarras devoradas por los depredadores es «enormemente pequeña, menos de una décima parte del 1 %». Así que se quedaron a su suerte. Sus largas y negras garras están perfectamente diseñadas para aferrarse a ramas y tallos, lo que les permite permanecer inmóviles, gastando poca energía, durante horas.

Gruner y yo nos detuvimos en un arce plateado de camino a su casa. Era un árbol viejo, de unos veintisiete metros de altura, apoyado contra una oxidada valla de tela metálica. El vecindario había sido ajardinado con cientos, quizá miles, de casas de ladrillo rojo de una sola planta. Aquí, en la parte trasera de una casa de una sola planta en lo que podría haber sido cualquier patio trasero estadounidense, se encontraba un árbol cantarín.

Con su voz perdiéndose ocasionalmente en la pared de sonido, Gruner me ayudó a distinguir los cantos de las cigarras. Una especie, *M. septendecula,* suena como una pistola láser japonesa: ¡pim, pim, pim! El sonido de *M. cassini* es más difícil de describir; es un chasquido lento seguido de un zumbido fuerte que va *in crescendo* a medida que cientos de otras cigarras se unen. La *M. septendecim* tiene el sonido más inquietante, como un grito alienígena wheeee-oo por la tarde (también lo he oído describir como phaaaaaaar-oah). Sus sonidos superaban cualquier otro ruido, tanto el canto de los pájaros como el tráfico de la tarde y casi ahogando nuestra conversación. La calidad fuera del tempo de los racimos hacía que se sintiera tridimensional. Estábamos en el paisaje sonoro de la cigarra. Su llamada y respuesta parecían elevar el árbol, la raíz y la rama hacia el cielo de la tarde.

Gruner miró su teléfono. «Ochenta decibelios», dijo, tan alto como una calle concurrida o un restaurante ruidoso. A menudo pensamos en la naturaleza como algo tranquilo, pero un planeta sano es ruidoso. El aire de Surtsey resuena con los cantos de las gaviotas y los fulmares cuando traen nutrientes del mar. La exhalación de una ballena en la niebla puede ser tan abrumadora que te envuelve, haciendo difícil encontrar la dirección del soplo o la columna fecal que eventualmente seguirá. El sonido de los peces loro que mastican corales puede llenar el arrecife en Hawái. Por la noche, en el río Suwannee, la llamada de un búho puede ser tan penetrante que causa una descarga de terror y luego, asombro. Más cerca de casa, en Vermont, las ranas anuncian las estaciones: las ranas de bosque croan como patos al final del invierno cuando la tierra comienza a descongelarse, las *Pseudacris crucifer* o «ranas de primavera» dan vida a las charcas primaverales y los cantos profundos de las ranas arbóreas grises se cuelan por la mosquitera del dormitorio en las calurosas noches de verano.

Silver Spring no era el Masái Mara ni Yellowstone. En cierto modo, era más hermoso. El arce que habíamos encontrado vibraba con las cigarras, cuyas alas hacían girar la luz del sol de la tarde en un bronce bien pulido. A veces, parece demasiado obvio estudiar la más mega de la megafauna, como las ballenas barbadas, o buscar a los más carismáticos como los leones, los tigres y los elefantes, cuando estos diminutos cantantes deberían merecer nuestro respeto y atención. El asombro surge en los lugares más extraños y también en los más comunes. Un destello verde sobre un rompeolas en ruinas; un árbol cantor en los suburbios. Las palabras *Tarde de verano, tarde de verano* corrieron por mi cabeza. No dudé de Henry James aquí; eran «las palabras más hermosas de la lengua inglesa».

Las cigarras, por supuesto, nos ignoraban mientras vivían sus breves vidas en la superficie. Eran cigarras mágicas, con la música a todo volumen y un poco de romance. «Es lo que hacen cuando tienen diecisiete años», bromeó el entomólogo Mike Raupp en la televisión pública de Maryland. Hacer ruido estimula su metabolismo; cuanto más cantan, más agua y azúcar procesan.

Al igual que habían estado haciendo bajo tierra durante años, las cigarras se conectaron al xilema de los árboles, los vasos que transportan agua y nutrientes desde las raíces hasta los brotes y las hojas. Utilizan el líquido del xilema, esencialmente agua azucarada diluida, para enfriarse por evaporación, de forma similar a como sudamos nosotros o jadea un perro. Mientras cantan, liberan más agua y procesan más xilema.

«Me acaban de mear encima». Gruner se rio. Miramos hacia el sol y vimos un arcoíris de pis refractado en la luz de la tarde.

Incluso en lugares secos como el desierto de Mojave, las cigarras pueden acceder a la capa freática subterránea profunda accediendo al xilema del mezquite. Cuanto más absorben, más liberan. «Es como un sistema de riego entomológico», dijo Gruner.

Que yo sepa, el papel ecológico de la orina de las cigarras sigue sin explorarse. No obstante, llovería durante gran parte del comienzo del verano en Silver Spring.

Pronto las hembras pondrían sus huevos en ramitas del tamaño de un lápiz en ordenadas filas blancas de hasta seiscientos huevos. Y cuando las diminutas ninfas sin alas eclosionen, según Raupp, saldrán despedidas, caerán unos veinte metros, rebotarán dos veces y luego se meterán bajo tierra durante los siguientes diecisiete años.

Me detuve en un pequeño parque al borde de la carretera después de mi visita a la casa de Gruner. Todo el mundo hablaba de las cigarras. Habían llegado como una ventisca o una tormenta. Había un enorme nogal en medio del campo y los niños deambulaban a su alrededor, comentando los cantos de las cigarras, su vuelo y cuánto tiempo estarían por allí.

Cuando volví a mi coche, oí un grito terrible. Salté del asiento del conductor y me sacudí contra el cuello de la camisa. ¡Wheee-oo! Volvió a zumbar.

Una cigarra se había metido en el coche. Estoy bastante seguro de que mi autoestopista era una *Magicicada septendecim,* la más grande y quizá la más ruidosa de las tres especies. Gruner fue un buen mentor.

¡Wheee-oo!

Mientras conducía de vuelta al norte, me enteré de que las cigarras habían desaparecido en algunos lugares. Recordé el ensordecedor canto de la *Magicicada* en Long Island, a las afueras de Nueva York, en 1987. En 2020 habían desaparecido casi por completo. Un amigo de Englewood, Nueva Jersey, al otro lado de la ciudad, dijo que una fiesta en la calle planeada para junio de 2004 tuvo que ser cancelada porque la acumulación de cadáveres alcanzaba los ocho centímetros de profundidad y el hedor de la muerte era demasiado fuerte para las barbacoas. Este año, me informó con tristeza, no se veían ni se oían por ningún lado. Las poblaciones cercanas a Filadelfia y en Long Island no lograron emerger.

Al otro lado del puente George Washington, oí una triste llamada desde el morro de mi coche de alquiler. Mi compañera cigarra, u otra, parecía haberse metido en la rejilla de ventilación. Zumbaba débilmente desde detrás de la rejilla y los sonidos se hacían más suaves a medida que entraba en Nueva York.

Gran parte de este libro trata sobre viajes de larga distancia, miles de kilómetros sobre océanos, ríos y continentes. Pero también hay viajes locales, como los que hacen las cigarras, y son importantes. Cuando estaba en la universidad de Florida, el mastozoólogo John Eisenberg dio una conferencia sobre los perezosos. «Aproximadamente una vez a la semana, descienden al suelo del bosque para defecar», nos dijo. Eso es un momento muy importante para estos devoradores de hojas y un viaje lento, dolorosamente lento desde el punto de vista de un humano, de una hora de duración desde el rico y seguro dosel arbóreo hasta una letrina en el suelo del bosque. En el suelo, los perezosos sin cola dejan sus heces encima de la hojarasca; los que tienen cola hacen agujeros en las hojas para depositar su caca.

Además de las habituales moscas, garrapatas y piojos chupadores de sangre, los perezosos albergan una gran comunidad de artrópodos, muchos de ellos específicos a los perezosos. Se han encontrado cerca de mil escarabajos en el pelaje de un solo perezoso, agrupados alrededor de los codos y las rodillas. Las polillas adultas pasan la mayor parte de su vida en el pelaje de los perezosos, escondiéndose de las aves depredadoras y sobreviviendo con la piel muerta y las algas que crecen en el pelo. Muchos de estos insectos también pasan parte de su vida en el excremento de los perezosos en la base de los árboles. Los escarabajos y las polillas depositan sus huevos en el excremento; las larvas se alimentan exclusivamente de las heces.

La motivación detrás del movimiento vertical de los perezosos sigue siendo un misterio. ¿Están marcando su territorio? Parece poco probable; los perezosos son arborícolas y un perezoso nómada no tendría por qué encontrarse con la marca. Otros han sugerido el motivo opuesto: al enterrar sus heces, intentan pasar desapercibidos ante los depredadores. Caca sigilosa. ¿O estaban fertilizando la base de los árboles de los que dependían, sustentando las polillas y algas que vivían en su pelaje? Quizá se comieron un poco de tierra en su viaje a la Tierra.

Cada noche, billones de organismos acuáticos —desde diminutos copépodos, un millón de los cuales cabrían en una taza de café, hasta lanzones, peces de quince centímetros de largo que se entierran en el fondo marino— se trasladan desde la relativa seguridad de las aguas más profundas, donde pueden moverse inadvertidos en la oscuridad, hasta la superficie. Aquí, el zooplancton herbívoro, como los copépodos y el krill, se alimenta de fitoplancton y los carnívoros, peces forrajeros como el lanzón y el arenque, se alimentan del zooplancton. Este movimiento vertical diario de treinta metros o más es la mayor migración del planeta, superando a la de las ballenas azules y a la de los ñus en términos de número y biomasa. A medida que estas criaturas se mueven, defecan y mueren, como el resto de nosotros, alimentándose en la superficie por la noche y descansando debajo en la zona afótica profunda durante el día.

Este movimiento mejora la bomba biológica y tiene ramificaciones para el ciclo del carbono: cuanta más caca y muerte haya cerca del fondo en esta migración diaria, más carbono se puede almacenar o salvaguardar en las profundidades del mar. Los peces migratorios pueden trasladar alrededor de 1 500 millones de toneladas de carbono cada año desde la superficie del océano hasta sus profundidades a través de sus excrementos y su migración (la industria de la aviación emite alrededor de mil millones de toneladas de carbono cada año). No todo esto permanecerá en las profundidades marinas durante cien años, el estándar de oro de almacenarlo, pero tal vez el dióxido de carbono se mantendrá fuera de la atmósfera el tiempo suficiente como para que los humanos nos pongamos las pilas. Quizá.

—¿Tengo un ala colgando de la boca?

—No es un ala. —Bun Lai sacudió la cabeza al presentador de la CNN—. Es una pata.

Brianna Keilar hizo una pausa para quitársela de entre los dientes.

—No creo que mi marido me bese después de esto.

—Yo besaré a tu marido —respondió Bun sin perder el ritmo.

Durante un momento particular cerca del centro de la locura de las cigarras, Bun se encontró a sí mismo como el chef de moda. Los depredadores de los insectos podrían haberse estado poniendo las botas, pero los medios de comunicación seguían hambrientos de cigarras. Bun condujo toda la noche para cocinar cigarras para el *New York Times,* se levantó temprano para aparecer en la CNN y pasó una tarde en el estudio de *Science Friday* en la Radio Pública Nacional.

—La idea de comer insectos se basa en la sostenibilidad —dijo en la CNN—. Vamos a tener que cambiar la forma en la que comemos —dijo mientras se quitaba una pata de cigarra de la comisura de la boca— animales.

Al final de mi safari de cigarras en Maryland, decidí pasarme por casa de Bun, uno de mis insectívoros favoritos, para un interludio culinario. Hacía poco que había cerrado el restaurante de sushi de su familia en New Haven y había empezado a trabajar desde casa. Su nuevo proyecto, Miya's in the Woods, era un espacio fluido, más una incubadora de alimentos que una granja. Colegas, amigos y becarios iban y venían.

«Soy un jardinero terrible», dijo mientras caminábamos hacia su jardín. Pasamos por una guirnalda de cigarras ahumadas en cedro que colgaba en el patio y giramos rápidamente a la izquierda, solo había un par de herbívoros bípedos pastando en sus terrenos descuidados. Bun, con una camiseta negra y gafas de montura gruesa del mismo color, arrancó un poco de berro amargo. Pasamos junto a unas coles que crecían casualmente a través de una malla de alambre. «A veces simplemente derramo las semillas», reconoció.

A Bun le encantaban los cenizos y las acederas, plantas espontáneas que habían saltado la valla y ocupado un trozo del jardín. «La mejor comida no está en el jardín; está a su alrededor —dijo. Junto con el berro amargo y la col rizada, recogimos un poco de mostaza de ajo, artemisa y menta—. La sopa que vas a tomar está hecha de malas hierbas». Cuando volvimos a su desordenada cocina, que también servía de despacho y sala de conferencias, Bun preparó una comida rápida de salmón feroés y sopa de miso, que ganaba riqueza con las malas hierbas que habíamos cosechado.

La ensalada estaba hecha de verduras silvestres con un fuerte conjunto de compuestos secundarios amargos.

Me sirvió un chupito de su sake Flaming Cock y me entregó una botella para que me la llevara a casa. «Tiene aceitunas de otoño». El fruto de un árbol invasor. Disfrutamos de la comida, pero me preguntaba por el plato principal.

—¿Y los bichos? —pregunté.

«Casi se me olvidan las cigarras», dijo Bun. Calentó un wok en la cocina. «Los japoneses veneran a los insectos —dijo. Había pasado sus primeros años en Kyushu, Japón—. Las cigarras y las libélulas representan el verano. Solíamos trepar a los árboles con grandes redes, atrapar cigarras y meterlas en nuestras cajas de insectos. Las mirábamos un rato y luego las soltábamos. En Japón, siguen saliendo miles de millones, incluso en medio del desarrollo». El trabajo de Bun, que va desde comer insectos hasta desarrollar un nuevo enfoque del sushi que hace hincapié en la sostenibilidad y la salud, da un pequeño paso para que los humanos se integren en los ciclos de los que hemos estado hablando aquí. Más insectos y menos granjas industriales y pesquerías mal gestionadas.

Aunque Bun era un ávido defensor de la ingesta de insectos, reconoció que las cigarras, que emergen cada diecisiete años, no iban a ser un elemento habitual en el menú. Había escaldado las cigarras y luego las había salteado con sal y aceite de oliva, inspirándose en la forma tradicional de comer insectos en África. Era importante dejar las cáscaras para que quedaran crujientes. Sacó un cuenco de cereales lleno de cigarras fritas con las alas todavía puestas.

—¿Están buenos? —pregunté.

—Están deliciosos —dijo y me pasó el cuenco.

Nos los comimos del cuenco como si fueran palomitas. Palomitas con seis patas. Estaban saladas, crujientes, tenían un toque a nuez… deliciosas, de esa forma peculiar y pasajera que tiene su encanto. El papel de chef a veces es adelantarse al asco preparando a la gente para el crujido y el sabor. ¿Estaba funcionando la promoción del consumo de insectos? Bun admitió que la respuesta en los medios de comunicación era demasiado sensacionalista: «¡Vamos a rebozarlos en arroz!». No le interesaba el factor miedo. «Para mí, se trata de iniciar una conversación sobre comer insectos —dijo Bun—. No estoy tratando de fetichizar a las cigarras ni de hacerlas sostenibles».

¿Podrían las cigarras ser un insecto de iniciación?

* * *

«¿Hace suficiente calor para ti?».

«Hay una niebla densísima fuera».

«Está lloviendo a cántaros».

Todo el mundo se fija en el tiempo. Los agricultores lo observan para determinar el rendimiento de sus cosechas. Los pilotos lo observan para trazar su rumbo. Casi todos miramos por la ventana o por el móvil, para decidir qué ponernos.

Mientras estábamos de pie bajo el árbol cantarín, Gruner me dijo que se había observado un objeto inusual en el radar meteorológico sobre los bosques del centro de Maryland y el condado de Loudoun, Virginia, al norte de Washington DC, en un día caluroso y húmedo a principios de ese mes. «Los meteorólogos creen que vieron la señal de las cigarras», continuó Gruner. No era ni niebla ni una nube de tormenta errante, era bichos.

Cuando los animales abundan, pueden ser como el clima, moviendo nutrientes y semillas como las nubes mueven el agua. Después de la erupción del volcán Krakatoa en 1883, los murciélagos frugívoros y las aves reconstruyeron los bosques tropicales de la isla, transportando semillas de higos y más de un centenar de plantas a través de las aguas de Indonesia hasta la isla estéril. También hicieron llover nutrientes en forma de guano.

Mientras caminaba por los suburbios de Maryland atrapado en la locura de las cigarras, pensé: «Así es como debería ser el mundo, con los animales tan poderosos como una tormenta: omnipresentes, estacionales y no siempre predecibles». Si viajáramos a una época en la que los animales salvajes fueran abundantes y no la mera porción de biomasa que son ahora, serían una fuerza diaria, ecológica, cultural y social, al igual que el clima. Quizá podríamos llamarlo «meteorozoología».

«El aire estaba, literalmente, lleno de palomas», escribió John James Audubon sobre una gran bandada de palomas migratorias que había visto a lo largo de las orillas del río Ohio. «La luz del mediodía estaba oscurecida como por un eclipse; el estiércol caía en gotas, como copos de nieve derretida». En aquel momento, entre 3 mil y 5 mil millones de palomas migratorias, una de cada cuatro aves autóctonas, volaban por los cielos de Norteamérica. Aldo Leopold describió a la paloma migratoria como «no un simple pájaro; era una tormenta biológica. Era el rayo que jugaba entre... la grasa de la tierra y el oxígeno del aire». Era el tiempo de palomas, con la fuerza de un huracán.

Las aves siguen cruzando el continente, aunque no en tal cantidad (las palomas migratorias eran demasiado fáciles de cazar y desaparecieron con rapidez debido a la incesante captura comercial). El día que miré Birdcast, un sitio web gestionado por el Laboratorio de Ornitología de Cornell, 82 700 aves migraron sobre el condado donde vivía; clamadores, papamoscas, tordos y tangaras, regresando de sus hábitats invernales, volando a unos quinientos metros sobre el suelo. Era un lugar lleno de pájaros.

Después de que las focas grises regresaran a Cape Cod a principios de la década del 2000, se llenó de tiburones. Los tiburones blancos se desplazaron hacia el norte en busca de la renovada presa pinnípeda. Casi todas las conversaciones en los bares locales de Cape Cod acababan girando en torno a los tiburones; la gente se quejaba de tener que comprar piscinas para sus nietos, ajustar sus horarios en la playa, perder peces de sus líneas o de sus redes a causa de las focas. Otros acogieron el regreso, con camisetas de Tiburón de Cape Cod y respuestas de varamientos para ayudar a las focas heridas por las actividades humanas.

Puede ser espeluznante en Alaska cuando los osos pardos se trasladan a la costa, siguiendo las migraciones del salmón o buscando basura humana en la ciudad. Si tienes suerte, puedes encontrarte en la «sopa de ballenas», un punto caliente en un momento caliente, con ráfagas de ballenas tan espesas que parecen niebla.

Me mantuve en contacto con Gruner. Me dijo que los cielos se convirtieron en un «caos absoluto» poco después de que me fuera; sus oídos le zumbaron durante horas cuando los cielos se llenaron de cigarras. Cuando las cigarras aparecieron por primera vez, los pájaros estaban en modo «come todo lo que puedas». Había pensado en su jardín como un campo de batalla. Ahora apenas se daban cuenta de las cigarras. El bufé había perdido su atractivo. Pero la gente seguía hablando de ellas. Mi primo escribió desde Annapolis: «La muerte llega para las cigarras». Como nos llega a todos. Billones de cigarras cayeron al suelo y se descompusieron en el suelo del bosque, un pulso de recursos enorme, pero poco común. «Estas interacciones ocurren todo el tiempo —me dijo Louie Yang—, pero normalmente son invisibles para nosotros».

Durante la anterior aparición de las cigarras, según Gruner, la respuesta de los medios de comunicación a los robustos insectos de ojos rojos había sido: «¡Qué asco! ¿Cuándo terminará esta plaga?». Pero el trabajo de chefs como Bun Lai y entomólogos como Mike Raupp y Dan Gruner había ayudado a replantear este momento. El miedo y el asco dieron paso en gran medida a la apreciación.

—Este año —dijo Gruner con nostalgia— hubo mucho amor. —Luego se quedó callado y el silencio inundó su oficina—. Ahora tengo que encontrar la manera de llenar este vacío en mi vida durante los próximos dieciséis años.

9
NUBLADO CON POSIBILIDAD DE MOSQUITOS

E ra verano en Islandia, la época en la que los mosquitos salían de los lagos, arroyos y pantanos a billones, molestando a turistas, ciclistas de larga distancia, excursionistas y a casi todo el mundo, excepto a las arañas residentes, a los peces y a los pájaros que se alimentan de insectos y a unos pocos biólogos.

Hablé con uno de esos científicos unas semanas antes de mi viaje a Surtsey. Claudio Gratton, entomólogo de la Universidad de Wisconsin, era profesor asistente en 2004 cuando un colega llamó a su puerta para presentarle a un amigo que vivía en Islandia. «Entonces, Árni Einarsson viene a mi oficina, abre su portátil y dice: "Trabajo en un lago al norte de Islandia llamado Myvatn. En islandés, *mi* significa 'mosquitos' y *vatn* significa 'lago'. Es famoso por la aparición masiva de estos insectos"».

Eso llamó la atención de Gratton. Einarsson había estado estudiando la aparición de los mosquitos y su efecto en los depredadores. Gratton le preguntó sobre el movimiento de la biomasa de los insectos fuera del lago y hacia las tierras circundantes. «Y él me miró de su manera tan islandesa y dijo: "No, no tengo ni idea de lo que pasa. Se vuelve menos interesante en cuanto se meten en la hierba"».

Para Gratton, ahí fue cuando empezó la emoción. «Probablemente sea una de esas cosas que, como profesor asistente, nunca deberías intentar hacer —dijo—, lo de iniciar un proyecto completamente nuevo sobre una idea bastante especulativa en un país extranjero». Pero la aparición del mosquito parecía que podría tener unas amplias consecuencias ecológicas. A Gratton le sobraban unos cuantos dólares de su fondo inicial y decidió arriesgarlos en un viaje a Islandia.

La mayoría de los animales de la Tierra, tanto en número como en peso, son artrópodos: insectos, crustáceos y sus parientes. Los ecosistemas de todo el mundo, desde los arroyos de montaña en Ecuador hasta los lagos en el borde del Ártico, dependen de los insectos para descomponer y dispersar los nutrientes. Muchos de estos artrópodos no son mucho más grandes que los signos de puntuación: algunos del tamaño de una coma, otros del tamaño de un signo de exclamación.

!

Un solo mosquito que emergiera de Myvatn después de varios meses alimentándose como una larva en el fondo del lago no iba a suponer una gran diferencia para el paisaje o la comunidad de depredadores. «Pero hay *tantos* mosquitos que es imposible que todos los depredadores puedan comerlos —dijo Gratton. La gran mayoría mueren en la tierra alrededor del lago—. Cuando mueren, se descomponen». Quería saber qué pasaba con los nutrientes derivados de los mosquitos: ¿cómo influían en las comunidades de las plantas, de los microbios y de los descomponedores? «Ahí es donde empieza a suceder la magia», dijo Gratton.

Gratton fue a Myvatn por primera vez en 2006. Fue un buen año para el *Tanytarsus gracilentus,* el mosquito dominante entre las treinta especies que se encuentran en el lago. En las fotos, Gratton camina alegremente con su red de barrido a través de una espesa niebla de insectos. Einarsson publicó un selfi tomada durante la larga hora mágica del verano: un retrato de Chuck Close en mosquitos.

—Estar dentro de uno de estos enjambres, oírlos, olerlos y simplemente verlos ondular en la hierba, fue algo que nunca había visto antes —me dijo Gratton. Estuvo yendo cada verano durante unas semanas los doce años siguientes—. Para mí, es como ir a un museo de arte para un amante del arte. Es mi Met o mi Louvre.

Si pudiera llegar a un lugar tan inaccesible como Surtsey, pensé, me resultaría relativamente fácil visitar este museo de imaginativos saltos de mosquitos. Pero desde el principio, estuvo plagado de desafíos. Llamé a varios sitios, pero no pude encontrar un coche de alquiler y la COVID estaba aumentando en Islandia. Todo el mundo estaba de vacaciones o encerrado en sus casas de campo y me estaba resultando complicado localizar a Árni Einarsson, aunque me había advertido de que este sería un año de pocos mosquitos. Incluso el centro de investigación local estaba cerrado. Por una pequeña fortuna, conseguí alquilar online el último coche de alquiler en Reikiavik que tenía una ventanilla trasera lo suficientemente grande como para dormir en él. Un viaje por carretera.

En Surtsey, Bjarni Sigurdsson describió Myvatn con movimientos de mimo que indicaban que moverse a través de los enjambres de mosquitos era como atravesar una serie de gruesas cortinas de terciopelo. Pero no había cortinas de dípteros cuando llegué. El pronóstico de Einarsson de un año de pocos mosquitos había sido correcto. Conduje alrededor del lago y caminé por los senderos bordeados de diminutos abedules pubescentes —si te pierdes en un bosque de abedules aquí, según dice el refrán, levántate— y de ocasionales ranúnculos en flor. Había algunos bichos volando cerca del suelo cuando me arrodillé para escapar de la brisa, pero no había agregaciones.

Di otra vuelta alrededor del lago. Myvatn se formó por una erupción volcánica hace unos dos mil trescientos años y había afiladas columnas basálticas alrededor del borde del lago y vastos campos de lava que se extendían en la distancia. El lago tiene unos ocho kilómetros de largo y es muy poco profundo, unos cuatro metros y medio de profundidad. Me detuve para echar gasolina. Había unos cuervos rebuscando en la basura y, por un momento, un remolino de moscas alrededor de la gasolinera. Pero no había ni un mosquito a la vista. Me vino a la mente *Snow Leopard*, de Peter Matthiessen, un libro entero en el que el autor no ve a la bestia epónima. Pero solo había un par de miles de esos gatos monteses en el planeta. Los mosquitos se cuentan por billones en Islandia y, sin embargo, yo solo veía lluvia.

Myvatn es un lugar ideal para los mosquitos, pero yo estaba allí en un momento frío.

Bjarni Sigurdsson me envió un correo electrónico esa noche. «Probablemente seas la única persona en Islandia que está triste porque no hay muchos mosquitos».

En un buen año, las larvas de mosquitos pasan la primavera raspando algas y detritos del fondo del lago. Como larvas, tejen pequeños refugios de seda en los que residen, saliendo ocasionalmente para alimentarse. Al principio, suelen comer trozos muertos de materia orgánica, pero a medida que crecen, empiezan a alimentarse también de algas. «Al vivir dentro de estos refugios, defecan y excretan —dijo Gratton— y estas diminutas tiendas de campaña se convierten en un lugar donde las algas pueden crecer con bastante rapidez». Las larvas crean un hábitat rico en nutrientes que altera el fondo del lago. Parecía un poco como un jardín o una coreografía de mosquitos, como hemos visto con los corales, los peces loro, los bisontes y las ballenas. Los mosquitos salen de su refugio, raspan las algas que crecen en el exterior y se las comen. Las larvas defecan, mudan y pasan por una serie de etapas, haciéndose más grandes y comiendo más.

En esta época del año, las larvas dominan la ecología del lago y los mosquitos constituyen aproximadamente dos tercios de la biomasa herbívora en Myvatn. Los peces y las aves dependen de ellos para alimentarse. Luego, a finales de mayo, los adultos salen a la superficie y emprenden el vuelo. «En cuanto llegan a la superficie, el caparazón se abre y el mosquito adulto sale volando de allí lo más rápido posible —dijo Gratton—. Lo hacen tan rápido porque cuanto más tiempo permanecen en el agua, más probabilidades tienen de ser arrastrados por las olas o atrapados por los patos u otras aves». Los charranes se acercan y los sacan de la superficie.

Las cifras comienzan a aumentar, quizá lentamente al principio. Cada individuo, formado por algas bentónicas, se eleva en el aire, un signo de exclamación con mechones de antenas a modo de cabeza.

!

! !

! ! !

Los adultos se desplazan por el brezal y los pastizales circundantes. Los machos forman enjambres de apareamiento, probablemente porque son más visibles o atractivos. *Tanytarsus,* el mosquito dominante del lago Midge, forma una niebla que cubre el suelo y que parece una manta de lana arrojada sobre el paisaje con los machos amontonados en la superficie.

«No son muy buenos volando —señala Gratton. Cuando el viento amaina, empiezan a agruparse—. Me recuerda al monstruo de humo de *Perdidos* saliendo de la hierba y moviéndose con los cambios del viento. Es realmente inquietante y muy reconfortante. Como entomólogo, este es el lugar ideal».

La otra especie común, *Chironomus islandicus,* forma columnas de apareamiento de hasta tres o cinco metros de altura. Las columnas giran «como lenguas del diablo en espiral hacia el cielo durante un incendio forestal —dijo Gratton—. En cuanto sopla el viento, toda la columna se derrumba y vuelven a posarse en la hierba hasta que se calma de nuevo. Cuando empiezan a salir otra vez, se los oye zumbar. Desde la distancia, parece que alguien tiene un cortador de césped en marcha, pero no se sabe muy bien dónde está».

Claro que hay muchos bichos, pero, como preguntó un ecologista, ¿hay suficientes como para levantar una ceja ecológica? Gratton y sus colegas observaron los cambios en el paisaje y los animales que rodean al lago asociados con la aparición de los mosquitos. Las arañas comieron menos saltamontes, su presa habitual, en los experimentos al aire libre diseñados por el equipo de Gratton. Observó que no importaba si añadía cien mosquitos o diez; su mera presencia era suficiente para distraer a las arañas. Pasaban menos tiempo buscando a su presa habitual. Vieron el mismo patrón en los pastos alrededor de Myvatn. «Las arañas parecen hipnotizadas por el sonido de las alas de los mosquitos», dijo Gratton. Una vez que las arañas lo oían, esperaban su comida de mosquitos, ignorando a los insectos terrestres residentes. Como resultado, aumentaron las poblaciones de colémbolos, ácaros y pulgones.

En Surtsey, puedes saber dónde están los pájaros por el sonido de tus pasos en la hierba. Puedes sentir su ausencia cuando la lava se desmorona bajo tus pies. Los mosquitos de Myvatn transforman su entorno de manera similar. Los diminutos mosquitos que crecen en el lago se acumulan. Cuando los cadáveres empiezan a descomponerse, se puede oler; es como una lata de atún podrido, como lo describió Gratton.

!!!
!!!
!!!
!!!
!!!
!!!
!!!
!!!
!!!
!!!
!!!
!!!
!!!
!!!
!!!
!!!
!!!
!!!
!!!
!!!
!!!
!!!
!!!
!!!
!!!
!!!
!!!
!!!
!!!
!!!
!!!
!!!
!!!
!!!
!!!

En un año de alta población de mosquitos, Gratton estimó que llueven más de cuarenta kilos de mosquitos en cada hectárea en una franja que se extiende a lo largo de la orilla a unos cien metros del lago. A unos doscientos metros de la orilla del lago, es más como una llovizna. Pocos mosquitos llegan más lejos y la diferencia es clara cuando los pastizales dan paso a los brezales pobres en nutrientes. El área más allá del alcance de los mosquitos se siente estéril e improductiva. No importa la estación, está claro dónde pululan estos diminutos insectos: los pastos prosperan en las zonas donde están y se marchitan en las zonas donde no están.

—Pienso en los parches del paisaje como un tapiz —dijo Gratton—. Los mosquitos traen la esencia del lago a la tierra. Podrías coger una araña y descubrir que está hecha de nutrientes del lago. Las arañas están tejidas con material que no está de donde ellas provienen. Myvatn me ha enseñado que no somos tan discretos como pensábamos.

Durante la temporada alta de mosquitos, más de ciento veinte toneladas de estos diminutos insectos caen alrededor del lago. Eso equivale al peso de más de quinientos mil Big Macs o 2 millones de albóndigas rodando por la orilla del lago, dependiendo de la receta.

Gratton y sus colegas estimaron que estos mosquitos depositan alrededor de cinco kilos de nitrógeno por hectárea al año, aproximadamente lo mismo que las focas en Surtsey, pero no tanto como las cigarras en Kansas, que son unos catorce kilos por hectárea. Los cadáveres de salmón aportan treinta y dos kilos por hectárea.

Gratton estaba entusiasmado con los hallazgos y, como Myvatn estaba rodeado de terrenos privados, incluidas muchas granjas, pensó que debería hablar con los granjeros y contarles lo que estaban haciendo los mosquitos. Resultó que ya lo sabían. «Nos sentábamos alrededor de la mesa de la cocina —dijo Gratton— y les preguntábamos si sabían algo de estos mosquitos. Y a través de un inglés chapurreado y una traducción al islandés, dijeron: "Oh, sí, tenemos este conocimiento histórico que se remonta a muchas generaciones atrás de familia en familia. Si los mosquitos vuelan a finales de mayo y principios de junio y luego llueve, es cuando obtenemos la mayor producción de hierba. Podemos cosechar mucho más heno en esos años que en los años sin mosquitos. Lo llamamos *mygras* o hierba de mosquitos"», le dijeron a Gratton. Eran buenos años, dijeron. Podían alimentar a sus ovejas con más heno.

Después de escuchar esta historia, Gratton decidió probar los efectos de estos cadáveres esparciendo algunos mosquitos congelados en un brezal de pocos nutrientes donde la vegetación era escasa y apenas le llegaba a los tobillos. Al cabo de dos años, el efecto de los mosquitos era evidente. «Se podía ver claramente que las zonas que tenían más mosquitos tenían mucha más hierba que las zonas sin mosquitos —dijo Gratton—. No hacía falta hacer estadísticas» (aunque, por supuesto, hicieron las mediciones y analizaron los datos). Al cuarto año, la hierba casi les llegaba a las rodillas. El nitrógeno, el fósforo y el carbono de los cadáveres estaban estimulando la productividad de las plantas.

Cuando volvió y dio una presentación a los agricultores, dijeron: «Eso es lo que pensábamos». Estaban contentos de ver que la ciencia respaldaba lo que habían observado durante generaciones. No es de extrañar que los agricultores, a menudo, se den cuenta de estos patrones antes que los científicos. Tienen que hacerlo. En los tiempos no tan lejanos en los que Islandia estaba aislada y era relativamente pobre, «si no guardabas suficiente heno en invierno para tus animales, podías perder algunos —dijo Gratton. No se podía ir al mercado y comprar más heno—. De cierta manera, los mosquitos contribuyeron a la supervivencia y al bienestar de las personas durante los duros meses de invierno —señaló Gratton—. Eran como un salvavidas para la gente».

Ejemplos de movimiento de nitrógeno o subsidios de recursos hechos por animales, incluida la agricultura humana

Hábitat/Ubicación	Movimiento	Fuente	Kg de nitrógeno por hectárea
Praderas de Surtsey	Del océano a la isla	Aves marinas	27,2
Litoral de Surtsey	Del océano a la isla	Focas	5,4
Playa de Florida	Del océano a la duna	Tortugas bobas	12,2
Bosques de Alaska	Del océano al río y al bosque	Salmones	31,7
Masái Mara	De las praderas al río	Hipopótamos	283
Masái Mara	De las praderas al río	Ñus	133,3
Tierras de cultivo convencionales	Agricultura humana	Fertilizantes industriales, pollos o estiércol de vaca	45,3
Praderas permanentes	Agricultura humana	Fertilizantes industriales, pollos o estiércol de vaca	11,3-22,6
Senderos para caminar	Subsidios humanos	Perros domésticos	49,9
Kansas	De lo subterráneo a la tierra	Cigarras Brood IV	2,7
Myvatn	Del lago a la tierra	Mosquitos	4,9

Las fuentes incluyen estimaciones aproximadas de las tierras de cultivo y los pastizales de Einarsson et al., 2021, Subalusky et al., 2019, y referencias en capítulos anteriores para animales salvajes. Las mediciones originales para hipopótamos y ñus se expresan en gramos por metro cuadrado, por lo que las comparaciones son un poco imprecisas.

En mi última noche en Myvatn, aparqué en la orilla del lago. Me sorprendió oír el lamento de un colimbo, un canto que asocio con las largas tardes de las Adirondacks. Observé al colimbo con su pico en forma de pluma pasar nadando. Un págalo ártico voló por encima. Una telaraña se extendía sobre la vegetación y a través de la carretera. Entonces sucedió: se formó una columna de mosquitos, un microenjambre iluminado por el sol de las nueve de la noche. Los arbustos resplandecían y los enjambres parecían respirar en la suave brisa, juntándose y separándose. Los insectos aterrizaron en el parabrisas como una suave llovizna.

Si el Louvre estaba cerrado, al menos podía visitar la Galería Nacional de Mosquitos de Islandia.

Había dos tipos de mosquitos arrastrándose por la ventanilla del coche, uno de pecho ancho, bajo y rechoncho; el otro largo y de piernas largas, como la Guardia Real del Palacio de Buckingham, pero con una gran cabeza de antenas translúcidas en lugar del gorro de piel de oso. Los observé subir a toda velocidad por la ventanilla y luego lanzarse a un paisaje puntillista.

De esta microráfaga, intenté conjurar un huracán. Cuando salí del coche, las moscas empezaron a agruparse alrededor de mis ojos y a meterse en mis oídos. Remolinos aislados formaron una cortina cuando el viento amainó. Había un enjambre, quizá de cientos de miles, cuando miré hacia el sol que se prolongaba en el horizonte.

Se me encogió el corazón cuando me detuve al día siguiente en la bien equipada Estación de Investigación de Myvatn. Me dijeron que en un año normal se encontraban alrededor del lago unas treinta especies de mosquitos, pero el *Tanytarsus*, la especie que yo había ido a ver, era sorprendentemente escasa ese verano. La aparición de los mosquitos en Myvatn es dinámica, dependiendo de la cantidad de alimento disponible en el lago; no ocurre en ciclos predecibles como, por ejemplo, los diecisiete años de las cigarras de la Brood X. No estaba claro si los nuevos mínimos formaban parte de una tendencia preocupante o eran un reflejo normal de la variación de un año a otro, como han observado los agricultores de Myvatn durante siglos.

Los insectos rechonchos y brillantes que había visto eran moscas negras, mosquitos que pican, pequeñas hienas que corren por la sabana desde la ventanilla del coche. «Ese es el comportamiento clásico de las moscas negras», dijo Gratton cuando charlamos más tarde. Probablemente había estado observando a los machos, que eran una mera molestia: «Se meten en los oídos y en los ojos —dijo Gratton—, pero no pican». Solo las hembras necesitan alimentarse de sangre y arrancan un pequeño trozo de tu piel para reproducirse. Estos no eran los mosquitos que no pican que había venido a ver; en casa podía encontrar muchas moscas negras. «Dan un pequeño chasquido cuando las aplastas —dijo Gratton—. Y solo dejan una mancha gigante».

Por el lado positivo, los enjambres que había visto probablemente eran *Chironomus islandicus*. En épocas de abundancia, la mayor parte de la biomasa sería *Tanytarsus gracilentus,* el *Mys* de Myvatn, la *Mona Lisa* de Gratton. Pero en este año de escasez, había tenido la suerte de observar estas columnas relativamente pequeñas de casi dos metros, por efímeros que fueran los enjambres.

Vi algunas nubes de mosquitos cuando salí del lago. Probablemente más moscas negras. El *Tanytarsus,* una de las especies de insectos más abundantes en Islandia, se me había escapado. Si fuera un ganadero de ovejas del siglo XIX, me habría muerto de hambre.

Os Schmitz hurgaba en los márgenes de un viejo campo en Burlington, Vermont, con una gran red blanca de barrido en las manos. El parque Hubbard, que linda con urbanizaciones y bosques, no es tan exótico como Myvatn o Yellowstone, pero tiene todo el dramatismo si sabes dónde buscar. La batalla se libraba alrededor de los brotes de pasto azul de Kentucky y entre los largos tallos verdes de varas de oro.

Schmitz y sus compañeros de laboratorio buscaban un depredador de emboscada, la *Pisaurina mira*. *Mira*, como la llamaban, es una araña de patas largas y cuerpo elegante con una raya marrón oscura que recorre la longitud de su cefalotórax (la cabeza y el abdomen).

Una tarde de verano, habíamos barrido el área alrededor de este sitio de estudio en particular, un campo suburbano con vistas al lago Champlain y las montañas Adirondack, pero no encontramos nada. «Una vez que se corta el césped —dijo Schmitz— se pierde la estructura y no hay dónde esconderse. Ese es el problema con el césped suburbano; la gente lo mantiene corto, por lo que pierden la diversidad de insectos». Así que buscamos en solares abandonados, cementerios y un pequeño parque bajo la ruta de vuelo del aeropuerto internacional de Burlington. La encontramos en los pastos, las malas hierbas altas y los arbustos bajos del este de Norteamérica en donde *Pisaurina mira* estaba tranquila ese día, haciéndose la difícil de encontrar.

Uno de los posdoctorados de Schmitz navegó por el sitio web iNaturalist en busca de fotos y ubicaciones. «Este tiene pinta de tener el premio gordo», dijo Schmitz mientras recorríamos los campos en busca de arañas. Como profesor de Yale, llevaba un sombrero de ala ancha y una camisa azul claro de manga larga. También tenía algo de encantador. iNaturalist, una iniciativa de la Academia de Ciencias de California y *National Geographic*, alberga 90 millones de imágenes etiquetadas con lugares y fechas. Es una aplicación utilizada por estudiantes, naturalistas aficionados y, a juzgar por el lugar al que nos dirigimos ese día en la furgoneta blanca del equipo, ecologistas de renombre mundial. Esa tarde en nuestros viajes, encontraríamos algunas de las arañas de los viveros.

Schmitz ha escrito mucho sobre los elefantes de las sabanas africanas, sobre los monos aulladores del Amazonas y sobre los bueyes almizcleros de la tundra ártica. Pero en la actualidad, es conocido sobre todo por el paisaje de miedo que ha creado en los descuidados campos de Nueva Inglaterra: la aracnofobia entre los saltamontes. En comparación con los estudios sobre ecología animal realizados en paisajes aparentemente inaccesibles como Surtsey y la bahía de Bristol, el trabajo de Schmitz sobre los saltamontes comunes, las arañas y las plantas que muchos desestimarían como malas hierbas, podría parecer positivamente rutinario. Pero hay ventajas en la creación de estos ecosistemas en miniatura donde los animales pueden añadirse y eliminarse fácilmente. Resulta que los controles de arriba-abajo y las cascadas tróficas son tan importantes en los bordes del césped suburbano como en zonas como Yellowstone y el Masái Mara.

Tras varios días de búsqueda, Schmitz y sus colegas encontraron suficientes arañas para crear un paraíso *Pisaurina*: varios mesocosmos de tela metálica y malla fina, de aproximadamente un metro de altura, sujetos con clips de carpeta negros oxidados. Destacaban en el campo como columnas de basalto islandés en miniatura, pero aquí rodeaban el pasto azul de Kentucky, la presera y la vara de oro, que estaban en plena floración cuando lo visité. Los recintos estaban diseñados para albergar saltamontes de patas rojas, langostas y dos superdepredadores: *Pisaurina mira*, depredadores de emboscada que merodean todo el día, como los pumas del mundo de los arácnidos, y *Phidippus clarus*, una araña saltarina errante.

Las arañas saltarinas tuvieron un impacto habitual en los saltamontes: mataron y se comieron a los herbívoros, por lo que a las plantas les dieron un respiro. Los ecologistas describen esto como una imposición de arriba hacia abajo; la influencia que los depredadores tienen sobre sus presas puede afectar a toda la red alimentaria a través de las interacciones de consumo, como vimos con los lobos. Estas cascadas tróficas están muy extendidas y pronto hablaremos de una de las interacciones más famosas en el océano, pero estas interacciones también pueden tener matices.

Las cosas eran diferentes para las arañas de la red de viveros. Al principio, Schmitz se sorprendió de que los saltamontes estuvieran consumiendo las varas de oro que los daban cobertura de los depredadores que los cazaban. «Pero eso es una tontería. —había pensado—. ¿Por qué se están comiendo su refugio?». Entonces se dio cuenta: no importa si tienes seis patas o dos, el miedo acelera el metabolismo. La *Pisaurina mira* es tranquila y está quieta, pero también es mortal. Bajo la mirada fija de ocho ojos de los depredadores de emboscada, los saltamontes empezaron a comer por estrés la vara de oro rica en carbono, hierbas que llenaban sus tripas más rápido. «Siempre que estamos estresados —dijo Schmitz— anhelamos carbohidratos», sin importar las consecuencias.

Schmitz había creado un paisaje del miedo, una «interacción no consuntiva», como él la llama, en la que la depredación cambia el comportamiento y la fisiología de la presa. Incluso las arañas con sus piezas bucales pegadas y sin capacidad para matar (Schmitz las llama arañas de riesgo) tuvieron un gran efecto en los saltamontes, cambiando su comportamiento a lo largo del día, a lo largo de sus vidas. A medida que los saltamontes comían más vara de oro, con más carbohidratos y menos nitrógeno digerible, su química cambiaba. Su excremento cambiaba y sus cadáveres cambiaban.

Para ver si estos pequeños cambios podían tener un gran impacto, Schmitz y sus colegas enterraron algunos saltamontes estresados junto a los que habían tenido una vida relativamente tranquila y sin depredadores. Los cuerpos de los saltamontes estresados tenían más carbohidratos y, por lo tanto, más carbono y menos nutrientes, como el nitrógeno. Resulta que el paisaje del miedo persistía en el ecosistema. En «El miedo a la depredación ralentiza la descomposición de la hojarasca», mostró que los cambios en la proporción de carbono y nitrógeno modificaban a los saltamontes y a las hierbas. Los depredadores desempeñaban un papel en el ciclo del carbono incluso sin consumir a sus presas.

El suelo alrededor de los cadáveres de saltamontes estresados tenía un contenido de nitrógeno más bajo que el suelo en áreas donde estaban enterrados los insectos más relajados. La falta de nutrientes tuvo un profundo efecto en la ecología del campo, ralentizando la sucesión (los cambios en las comunidades de plantas) hasta casi detenerla. Con las arañas y sus presas saltamontes, un bosque podría tardar quince o veinte años en echar raíces. Sin las arañas, un antiguo campo podría tardar solo seis o siete años en llenarse de un bosque de sucesión temprana.

Aquí también había un patrón más grande en juego. Había un aumento de aproximadamente un 40 % en la retención de carbono en la biomasa vegetal cuando las arañas estaban presentes, en gran parte porque había más carbono almacenado en la hierba y en los sistemas de raíces subterráneas. Estos cambios en la absorción, asignación y retención de carbono fueron impulsados en gran medida por el miedo. «Estas pequeñas criaturas que no se ven a menos que se camine con cuidado entre la vegetación —dijo Schmitz—, tienen un efecto dramático en los ecosistemas».

Schmitz y sus colegas acuñaron más tarde el término «zoogeoquímica», el concepto que es el corazón palpitante de este libro. «El pensamiento predominante en la biogeoquímica es que se trata de interacciones entre plantas y microbios del suelo, porque esos son los actores dominantes en el campo», señaló Schmitz. Pero los animales también desempeñan un papel fundamental. Con amplios efectos multiplicadores, los animales, desde las ballenas hasta las arañas, tienen un profundo efecto en la biogeoquímica de las plantas, los suelos y los océanos. «Por eso hacemos hincapié en este concepto de la zoogeoquímica —dijo Schmitz—, para que los geoquímicos presten atención a los animales».

Sin duda, llamó la atención de los ecologistas. Como depredadores de emboscada clásicos, los pumas interactúan con otras especies de cientos de maneras. Al matar wapitíes y otras presas en sus zonas de caza preferidas, estos grandes felinos crean puntos calientes ricos en nutrientes de nitrógeno y carbono que se liberan a través de los cadáveres de sus presas y a través de la caca y la orina de los felinos y de los carroñeros locales. Estos terrenos de caza o «jardines de la muerte», acaban llenos de plantas ricas en nitrógeno, que a su vez atraen a más herbívoros, que luego comen, defecan y posiblemente mueren en la zona, continuando el ciclo. Los pumas actúan como granjeros, creando puntos calientes que atraen a más wapitíes y ciervos. Los depredadores más grandes también influyen en el paisaje.

Los animales son más que números y vectores. Sus rasgos de personalidad, preferencias y tradiciones tienen diferentes impactos en los ecosistemas. Esto es así para los chimpancés y los delfines, así como para los saltamontes y los cangrejos de río. Durante mi charla en el Masái Mara con Amanda Subalusky, me contó que el experimento de un colega demostró que la personalidad de los cangrejos de río influía en el funcionamiento del ecosistema. Los cangrejos de río agresivos tenían tanques turbios porque levantaban el sedimento. Los cangrejos de río pasivos de la misma especie tenían tanques claros. «Eso te confunde», dijo. Chris Dutton, su esposo, continuó: «En el campamento, tenemos esta pequeña mangosta enana que ha vivido allí durante una década. Sabemos que es la misma porque le falta una cola, probablemente por pelearse con alguien. Desempeña un papel importante en el campamento, porque recoge inmediatamente cualquier basura que alguien deja caer, lo que mantiene alejadas a las hormigas en su mayor parte... Pero ¿cómo se modela a ese pequeño actor importante que tiene una gran influencia?».

Una forma es descomponer la personalidad en algunos rasgos, como la audacia, la agresividad y (mi favorita) la tendencia exploratoria. Los animales individuales, desde ratones agresivos hasta aves marinas pioneras, dan forma a los ecosistemas a través de tradiciones o asumiendo riesgos. Algunos lobos, pumas y tejones tienen predilección por los castores, lo que los da un efecto descomunal cuando matan a estos ingenieros del ecosistema. Un ratón audaz puede levantar una gran bellota lejos del roble madre para esconderla, pero el viaje puede ser arriesgado, lleno de depredadores. Una ardilla tímida puede sobrevivir más tiempo, escondiendo las nueces más cerca de casa. Una de las únicas formas en las que las poblaciones de los árboles pueden moverse es a través de los animales. Un bosque con roedores audaces y tímidos es un bosque que puede adaptarse a la alteración del clima. Su futuro podría estar en manos de estos roedores dispersores de semillas.

Se han observado estados de emoción o algo parecido, en muchos animales y pueden cambiar con la experiencia. Sacudir a una abeja puede inducir una especie de pesimismo; la abeja asume lo peor de las nuevas experiencias. Si a los abejorros se les da una recompensa inesperada, se vuelven más optimistas. «También se observa buen humor en los peces», señaló el filósofo Peter Godfrey-Smith en *Metazoa*.

Cuando observamos un billón de animales migrando hacia arriba y hacia abajo en el océano, pueden parecer que se fusionan en una sola entidad. Pero cada individuo está motivado por sus propios niveles de hambre y tolerancia al riesgo, al igual que observamos diferencias en la audacia y el apetito entre nuestras mascotas y nuestros amigos y familiares. No todos los animales se mueven. «El factor del miedo se manifiesta en la migración vertical diaria», me dijo Schmitz, el mayor movimiento de animales del planeta, desde la superficie del océano por la noche hasta la seguridad de las profundidades oscuras durante el día. Algunos individuos se saltan por completo el viaje diario, tal vez porque no tienen el suficiente hambre como para hacer el viaje, por lo que no vale la pena correr el riesgo de ser devorados vivos en la superficie del océano.

Este factor del miedo también afecta a los humanos. Cuando te ves a ti mismo como carne, las cosas cambian. Cuando nadas con tiburones o caminas en presencia de osos pardos, tu percepción se agudiza. «Esto no está sucediendo realmente», pensó la ecofeminista y filósofa australiana Val Plumwood después de ser atacada por un cocodrilo en el territorio del norte. «Pocos de los que han experimentado el giro de la muerte del cocodrilo han vivido para describirlo», escribió más tarde. «Es, esencialmente, una experiencia que va más allá de las palabras, una experiencia de terror total. La respiración y el metabolismo cardíaco del cocodrilo no son adecuados para una lucha prolongada, por lo que el rodar es una intensa explosión de poder diseñada para vencer rápidamente la resistencia de la víctima». Plumwood no solo sobrevivió, sino que se le ocurrieron nuevas ideas sobre la muerte y el orden ecológico. «Eché un vistazo más allá de mi propio reino a un mundo de necesidad sorprendentemente indiferente en el que yo no tenía más importancia que cualquier otro ser comestible».

—Bienvenida a mi mundo —dijo el saltamontes a la filósofa.

Schmitz notó que los saltamontes individuales en sus estudios tenían diferentes reacciones a las arañas. Al igual que las aves marinas, los osos *grizzly*, las ballenas y los científicos, los saltamontes tienen personalidades distintas: algunos son audaces, otros tímidos; algunos son exploradores, otros solitarios. Cuando hay una araña cerca, algunos se dedican a sus quehaceres con indiferencia, ignorando la muerte. Algunos se encogen y rara vez se alejan de su refugio. Muchos se mantienen cautelosos, esté la araña a la vista o no.

—El TEPT es adaptativo si estás en peligro —dijo Schmitz— y un depredador siempre está cerca.

—¡Eh, oso!

10

LA NUTRIA Y LA BOMBA DE HIDRÓGENO

Incluso antes de que se cerrara la escotilla del Lockheed C-130 Hércules, la carga empezó a apestar. Diseñada como una sala de emergencias aérea, la bodega del transporte tenía espacio para casi cien camillas de evacuación médica. Ahora transportaba cincuenta y dos nutrias marinas que habían sido trasladadas por aire desde los bosques de algas de las Aleutianas de Alaska, todas alineadas en jaulas del tamaño de una bañera. Sus exuberantes pieles marrones, «oro blando», que en su día fueron las pieles más valiosas de la Tierra, estaban llenas de heces.

El avión se dirigía al este, a Sitka, Alaska. Aunque la ciudad se construyó sobre las pieles de nutrias marinas a finales del siglo XVIII y principios del XIX, no se había visto ni una sola nutria en el estrecho de Sitka en cincuenta años. De hecho, las nutrias habían sido cazadas hasta desaparecer en miles de kilómetros de costa , desde el sureste de Alaska hasta Columbia Británica, Oregón y Washington. Noventa y nueve de cada cien nutrias habían sido asesinadas. En 1911, cuando se firmó un tratado internacional para detener la captura comercial, solo unos pocos cientos de nutrias sobrevivían en poblaciones aisladas en California, Alaska, Rusia y Japón. A finales de la década de 1960, la Comisión de Energía Atómica de EE. UU., que se preparaba para detonar la mayor explosión nuclear subterránea de la historia de Estados Unidos, estaba a punto de cambiar eso.

Más de doscientos años antes del transporte aéreo de la nutria, Pedro el Grande había soñado con enviar una expedición rusa para explorar la zona entre Asia y América del Norte. Había visto cómo otras potencias europeas colonizaban las Américas, las cuales creía que estaban conectadas a las costas orientales de Rusia. En 1724, cerca de la muerte, el zar encargó al comandante danés Vitus Bering que dirigiera la primera expedición de Kamchatka a las Américas. Fracasó. El puente terrestre que Bering esperaba seguir hasta América del Norte se había sumergido bajo las frías aguas del Pacífico Norte al final del Pleistoceno, unos diez mil años antes.

Bering lo intentó de nuevo en 1739. En esta expedición, Georg Steller, un joven naturalista alemán designado para unirse a la misión, describió varias especies que eran nuevas para la ciencia occidental, entre ellas un águila marina, un eider común y un arrendajo que finalmente llevarían su nombre. Durante un tiempo de inactividad en Kamchatka, proporcionó los nombres científicos de cinco salmones abundantes del Pacífico Norte: *Oncorhynchus tshawytscha* (real o chinook), *O. keta* (chum o keta), *O. gorbuscha* (rosa), *O. kisutch* (plateado o *coho*) y *O. nerka* (nuestro querido salmón rojo).

La expedición, el primer barco europeo en llegar a la Alaska continental, también informó sobre los numerosos mamíferos marinos de la región, como ballenas, focas y lo que más tarde se llamaría vaca marina de Steller, un pariente del manatí de nueve metros de largo, tan ancho como largo y tan gordo que no podía bucear. Steller era en parte naturalista y en parte vendedor, una combinación poco habitual en el siglo XVIII. Para los inversores rusos, su mayor hallazgo fueron las abundantes nutrias marinas de la región. «Estos animales son muy hermosos», escribió, «y debido a su belleza son muy valiosos». Los pelos eran «muy suaves, muy densos, de color negro azabache y brillantes». A diferencia de otros mamíferos marinos, las nutrias marinas no tienen una capa gruesa de grasa; su denso pelaje, con unos ochocientos cincuenta mil pelos por centímetro cuadrado, proporciona calor y flotabilidad. Eso es unas ocho veces más denso que una típica cabellera humana. Me dieron una piel de nutria marina para que la guardara en Alaska y nunca he sentido nada igual; era tan lujosa que todavía puedo recordar el tacto en la punta de mis dedos.

Bering murió en el viaje de regreso y fue enterrado junto con otros marineros en tumbas poco profundas que pronto fueron saqueadas por zorros árticos. La vasta zona que atravesó más tarde recibiría su nombre: Beringia. En la década de 1760, un par de décadas después de la expedición, las hermosas pieles de nutria marina llegaron a la aristocracia de Cantón, China; los nobles se enamoraron de ellas. Una piel de nutria marina se volvió tan valiosa como diez pieles de castor, el pilar del comercio de pieles en Norteamérica en ese momento. Cientos de miles de nutrias marinas fueron asesinadas y vendidas por empresas rusas lo que reportó enormes beneficios. Muchas de las pieles pasaron por Sitka, en el sureste de Alaska, hogar de los tlingit y ocupada por Rusia. Con el tiempo, la presencia estadounidense creció en Alaska; pequeñas embarcaciones partían de Nueva Inglaterra y permanecían en el noroeste del Pacífico, intercambiando pieles con los tlingit, nuu-chah-nulth y haida. Los barcos navegaban luego hasta Cantón (ahora Guangzhou) para descargar las pieles.

Más de un millón de nutrias marinas fueron asesinadas por cazadores europeos y nativos durante el apogeo del comercio de pieles. En la década de 1840, habían sido erradicadas de la mayor parte de su área de distribución y después de años de guerras y enfermedades entre los pueblos indígenas del noroeste del Pacífico, el número de cazadores había disminuido. Con menos pieles, Rusia vio poco valor en su territorio de ultramar. Los cazadores estadounidenses seguían cazando las últimas nutrias, por lo que Estados Unidos hizo una oferta a Rusia por la tierra. Según Jan Straley, un mastozoólogo marino de Alaska, «las nutrias marinas son la razón por la que no nos vendieron a Canadá».

«Nadie en el planeta Tierra podría decirle la verdad al poder como John Vania», me dijo Jerry Deppa cuando nos encontramos en el Backdoor Café, escondido detrás de una librería en Sitka. Deppa trabajó para Vania como biólogo de campo en general con el Estado de Alaska en los años sesenta y setenta. «La Comisión de Energía Atómica estaba siendo expulsada de Nevada por una combinación de políticos y crimen organizado, algo nada inusual», dijo Deppa. Un botánico bromeó diciendo que la búsqueda de un nuevo lugar remoto para realizar pruebas nucleares se debió «en parte a evitar que se movieran las mesas de juego en Las Vegas». Las bombas de hidrógeno de Estados Unidos se habían vuelto tan grandes que no podían detonarse de forma segura en el continente.

«Pensaron que nadie se quejaría en Alaska», me dijo Deppa. Después de que los asesores de Lyndon Johnson le aseguraran que no habría problemas de relaciones públicas, autorizó un nuevo paquete de pruebas nucleares que comenzarían en 1965. Al principio, parecía que sus asesores tenían razón. «El gobernador: Sin objeciones —dijo Deppa—. Delegación del Congreso: Sin objeciones. Comisionado de Pesca y Caza: Sin objeciones. Nadie se atrevió a enfrentarse a la Comisión de Energía Atómica y decirle: "No sois bienvenidos aquí". Hicieron lo que les mandaron como si fueran un montón de cachorros amaestrados».

El biólogo estatal de Alaska John Vania se autoinvitó a una reunión en Anchorage entre la AEC y los representantes estatales de Alaska, según Deppa. La comisión discutió sus planes para probar tres bombas, cada una más grande que la anterior, en la isla Amchitka, en el extremo occidental de las islas Aleutianas. Vania informó a los representantes de la AEC sobre un impacto de la prueba que ni siquiera habían considerado: las adorables y habilidosas nutrias marinas de Amchitka que han sido celebradas en un documental reciente de televisión. «Cualquier nutria que se encuentre sumergida cuando llegue la onda expansiva sufrirá una hemorragia y una muerte desagradable —dijo a la comisión—. Esto lo va a presenciar mucha gente. Así que estas son las malas noticias. Las buenas son que tenemos un lugar que necesita a estas nutrias y tenemos los medios para trasladarlas. Evacuaremos a las nutrias por ustedes. Solo necesitamos la financiación».

En aquel momento, Amchitka tenía la mayor población de nutrias marinas del planeta. El biólogo del Servicio de Pesca y Vida Silvestre de EE. UU., Karl Kenyon, que sabía más sobre nutrias que casi nadie, había presionado para transportar nutrias de Amchitka al sureste de Alaska para ayudar a revertir el desastroso legado del comercio marítimo de pieles. Se habían hecho algunos intentos, pero habían sido esporádicos, con poca financiación y en gran medida infructuosos (esto fue antes de que se descubriera petróleo en Alaska y el estado todavía era relativamente pobre y estaba poco desarrollado).

La AEC había empezado a trabajar en Amchitka incluso antes de que Vania tuviera su primera reunión. La isla tenía un puerto profundo, una pista de aterrizaje de la Segunda Guerra Mundial y muchas barracas Quonset (se había utilizado como aeródromo del ejército estadounidense para atacar a las fuerzas japonesas en las Aleutianas). Una explosión inicial en 1965 preparó el escenario para la detonación de Cannikin, programada para 1971, que sería una de las más grandes del mundo.

Antes de esta explosión, la AEC ordenó un estudio exhaustivo de la historia geológica y natural de la isla. Se reunió una comunidad de científicos, un Proyecto Manhattan remoto de unas ochocientas personas, entre las que se encontraban oceanógrafos, limnólogos, botánicos, ornitólogos e ictiólogos. Había investigadores principales, estudiantes y personal de apoyo. «Éramos una comunidad muy unida», recordaba el ecologista Jim Estes, entonces estudiante de posgrado.

Pero fuera de Amchitka, las cosas estaban cambiando. Las palabras de Vania resultarían premonitorias. Las protestas generalizadas contra la segunda y la tercera prueba nuclear cogieron desprevenidos a la AEC y al Gobierno federal. Una organización ecologista advenediza con sede en Vancouver, entonces conocida como el Comité Don't Make a Wave, también tenía un ojo puesto en la isla. Los jóvenes activistas planeaban detener la detonación enfrentándose al Gobierno de EE. UU. desde un barco de pesca de fletanes de veinticuatro metros al que rebautizaron como *Greenpeace* para la travesía.

Miles de cadáveres ensangrentados de nutrias no ayudarían a la causa de la Comisión de Energía Atómica. El gobernador de Alaska, Walter Hickel, escribió a la AEC haciéndose eco de la petición de Vania de que las nutrias de Amchitka fueran trasladadas a otras zonas de Alaska antes de las pruebas, en parte para salvar sus valiosas pieles.

La pequeña División de Pieles y Plumas de Alaska se encontró muy pronto con un cheque en blanco de una de las agencias más poderosas del mundo. «Era el Dorado para el programa de la nutria marina —me dijo Skip Wallen, amigo y colega de Vania—. Para trasladar a las nutrias de Amchitka al sureste de Alaska, necesitábamos un avión». La AEC se ofreció inmediatamente a suministrarles un Hércules C-130, un avión que podía trasladar a más de cincuenta nutrias en un solo vuelo. Habría hecho falta toda una temporada de campo de vuelos en aviones más pequeños.

Aunque nadie lo sabía en ese momento, el transporte aéreo de nutrias marinas representaría uno de los primeros casos de reintroducción de especies en el planeta y uno de los más exitosos. El regreso de estos depredadores nos mostraría lo que los animales pueden hacer para restaurar los paisajes marinos salvajes.

En el verano de 1968, con la financiación asegurada, John Vania y sus colegas colocaron redes de enmalle (redes de monofilamento que se utilizan normalmente para atrapar peces) sobre los bosques de algas de Amchitka. Las nutrias pasan mucho tiempo acicalándose en la superficie del agua y, cuando chocan con las redes, suelen responder girando el cuerpo, enredándose aún más. Una vez sacadas del agua, se cortaban las redes de las nutrias y se las retenía en dos grandes piscinas sobre el suelo a la espera de ser evacuadas en la cubierta de carga del avión Hércules hacia el este.

Después de que las nutrias marinas llegaran a Sitka, Deppa las trasladó al Grumman Goose, más pequeño, básicamente un barco con alas. El avión anfibio era un medio de transporte práctico en Alaska que tenía pocas carreteras de larga distancia. Cuando el Goose aterrizó en las cristalinas aguas de Sitka Sound, Deppa tuvo el privilegio de abrir las puertas de la perrera. Más de cuarenta años después, con un sombrero verde de arbusto australiano, unas gruesas gafas negras y apoyado en un bastón que había cortado de un aliso rojo, Deppa relató la historia como si acabara de suceder: «Acababan de pasar por un infierno —dijo—. Casi mueren en un apocalipsis atómico». Las nutrias estaban estresadas, sus hermosos pelajes estaban cubiertos de heces. Antes de la liberación, a algunos científicos les preocupaba que intentaran nadar de vuelta a sus Aleutianas nativas. Una vez en el agua, Deppa dudaba de que buscaran su hogar. «Tienen los ojos como platos —dijo—, porque mientras se limpian el pelaje, ven una alfombra de enormes erizos de mar rojos y morados. Y la próxima vez que las veas, justo pasando con la punta del ala, tendrán un erizo de mar enorme en el pecho. Acaban de llegar al paraíso».

Entre 1965 y 1972, la División de Pieles y Plumas trasladó setecientas diez nutrias desde Amchitka y las islas vecinas, al sureste de Alaska, Washington y Oregón. Cuarenta y tres nutrias de Amchitka fueron liberadas en la isla de Vancouver con el apoyo de la Junta de Investigación Pesquera de Canadá y el Departamento de Pesca y Vida Silvestre de Columbia Británica. En las siguientes décadas, estas nutrias y sus crías se han extendido a lo largo de cientos de kilómetros desde los puntos de desembarco originales.

Greg Streveler, científico del Parque Nacional de Glacier Bay, se encontraba en un Grumman Goose que dejó a veinticinco nutrias en Dicks Arm, una bahía al norte de Sitka, en 1968. «Por aquel entonces, —dijo Streveler— nadie tenía la menor idea de la revolución que iban a traer consigo».

El 6 de noviembre de 1971, tras cinco años de preparación y la evacuación de un gran número de nutrias, la ojiva Cannikin fue detonada a más de un kilómetro bajo la superficie de Amchitka. La explosión —la mayor explosión nuclear subterránea realizada por Estados Unidos— fue doscientas cincuenta veces más potente que la bomba lanzada sobre la ciudad de Hiroshima. Midió 7,0 en la escala de Richter y abrió un cráter de más de un kilómetro de ancho y más de 18 metros de profundidad.

James Schlesinger, presidente de la AEC, llevó a su esposa y a sus dos hijas a la isla para resaltar la seguridad de la prueba. En un blocao a 37 kilómetros del lugar de la explosión, su hija de nueve años dijo que las ondas de choque se sentían «como un viaje en tren».

Los habitantes de las aguas circundantes no estaban tan seguros. Casi cincuenta mil metros cuadrados de tierra y rocas asfixiaban la vida marina intermareal. Gran cantidad de lenguados, bacalaos del Pacífico y gallinetas fueron asesinados por la onda expansiva. Después de la evacuación, unas tres mil nutrias permanecieron en Amchitka antes de la bomba de hidrógeno. Cuando Jim Estes visitó la isla unos meses después de la explosión, solo contó ciento cincuenta y cinco. «La explosión mató a muchas nutrias», dijo. Los cadáveres que cubrían la playa mostraban que las nutrias habían muerto por las ondas de choque. Sus cráneos habían sido fracturados por la fuerza de la explosión, impulsando sus globos oculares a través de los huesos detrás de sus órbitas. Muchas nutrias simplemente desaparecieron. Solo sobrevivió una de cada diez.

En un mundo iluminado por la invención nuclear, escribió Cormac McCarthy, la historia es «un ensayo para su propia extinción». El *Boletín de los Científicos Atómicos* tiene actualmente el Reloj del Juicio Final en noventa segundos para la medianoche. Sin embargo, de los muchos legados de la era atómica (el Proyecto Manhattan, los bombardeos de Hiroshima y Nagasaki y la carrera armamentística nuclear) el regreso de las nutrias marinas a su área de distribución histórica debe considerarse uno de los más brillantes.

Amchitka también tuvo un gran impacto en el campo de la ecología. Jim Estes era un estudiante de posgrado en el estado de Washington en ese momento. Un ecologista de estadísticas de la AEC que lo contrató para monitorear a las nutrias marinas antes y después de la explosión de Cannikin. Algunos días contaba nutrias desde la orilla; otros, hacía reconocimientos aéreos desde un helicóptero militar, volando a unos cincuenta metros sobre el mar. El trabajo más duro para Estes fue capturar a los mamíferos marinos y ponerlos collares de radiofrecuencia; también fue difícil para las nutrias, pero no tenían que preocuparse de que las mordieran los dedos. Cincuenta años después, Estes todavía tiene las cicatrices. Estaba contando y siguiendo a las nutrias, pero también estaba preocupado por encontrar un proyecto de doctorado mientras estaba en Amchitka. «El reto era averiguar exactamente qué hacer», escribió más tarde. «En aquel momento, no sabía casi nada sobre el océano y muy poco sobre ecología».

Trabajando en la isla antes de la detonación, Estes había considerado un proyecto que examinara la influencia del hábitat en las nutrias marinas. La productividad de las algas era alta alrededor de Amchitka, lo que favorecía a los erizos de mar. La presencia de la comida favorita de las nutrias ayudaría a explicar la abundancia de mamíferos marinos. Un estudio clásico de abajo hacia arriba: más algas equivale a más erizos equivale a más nutrias. Pero cuando Bob Paine, profesor de la Universidad de Washington, visitó Amchitka, sugirió un enfoque radicalmente diferente. Paine había publicado artículos sobre el papel de las estrellas de mar en la prevención de los monopolios de los mejillones y otras especies de presa; los depredadores de patas largas aumentaban la diversidad al abrir espacio para otros organismos como las algas marinas y las cochinillas de mar. «En lugar de preguntarnos cómo afectaban los bosques de algas marinas a las nutrias (una opinión que Bob consideraba obvia y poco interesante), ¿por qué no explorar cómo afectaban las nutrias a los bosques de algas marinas?», recordó Estes cuarenta y cinco años después.

Así que, a principios de la década de 1970, Estes siguió el consejo de Paine, viajó por las Aleutianas y rastreó las diferencias entre las islas con muchas nutrias como Amchitka y las islas sin nutrias. Observó que los paisajes eran físicamente similares (acantilados escarpados, arenas negras, praderas), pero las cosas eran sorprendentemente diferentes bajo la superficie del océano. Las islas con nutrias tenían extensos bosques de algas marinas, en su mayoría zonas sin pastoreo de algas pardas, con escasas poblaciones de erizos de mar, percebes y mejillones. Las islas sin nutrias casi no tenían quelpos; en lugar de algas, había vastos lechos de mejillones, cochinillas de mar, percebes y muchos erizos de mar.

¿Qué estaba pasando? Estes propuso que las nutrias estaban estructurando las comunidades cercanas a la costa a través de un proceso que llegó a conocerse como cascada trófica; en ausencia de nutrias, la abundancia de erizos de mar aumentó (hemos hablado de este proceso para lobos y arañas anteriormente en el libro. El trabajo inicial de Estes, publicado en *Science,* fue fundamental para estos estudios posteriores). Los erizos comen las frondas de algas que caen al fondo del océano, pero en ausencia de depredadores, emergen del refugio de las grietas y hendiduras y se alimentan activamente de algas vivas, comiendo los rizoides que atan las algas al fondo del mar. Una vez que las algas se desprenden, mueren. Así, los equinodermos crean páramos de erizos, vastas áreas de invertebrados y sin apenas algas.

Al alimentarse de los erizos, las nutrias reducen el consumo de macroalgas, lo que permite que los bosques de algas marinas prosperen. En las islas con nutrias, las algas gigantes se elevaban a cientos de metros sobre el fondo del océano, creando un criadero y un hogar para cientos de especies de peces e invertebrados, una selva tropical del mar. La presencia de las nutrias lo cambió todo.

El trabajo de Estes sobre este icónico mamífero marino nunca habría sido posible sin Amchitka. Su investigación había sido financiada por la Comisión de Energía Atómica antes de la explosión y la población de nutrias se recuperó después de la explosión. «La AEC hizo muchas cosas que hicieron avanzar el aprendizaje y la conservación —dijo—. No lo hicieron como un acto de caridad. Lo hicieron porque se estaba convirtiendo en lo política y socialmente correcto». La explosión del Cannikin catalizó su carrera, al igual que Surtsey lo había hecho para Erling y Borgthór al otro lado del mundo. Las translocaciones destinadas a salvar a una población en peligro de sufrir muertes atómicas horribles, proporcionarían información sobre cómo la restauración de una sola especie puede dar lugar a una transformación ecológica. Alguien más podría haber estudiado a las nutrias y haber hecho estos descubrimientos, reflexionó Estes o tal vez no. «¿Quién sabe cómo habría progresado todo el campo [de la ecología trófica]?».

Sin duda, habría sido diferente para los ecologistas marinos del noroeste del Pacífico. Parece que cada dos meses aparece un artículo sobre las nutrias marinas en una revista de prestigio, ya sea sobre su papel como ingenieros climáticos (*Science*), el papel que desempeñan en la extinción de las vacas marinas de Steller (*Proceedings of the National Academy of Sciences*) o sus efectos afrodisíacos en la vida sexual de las algas marinas (también *Science*).

Un remoto mamífero cazado casi hasta su extinción en una pequeña parte del mundo se convirtió en una especie icónica por cómo los animales dan forma al mundo.

Dos nutrias marinas del tamaño de unos neumáticos de tractor me miraron fijamente mientras esperaba para cruzar la calle en Sitka.

Sus adorables caras adornaban el lateral de un autobús que pasaba de camino a un crucero y que hacía publicidad de una empresa turística local. Más de doscientos años después de que Sitka fuera el centro del comercio de pieles, las nutrias siguen viéndose como dinero.

Había varios barcos pequeños que ofrecían excursiones de dos horas para ver las nutrias, los frailecillos y las ballenas de Sitka Sound . En esta ciudad que una vez había sobrevivido matando nutrias, muchas personas ahora trabajaban llevando turistas a ver nutrias o a pescar salmón, fletán y bacalao. Tomé uno de esos barcos para ir a Sitka Sound. Su destino final, después de ver algunos frailecillos y ballenas jorobadas, era Black Rock, una guardería para nutrias marinas hembra y sus crías.

Como la mayoría de los animales carismáticos, incluidas muchas mascotas queridas, las nutrias marinas son encantadoras por naturaleza: tienen esas enormes miradas de ojos marrones, grandes bigotes blancos, hocicos negros triangulares, mucha curiosidad y pasan mucho tiempo acicalándose en la superficie del océano.

Cuando nos acercamos a la roca, una madre gritó: «¿Dónde está Junior?», tradujo nuestro guía turístico.

Flotando sobre su espalda, la nutria tenía la cabeza levantada y las patas traseras en forma de paleta en el aire, como una vela oscura extendida justo por encima de la superficie. Estaba rodeada de algas marinas, como si la lección del libro de texto de una cascada trófica se hubiera preparado para nuestra llegada.

La madre gritó. Y entonces la cría respondió con un agudo «Estoy aquí, estoy aquí, estoy aquí», como si fuera una gaviota. A mis oídos, todo sonaba un poco a pánico, pero estas llamadas podrían ser un balbuceo normal en el mundo de las nutrias.

Se reunieron y la cría nadó hasta el regazo de la madre.

Las cosas se calmaron en la roca. Era hora de acicalarse. La vida de una nutria consiste en comer, descansar y acicalarse. Se acicalan durante más de dos horas al día, dando volteretas y frotando y arrugando su pelaje. Se alimentan durante unas ocho horas al día. Las nutrias marinas, los mamíferos marinos más pequeños, que suelen pesar 31 kilos, del tamaño de un labrador *retriever*, no tienen grasa, por lo que dependen de su espeso pelaje y de su rápido metabolismo (tienen una temperatura corporal de 38,3 grados) para sobrevivir en las frías aguas del Pacífico Norte. Un perro puede comer el 2,5 % de su peso corporal al día; las nutrias son máquinas de comer, consumen diez veces más, más de una cuarta parte de su peso corporal al día (estoy seguro de que nuestro labrador estaría a la altura del desafío si abriéramos la puerta de la despensa). Las nutrias dependen del ATP (ahí está ese fosfato otra vez) para obtener energía, como el resto de nosotros, pero sus mitocondrias, los caballos de batalla celulares, son más permeables que la mayoría. Utilizan esta energía perdida para calentar sus cuerpos. Nosotros también podemos hacer esto, aunque en menor grado: piensa en cómo el ejercicio te calienta en invierno.

En este libro se ha hablado mucho de defecar y morir, como debería ser en cualquier estudio sobre la influencia de los animales en los ecosistemas, pero comer es igual de importante: crea ecosistemas enteros, como hacen las nutrias marinas. Si, como señaló una vez el Dalái Lama, la muerte es como cambiarse de ropa cuando está gastada y vieja, comer es una forma de mantener el vestuario el mayor tiempo posible.

¿O es que realmente llevamos el mismo vestuario? Mientras observaba a las nutrias de Black Rock, todas ellas hijas de la bomba, descendientes de las nutrias transportadas por Goose y Hercules en los años sesenta y setenta, pensé en mis propios orígenes: nacido en la ciudad de Nueva York, criado en Long Island. Vaya donde vaya, es difícil no sentir que hay algún marcador físico, algo muy profundo, que me conecta con mi ciudad natal. ¿Cuántos de mis huesos y órganos construidos en Nueva York estaban en ese barco, flotando por el estrecho de Sitka? ¿El 90 %? ¿El 50 %?

Resulta que, probablemente, estaba mucho más cerca de cero. Nuestros esqueletos se reemplazan aproximadamente una vez por década (técnicamente, el cambio es del 10 % por año). Las células grasas duran unos ocho años. El revestimiento de nuestro estómago se renueva aproximadamente una vez a la semana. Estamos continuamente absorbiendo elementos y minerales y liberándolos de nuevo a la atmósfera, a las vías fluviales y a los suelos de la litosfera. Quimeras de nuestras vidas, estamos construidos y cimentados según nuestros movimientos y nuestras dietas. Caminando por el arroyo Allah en Alaska, vi cómo se escabullían las vidas de los salmones. Según pasaba junto a los cadáveres para que Daniel Schindler y George Pess extrajeran los otolitos, a veces era difícil distinguir de qué lado de la vida o de la muerte estaba cada pez, ya que sus cuerpos se descomponían casi antes de morir.

Tendemos a pensar en la muerte como un final, pero nuestro cuerpo reemplaza células todo el tiempo. Sin embargo, las neuronas del sistema nervioso central (el cerebro y la médula espinal) permanecen iguales a lo largo de toda la vida.

—Eso es lo que me encanta de estas células del cuerpo —dijo la neurona a la sinapsis—. Yo envejezco, pero ellas siguen teniendo la misma edad.

En las décadas transcurridas desde que Deppa y sus colegas liberaron quinientas diecisiete nutrias marinas en el sureste de Alaska, la población de nutrias del Pacífico Norte ha crecido hasta alcanzar unos ciento veinticinco mil ejemplares y se han convertido en los ingenieros de toda una costa. Las primeras observaciones de Estes sobre el impacto ecológico de las nutrias marinas en las Aleutianas se han desarrollado en tiempo real y en regiones mucho más extensas. Los paisajes áridos de los erizos se extendían en antaño por vastas áreas, desde Alaska hasta el estado de Washington. Tras el puente aéreo de las Aleutianas, muchas de esos paisajes áridos se transformaron en densos mantos de algas marinas. Entre 1988 y 2003, las nutrias eliminaron noventa y nueve de cada cien erizos del estrecho de Sitka. Los bosques de algas marinas aumentaron en más de un 99 % en la región. Los bosques proporcionan alimento y refugio a más de ochocientas especies, entre las que se incluyen los leones marinos, las focas comunes, el *Ophiodon elongatus* («bacalao búfalo»), los góbidos, las morenas, los pulpos, los cangrejos, las anémonas de mar y los ofiuras. Las langostas, las nutrias, las estrellas de mar y todo tipo de animales excretan nitrógeno en las aguas circundantes. Las algas marinas pueden absorber estos nutrientes y los liberados por los humanos. Eso no ocurre en un paisaje árido de los erizos de mar.

También ha habido muchas sorpresas, cosas que ni siquiera Estes podía predecir. A medida que el área de distribución de las nutrias se expandía a lo largo de la costa, los peces se hicieron más abundantes en esas mismas regiones, atrayendo a las águilas calvas a los nuevos bosques de algas marinas. Después de que las nutrias regresaran a la isla Pleasant en la bahía de los Glaciares, los lobos aparecieron. La población de ciervos se desplomó en la isla y, en lugar de irse, los cánidos pasaron a alimentarse de las nutrias, lo que los permitió persistir en la isla en ausencia de los ciervos; otro subsidio marino.

Lamentablemente, es demasiado tarde para que las nutrias y las algas marinas restablezcan una antigua relación, una que se rompió poco después de que Bering y Steller navegaran por las Aleutianas. La vaca marina que describió Steller se extinguió en 1768, solo veintisiete años después de que la viera. La vaca marina de Steller nunca fue cazada para comerciar con ella, pero los marineros la mataban para alimentarse mientras capturaban nutrias. Fue la primera extinción documentada de un animal marino. En 2016, Estes y sus colegas demostraron que no solo fueron los arpones los que mataron a las vacas marinas. Con la caza de las nutrias, los erizos aumentaron y las algas marinas disminuyeron. La boyante vaca marina herbívora quedó en la superficie, muriendo de hambre a medida que su alimento desaparecía. Steller fue, quizá, el único naturalista europeo que vio una vaca marina viva en el Pacífico Norte y quien precipitó su desaparición.

Cuando las nutrias de las Aleutianas llegaron por primera vez al sureste de Alaska, se alimentaban casi exclusivamente de erizos de mar. Pero, a medida que los erizos de mar disminuían, las nutrias centraron su atención en las botas de goma (o quitones), los cangrejos, los abulones y las almejas geoduck del Pacífico. Estas almejas, que pesan más de un kilo cada una, se encuentran entre las especies de invertebrados más valiosas de la región. Las nutrias, como las personas, bucean en busca de almejas a profundidades de hasta unos 18 metros. En la década de 1990, los pescadores de los alrededores de Sitka empezaron a ponerse nerviosos. «Estas putas nutrias marinas se van a apoderar del estrecho —dijo un residente cuando vio por primera vez una nutria—. Antes de que te des cuenta, estarán en la ciudad, en el puerto, delante de la casa. Se van a comer todas las almejas y los abulones de kilómetros a la redonda».

Con el pelo plateado muy corto y los ojos grises, Mike Miller, miembro de la tribu de los Sitka, nació justo antes de que Deppa liberara a las nutrias en Sitka. Creció sin ver nutrias, pero en la década de 1990, cuando trabajaba en un remolcador, recuerda haber visto algo inusual cuando conducía su barco al norte de Sitka. «En los días de calma, veíamos en el radar esas cosas grandes que se suponía que no debían estar allí —me dijo mientras estábamos sentados en el laboratorio de mamíferos marinos de Jan Straley en la Universidad de Alaska, no lejos del puerto de Sitka. Estaba atento a las rocas y otros peligros, pero el objeto flotante no identificado resultó ser una gran balsa de nutrias macho—. Me sorprendió la cantidad que había».

Cuando el número de nutrias empezó a aumentar en la década de 1990, «la gente decía: "Se va a acabar el mundo"» —recuerda Miller—. Muchas personas del sector marisquero tomaron la decisión profesional de irse de Sitka». Pero algunos pensaron que la caza de nutrias podría ser una solución. En Estados Unidos, es ilegal cazar nutrias marinas o cualquier otro mamífero marino, en virtud de la Ley de Protección de Mamíferos Marinos de 1972, pero los nativos de Alaska conservan el derecho a cazar nutrias, ballenas y focas por un acuerdo de cogestión entre las tribus y el gobierno federal. Las cacerías de nutrias dirigidas por indígenas se centraron inicialmente en la recuperación de invertebrados locales como los cangrejos y las almejas.

«A finales de los noventa, principios de los dos mil, buscamos formas de promover el desarrollo económico y asegurarnos de que no se abusara de él como un mero mecanismo de matanza de nutrias», dijo Miller. La financiación se hizo disponible cuando la cosecha de madera en el sureste de Alaska comenzó a disminuir y las plantas de pescado locales cerraron. Se iniciaron clases para hacer artesanías de nutria marina (los nativos no pueden vender pieles de nutria sin tratar fuera de la tribu) y se abrió una curtiduría para pieles de nutria.

En los siguientes años, los miembros de la tribu de Sitka empezaron a cazar más nutrias. Los precios de las pieles eran altos, alrededor de doscientos cincuenta dólares cada una, y había un creciente interés en las artesanías tradicionales. A medida que las nutrias disminuían, los invertebrados locales se volvían más comunes. «Creemos que el aumento de la captura de nutrias, que llegó a suponer entre el 40 y 50 % de la población al año, tuvo un impacto directo en el resurgimiento de los invertebrados tan importantes para la subsistencia», como los cangrejos dungeness y las almejas geoducks. No es necesario erradicar las nutrias para obtener una respuesta ecológica, pero la presión de la caza claramente marcó la diferencia. «Estamos reescribiendo la historia», dijo Miller.

Ya había visitado a las nutrias de Sitka antes, durante un viaje de investigación en 2014. Había balsas de nutrias (¡qué nombre tan bonito!) de más de veinte machos solteros flotando en las algas marrones. No quitaban ojo a nuestro barco y aparentaban no preocuparse por nada. Parecían posar al estilo de *Blue Planet* de la BBC Earth, cómodos en sus propias pieles mientras los observábamos con binoculares o tomábamos fotos con teleobjetivos.

Los pocos machos que vi en mi viaje de regreso ocho años después se alejaban a la velocidad de una marsopa de nuestro pequeño barco en movimiento, saltando en la superficie y luego zambulléndose en largas inmersiones. Me recordaban a los osos pardos de Nerka que corren cuesta arriba o se adentran en el bosque cuando nos acercamos. No es raro cuando te adentras en el mundo natural ver a los animales desde un ángulo oblicuo, sobre todo si están acostumbrados a ser cazados. Según Miller, las nutrias evitan las pequeñas lanchas abiertas que utilizan los cazadores, pero se muestran más tranquilas con los barcos turísticos más grandes que se detienen para hacer fotos. «Es increíble lo inteligentes que son», dijo.

En mi opinión, la idea de Miller, que él llama el efecto Sitka, integra a los humanos en el ecosistema en lugar de vernos como una perturbación externa. Si se hace de manera responsable, permitiendo abundantes nutrias marinas en algunas zonas y cacerías controladas en otras, se parece mucho al enfoque tradicional de los nativos. «Mucha gente cree que las nutrias no cumplen ninguna función —dijo Miller—. Es una pena, porque si entendieran los beneficios de los bosques de algas y el papel de las nutrias en la creación de los criaderos de peces, cambiarían de opinión».

Claramente, el regreso de la vida silvestre conlleva compensaciones. En la cercana Columbia Británica, el puente aéreo Cannikin impulsó una nueva economía de nutrias que sigue creciendo. Investigadores de la Universidad de Columbia Británica han valorado en 40 millones de dólares al año los servicios que proporcionaría la recuperación total de las nutrias en la isla de Vancouver. La estimación incluye el dinero del turismo: la gente pagaría unos 31 millones al año para ver nutrias. Los mamíferos marinos mejorarían la pesca del bacalao «búfalo» y otras especies que utilizan los bosques de algas marinas como criaderos en unos 7 millones de dólares al año. Incluso podrían desempeñar un papel importante en el ciclo del carbono: los bosques de algas marinas utilizan dióxido de carbono para crecer. Cuando las algas marinas mueren, parte de ellas son comidas y el carbono se libera de nuevo a la atmósfera. Pero parte de ellas también se exporta a las profundidades del mar, donde el carbono puede quedar atrapado durante décadas. Esto no ocurre en un paisaje árido de erizos de mar. El secuestro de carbono por parte de los bosques de algas marinas asistidos por nutrias se ha valorado en más de 1,6 millones de dólares al año. Pero también puede haber pérdidas. El declive de la pesca de cangrejos dungeness, mejillones, almejas geoduck y otros invertebrados bentónicos costaría a los pescadores de la isla de Vancouver unos 5,5 millones de dólares al año en capturas perdidas.

En Sitka, la caza de nutrias ha aportado pieles a la comunidad para su venta, al tiempo que ha aumentado el número de abulones, quitones y erizos de mar. Incluso ha atraído a gente a la tribu Sitka. «Hay gente joven a la que le gustaría cazar nutrias o tener pieles de nutria», dijo Miller. Se está debatiendo la posibilidad de aumentar la tribu reduciendo el nivel de cuarto de sangre —tener un abuelo tlingit es el estándar actual— a algo más inclusivo. Miller está orgulloso del efecto Sitka: el equilibrio entre la captura de nutrias, el retorno de los invertebrados bentónicos y el respeto por los mamíferos marinos como algo esencial para la cultura y el patrimonio tlingit. Pero también se mostró cauteloso, preocupado porque una expansión de la caza de nutrias pudiera provocar un colapso de la población y una reacción violenta contra los gestores marinos.

—Es como atracar un barco —dijo Miller—. Puedes atracar con seguridad diez mil veces, pero la primera vez que rompes un pilote, todo el mundo lo recuerda.

En 1953, Eugene Odum escribió en su clásico *Fundamentos de Ecología* que sus colegas biólogos deberían ser capaces de demostrar que es tan divertido reparar la biosfera como arreglar una radio o el coche familiar. ¿Han perdido esas analogías todo su significado? Hoy en día tiramos las radios rotas (si es que alguna vez las tuvimos) y llevamos el coche computarizado al taller. ¿Y qué pasa con un planeta que necesita desesperadamente una reparación? Necesitamos llegar a las emisiones netas de carbono cero lo más rápida y equitativamente posible. Pero ni siquiera eso detendrá el cambio climático. Muchos geoingenieros dicen que jugar con la Tierra, especialmente con el ciclo del carbono, es una idea terrible. Pero algunos dicen que la idea de no hacer nada, de dejar que los océanos se acidifiquen y la tierra se sobrecaliente, es aún peor.

La restauración de las poblaciones de vida silvestre podría ser una de las mejores herramientas basadas en la naturaleza que tenemos para enfrentar la crisis climática. Los animales salvajes, a través de sus movimientos y comportamientos (su alimentación, defecación y muerte) pueden ayudar a reconstruir los ecosistemas, reciclar y redistribuir nutrientes, mantener el planeta un poco más fresco y abordar la crisis de la biodiversidad. Hasta un millón de especies animales y vegetales están en peligro de extinción, entre ellas una de cada diez aves, uno de cada cuatro mamíferos y uno de cada tres tiburones y rayas. Durante gran parte del tiempo que nuestra especie ha estado en la Tierra, el impacto humano en los animales salvajes ha sido de reducción: en número, tamaño corporal, área de distribución y patrones migratorios. Ese patrón general sigue siendo mayoritariamente cierto, pero con algunas excepciones.

Desde mediados del siglo xx, ha habido varios impulsos nacionales e internacionales para prevenir la extinción de la vida silvestre. Muchas de estas políticas, incluida la Ley de Especies en Peligro de Extinción y los tratados diseñados para reducir el tráfico de vida silvestre, tienen el loable y muy necesario objetivo de prevenir la extinción. En ocasiones, han hecho más que detener la matanza; han promovido arriesgados esfuerzos de recuperación, como retirar todos los cóndores de California de la naturaleza, criarlos en cautividad, criar polluelos con muñecos y liberar a las crías en sus zonas nativas, donde por fin puedan estar tranquilos. Pero estas leyes a menudo no van lo suficientemente lejos. Si queremos revitalizar el planeta, restaurar su latido animal, necesitaremos poblaciones prósperas de mamíferos, aves, anfibios, reptiles, peces, insectos, crustáceos y otros invertebrados salvajes.

¿Cuál es un objetivo razonable, aunque elevado? En *Half-Earth*, E. O. Wilson propuso designar el 50 % de la superficie de la Tierra como reserva natural. ¿Podemos imaginar un mundo en el que la mitad o incluso dos tercios de los mamíferos y aves del planeta sean salvajes? Es una posibilidad remota, sobre todo si la gente sigue comiendo carne no deshuesada y la población aumenta de ocho mil millones a nueve mil millones o diez mil millones. Tan rápido como crece el número de humanos, el número de vacas, pollos y ovejas aumenta aún más rápido.

¿Cómo volvemos a una tierra de gigantes? La forma más directa de empezar es proteger la naturaleza que tenemos, lugares como Surtsey, el Santuario Marino Nacional de las Ballenas Jorobadas de las islas hawaianas, el Parque Nacional de Yellowstone, el Masái Mara y los numerosos parques y refugios que rodean la bahía de Bristol en Alaska. Cuando estábamos sentados junto al arroyo Pick, Schindler señaló: «Algunas de las piezas importantes de un hábitat son diminutas, del tamaño de un metro cuadrado, en algunos casos, y que van hasta los valles de los ríos, que tienen cientos de kilómetros cuadrados. Desde el punto de vista de la conservación, solemos centrarnos en las cosas grandes, pero los efectos que tenemos son sobre todo en las cosas pequeñas». El problema es que no entendemos lo importante que puede ser un pequeño arroyo para toda una población de salmones u osos. Cada pedazo de tierra, cada río, cada trozo de coral, cuenta.

Restaurar a los animales salvajes para que formen la mayoría de la biomasa mamífera ayudará a combatir la crisis de la biodiversidad, apoyará las soluciones climáticas basadas en la naturaleza y revitalizará el movimiento de nitrógeno y fósforo en todo el mundo.

Ampliar los esfuerzos de conservación a zonas que actualmente no están protegidas puede revertir la pérdida de biodiversidad y estabilizar el clima. El científico conservacionista Eric Dinerstein y sus colegas han propuesto una «red de seguridad global» que tiene como objetivo conservar la biodiversidad, mejorar el almacenamiento de carbono y restaurar el movimiento de los animales a través de corredores de vida silvestre y climáticos. La red de seguridad se basa en ampliar las tierras protegidas del estado actual de alrededor del 15 al 46 %, cercano a las ideas de Wilson. Se da una alta prioridad a las grandes áreas silvestres intactas y a las regiones que protegen a las últimas poblaciones de especies en peligro de extinción. Los esfuerzos de restauración también pueden beneficiar a la vida silvestre y a los objetivos de carbono: los programas forestales comunitarios en Nepal, dirigidos a los grandes bosques de mediana altitud muy degradados, han duplicado la cubierta forestal en veinticuatro años, almacenando unos 300 millones de toneladas de carbono.

Mira, no hay forma de evitarlo. Hemos hablado de los beneficios de comer a través de los bisontes, las arañas y las nutrias marinas, entre otros, pero vamos a tener que consumir menos y consumir mejor, si queremos recuperar la vida silvestre en el mundo. Una retirada controlada es el único enfoque razonable. ¿Recuerdas cómo la pérdida de los mamuts contribuyó al inicio de una edad de hielo? Más del 15 % de los gases de efecto invernadero del planeta proceden de la cría de ganado que requiere mucha más energía y tierra que el procesamiento de frutas y verduras. Al reducir nuestro consumo de animales y, por lo tanto, las vastas parcelas de pastoreo y de tierras de cultivo dedicadas a la producción de alimentos para el ganado vacuno, porcino, ovino, avícola y otros animales domésticos, podríamos reducir las emisiones de carbono y los fertilizantes artificiales esenciales para su alimentación. Leah Garcés, de Mercy for Animals, y otros piden una transición que nos aleje de las granjas industriales. Su proyecto Transfarmation ha estudiado varios cultivos que podrían cultivarse en almacenes de pollos reconvertidos, como pepinos, fresas, tomates y setas. Otros ven en la fermentación de precisión —un proceso que utiliza microbios modificados genéticamente para producir carne y productos lácteos— el futuro de las proteínas animales.

Algunos gestores de vida silvestre y ganaderos proponen un tipo de pastoreo más holístico en el que el ganado tenga una huella de carbono menor y la vida silvestre comparta los pastos. Esto se conoce a veces como un enfoque de reparto de tierras. Si hacemos que los ranchos y las granjas sean más respetuosos con la vida silvestre, los animales salvajes tendrán más espacio para vagar y proporcionar funciones ecológicas como la redistribución de nutrientes por el paisaje. Otros sugieren que es mejor intensificar la producción de alimentos y reservar más tierras para los animales salvajes y las plantas autóctonas, una estrategia de conservación de la tierra.

«¿Se concentra o se extiende?», preguntó Andrew Balmford, científico conservacionista de la Universidad de Cambridge, durante una llamada de Zoom. Su trabajo demuestra que la agricultura de alto rendimiento proporciona más alimentos para las personas y abre más espacio para la vida silvestre. En lugar de intentar crear granjas respetuosas con la vida silvestre con menores rendimientos, por muy bien que suene, cree que es más productivo utilizar algunas tierras de cultivo de forma intensiva mientras se retiran otras tierras agrícolas de la producción y se restauran los pastizales y los bosques. El trabajo de Balmford demuestra que los esfuerzos de la economización de las tierras, incluida la restauración de los hábitats, son más baratos para los contribuyentes. Este enfoque aumenta el rendimiento de las explotaciones agrícolas y permite alcanzar los objetivos de biodiversidad y carbono.

Balmford incluso desafía a la vaca sagrada de muchos ecologistas: la agricultura ecológica. Los setos y las flores que atraen a las abejas están muy bien, pero no son tan eficaces para la conservación de la vida silvestre. Las granjas orgánicas, señaló, suelen obtener rendimientos más bajos, en parte porque dependen de fuentes orgánicas de nutrientes como los abonos verdes de las leguminosas y restringen el uso de herbicidas y antibióticos. También son caras. «Hay muchas cosas que hay que cambiar en la agricultura convencional de alto rendimiento —me dijo—. Pero no podemos alimentar al planeta con alimentos orgánicos».

Es difícil amar la agricultura intensiva, con sus animales encerrados, sus olores a amoníaco, sus antibióticos y sus problemas de bienestar animal, sobre todo si se compara, por ejemplo, con las bucólicas granjas de Vermont, donde la fragmentación del paisaje se considera a menudo algo bello: el pasto, las balas de heno, el bosquecillo de la colina que se tiñe de los colores de los caramelos Life Savers en otoño, una montaña parcialmente despejada. Muchos de mis colegas se oponen a la conservación de la tierra por razones de salud y estética y por el bienestar de los animales. «Los conservacionistas que detestan la idea de conservar en un contexto agrícola por razones viscerales, lo cual entiendo —dijo Balmford riendo—, no tienen ningún problema en pensar que eso es lo que se debe hacer con los turistas», haciendo que ciertas partes de los parques sean accesibles y otras de difícil acceso. Todas estas son cuestiones justas, aunque en gran parte de Estados Unidos y Europa, las tierras agrícolas retiradas se desarrollan, no se preservan. Pero si no aprovechamos esta transición hacia una agricultura más eficiente ahora, será difícil recuperar la tierra.

Hemos superado los límites planetarios de pérdida de nitrógeno, fósforo, carbono y biodiversidad. Tenemos demasiados de estos nutrientes en algunos lugares, donde se escapan de las granjas y del césped, lo que provoca floraciones de algas nocivas, y muy pocos en otros lugares, lo que reduce la productividad. ¿Pueden ayudar los animales? Para restaurar el mundo de modo que los animales realmente importen —como ingenieros de ecosistemas, fuentes de subsidios de nutrientes y proveedores de maravillas diarias como el clima— necesitaremos *paisajes de criaturas*, áreas creadas por animales abundantes y en libertad en lugar de por humanos. Este enfoque requiere ahorrar y compartir la tierra.

Una de las razones por las que la renaturalización funciona es que aprovecha la forma en que los animales comen, defecan y mueren y cómo se reproducen. Se amplía debido a la naturaleza de los procesos biológicos, como el crecimiento y la expansión de la población. Recientemente me uní a Chris Doughty, a quien se le ocurrió la idea del sistema circulatorio animal, y a su posdoctorado Roo Abraham para calcular cómo la renaturalización podría revitalizar el ciclo del fósforo. Cuando las ballenas y otros mamíferos marinos se alimentan en las profundidades y hacen sus necesidades en la superficie, transportan nutrientes verticalmente a través de sus excrementos y orina. Las aves marinas transportan nutrientes desde alta mar hasta las islas y otras tierras costeras, como vimos en Surtsey. Los salmones y otros peces llevan nutrientes marinos río arriba, a través de cadáveres, excrementos y orina. Los osos depredadores, los carroñeros y los insectos transportan estos nutrientes. A medida que cambian las estaciones, los bisontes migratorios y otros animales grandes dispersan los nutrientes mientras se alimentan en las praderas y coreografían la ola verde. Por último, hay un mundo de insectos, capilares globales, que mueven los nutrientes por el paisaje.

¿Cómo podemos restaurar estos subsidios animales? Los impuestos sobre el fosfato extraído o los créditos voluntarios de fósforo adquiridos como créditos de carbono, podrían financiar proyectos de biodiversidad que restaurarían las rutas de los animales. En el Amazonas, por ejemplo, la restauración de grandes herbívoros como los tapires, los pecaríes y los monos aulladores podría mover alrededor de 900 millones de dólares en fósforo cada año. En todo el mundo, la renaturalización podría multiplicar por diez el transporte de fósforo. Aunque nuestro estudio se centró únicamente en los vertebrados, el movimiento de este elemento esencial por parte de los insectos y otros pequeños mamíferos sin duda aumentaría las cifras. Cuando pensamos en los animales como parte del paisaje, podemos ir más allá del debate sobre compartir y ahorrar tierra. Si la modernidad comenzó cuando dejamos la granja, como argumentó el escritor inglés John Berger, entonces tal vez la posmodernidad o la ecología posindustrial, comenzará cuando valoremos a los animales más por los servicios que brindan (mitigación de carbono, subsidios de nutrientes, recreación, asombro) que por los productos que les extraemos, como la carne, la leche y las pieles.

Necesitamos compartir. Necesitamos ahorrar. Necesitamos conexiones entre ambos. Amanda Subalusky señaló que la conservación de fortalezas, con áreas protegidas aisladas de la perturbación humana, no funcionará necesariamente en un lugar como el Masái Mara, pero que podría surgir un nuevo enfoque basado en la resistencia temprana del pueblo masái al desarrollo colonial. «Los masáis se integraron en este ecosistema durante cientos de años», señaló, y se resistieron al desarrollo colonial en la zona. Los grupos indígenas de todo el mundo, desde las Grandes Llanuras hasta la sabana africana y el Amazonas, han sido cuidadores de los animales y de sus movimientos durante cientos de generaciones. El futuro de la conservación de la vida silvestre podría extender esta relación más allá de las fronteras de las tierras indígenas.

Para restablecer el movimiento natural de los animales, tendremos que abordar la interrupción de la migración por culpa de las vallas, las carreteras, las presas y las ciudades. Después de la matanza de decenas de millones de bisontes en Norteamérica, por ejemplo, quedaban muy pocos para realizar una migración significativa. Hoy en día, no podrían viajar muy lejos, aunque quisieran. Vastas e impenetrables barreras restringen sus movimientos.

«El camino a seguir es trazar estos corredores de animales con mapas detallados e información de su movimiento a través de un GPS», dijo Matt Kauffman después de que habláramos de su trabajo sobre bisontes y lobos en Yellowstone. «Podríamos utilizar esa información para determinar dónde construir carreteras, vías férreas y vallas, y dónde hacer agujeros: pasos subterráneos y pasos elevados». Pienso en esta infraestructura como una forma de compartir las carreteras mediante un mejor diseño, pero también necesitaremos preservar más las carreteras protegiendo y aumentando las zonas sin carreteras, haciéndolas menos accesibles al desarrollo humano. Las soluciones tecnológicas, como el GPS y los drones, pueden ayudar a mantener abiertos los paisajes si sabemos adónde tienen que ir los animales. «Ese trabajo se está llevando a cabo —dijo Kauffman—, pero necesitamos que se haga mucho más».

Uno de estos esfuerzos tiene como objetivo crear una red de tierras federales en todo el oeste americano para restaurar dos especies icónicas y disminuir la huella de otra. La Western Rewilding Network se centra en la restauración de castores y lobos en casi 322 mil kilómetros cuadrados de tierra contigua. El castor americano, quizá el ingeniero de ecosistemas más famoso, ayuda a proteger las cuencas hidrográficas y las tierras circundantes al ralentizar y almacenar el agua detrás de las presas. Cada otoño, los castores recogen vegetación de la ribera para el invierno, recogiendo palos y piedras para reforzar las paredes de su madriguera. En el proceso, alteran los sistemas fluviales y de arroyos. Alrededor de doscientos millones de estos roedores acuáticos vivieron una vez en la zona que ahora son los Estados Unidos continentales. Los humedales creados por los castores podrían haber cubierto el 10 % de la superficie total. Después de que los europeos colonizaran el oeste, nueve de cada diez castores fueron cazados, atrapados o desplazados.

Donde existen en estado salvaje, los castores mejoran la calidad del agua, reducen los riesgos de inundaciones de agua repentinas bajo sus presas y crean hábitats para la vida silvestre y los peces. Las presas de los castores pueden limitar el flujo de nitrógeno y fósforo hacia los lagos y estuarios, ayudando a frenar la proliferación de algas nocivas y la pérdida de nutrientes. La madera y los sedimentos que se acumulan en las praderas empapadas detrás de las presas pueden acumular carbono durante cientos de años (pero, al igual que las nutrias marinas, cabe señalar que los castores no siempre son los vecinos perfectos: sus presas también pueden inundar campos, carreteras y plantaciones de árboles que la gente prefiere mantener secas). Para aumentar sus poblaciones, probablemente tendríamos que reintroducir castores en muchas cuencas hidrográficas mediante camiones, barcos o paracaídas, ya que no se desplazan lejos. Pero una vez que se asientan, no habría que hacer mucho. Los castores, como las nutrias marinas, son pegajosos, si los humanos no los cazan en exceso.

Como vimos en Yellowstone, los lobos grises han regresado al oeste después de décadas de ausencia gracias a los esfuerzos de restauración y a la protección de especies en peligro de extinción. Pero todavía se encuentran solo en el 14 % de su área de distribución histórica, con una población total de unos tres mil quinientos, una fracción de los cientos de miles que sumaban en el pasado. Montana sigue aprobando leyes contra los lobos, las cuales exigen la matanza de 450 lobos con la clara intención de reducir el número de cánidos salvajes en el estado. Pero hay señales esperanzadoras: en 2020, los votantes de Colorado aprobaron la Proposición 114 para reintroducir lobos al oeste de la División Continental, con planes de trasladar entre treinta y cincuenta de los cánidos salvajes de Montana y otros estados occidentales.

Construir poblaciones de castores y lobos es relativamente fácil. Es mucho más difícil la reducción de otro animal icónico de Occidente: las vacas. El pastoreo de ganado puede cambiar el paisaje, causando la degradación de arroyos y humedales, alterando los regímenes de incendios, limitando el crecimiento de especies leñosas como el sauce y degradando las zonas de amortiguación ribereñas. En las tierras públicas de Occidente, las parcelas de pastoreo cubren más de 387 mil kilómetros cuadrados, un área más grande que California, pero solo producen alrededor del 2 % de la carne de vacuno de Estados Unidos. Cuarenta y cuatro especies protegidas por la Ley de Especies en Peligro de Extinción están amenazadas por el pastoreo de ganado. La red de vida silvestre es un enfoque que ahorra tierra. Si se retirara el 30 % de las parcelas de pastoreo, muchas especies se beneficiarían, dando un paso hacia la recuperación ecológica.

Abrid las puertas. Nunca se sabe lo que sucederá cuando se derriben las vallas, ya sean de alambre de púas o de intolerancia humana, cuando se dejen las armas y cuando se deje a los animales correr por el lugar. La restauración y la renaturalización pueden estar llenas de sorpresas.

En Zimbabue, los rinocerontes blancos, los cortacéspedes de la sabana, fueron perseguidos durante décadas en un esfuerzo por frenar la enfermedad del sueño. La enfermedad parasitaria, transmitida por la picadura de una mosca tse-tsé infectada, puede causar fatiga y dolores de cabeza; si no se trata, puede provocar deterioro mental y la muerte. Se pensaba que, si se privaba a la mosca tse-tsé de alimentación a base de sangre, se eliminaría la enfermedad. Se mató a tiros a rinocerontes, búfalos de agua, duikers y otros herbívoros, incluso después de que se demostrara que los insecticidas eran mucho más eficaces para controlar a las moscas y a la enfermedad (el uso generalizado de pesticidas, por supuesto, podría tener efectos negativos en otros invertebrados considerados beneficiosos). La pérdida de estos herbívoros cambió la ecología del fuego de la sabana. Las praderas crecieron y los pastos se volvieron salvajes. Un incendio típico quemaba más de mil doscientas hectáreas, muchas más que los incendios del pasado.

Después de que se detuvieran las matanzas en la década de 1970, los rinocerontes y otros herbívoros volvieron a aparecer. Mantuvieron las hierbas cortas. En ausencia de combustible, el tamaño del incendio típico de la sabana se redujo cincuenta veces, a menos de diez hectáreas. Cuanto más estiércol contaban los investigadores (una forma de medir el número de rinocerontes sin acercarse demasiado), menos incendios había. Los rinocerontes, elefantes y búfalos ofrecían otro beneficio contra los incendios: los caminos que pisoteaban a través de la vegetación creaban cortafuegos naturales. Mientras tanto, su excremento esparcía nutrientes y semillas por las praderas. La carne y los huesos de los herbívoros muertos (rinocerontes y elefantes) formaban puntos calientes de nutrientes.

Los proyectos de reintroducción de la vida silvestre pueden tener lugar en cualquier lugar, desde pequeños prados vallados hasta grandes paisajes como Yellowstone. En el norte de Dinamarca, una coalición de grupos de reintroducción de la vida silvestre liberó siete bisontes europeos en un recinto de más de 4 000 hectáreas de prados y antiguos campos agrícolas. Se espera que esta especie clave aumente la diversidad de las plantas y de los animales al ramonear, pastar, dispersar semillas y transportar nutrientes. En las Tierras Altas de Escocia, los científicos liberaron jabalíes en varios recintos que iban desde una hectárea hasta varios cientos, para examinar los efectos del comportamiento de enraizamiento en los bosques y las comunidades de helechos.

Derribad las vallas y los animales podrían volver a recorrer las praderas, los bosques, las aguas y los cielos. La renaturalización aspira a una intervención humana mínima. En lugares como el Parque Nacional Suizo, no hay ni caza ni gestión ni agricultura. Hace poco se avistaron osos pardos y lobos por primera vez en un siglo. También se ha vuelto a sembrar; se introdujeron cabras salvajes de los Alpes a principios del siglo XX y quebrantahuesos en la década de 1990. Se permite la caza fuera del parque para ayudar a reducir los conflictos entre los ciervos y los propietarios de tierras vecinas preocupados por los cultivos y los árboles.

Los sistemas de alto impacto mejor estudiados suelen ser islas, que tienen sus propias barreras naturales. Por ejemplo, la pérdida de tortugas gigantes en las Galápagos tras la llegada de los humanos provocó la extinción de varias plantas, ya que desaparecieron los humedales creados por las tortugas. Después de que las tortugas gigantes fueran reubicadas en las Galápagos y en otras islas pequeñas, comenzaron a dispersar semillas grandes y a crear charcos que abrieron nuevos humedales.

Muchos conservacionistas están de acuerdo con los esfuerzos de restauración animal, aunque cuando la reintroducción de especies silvestres se basa en sustituciones ecológicas (introducir una nueva especie que desempeñe un papel similar al de una especie extinta) las cosas se vuelven más turbias. ¿Pueden los caballos euroasiáticos ayudar a restaurar los antiguos procesos ecosistémicos de Norteamérica que en su día estuvieron ocupados por équidos nativos o son simplemente otra especie invasora que sobrecarga los hábitats nativos? El tiempo juega un papel importante en este caso. El apoyo a la reintroducción de especies entre los ecologistas suele disminuir cuando una especie o un pariente cercano ha estado ausente durante más de cinco mil años aproximadamente. Las nutrias marinas habían sido cazadas en el sureste de Alaska durante menos de un siglo antes de ser reubicadas. Su reintroducción no fue controvertida, al menos entre los conservacionistas. Lo mismo ocurre con los halcones peregrinos, los lobos grises y muchas otras especies recientemente extirpadas.

Aun así, el regreso de los animales perdidos hace mucho tiempo puede capturar la imaginación. Los elefantes desaparecieron de Europa hace unos treinta mil años y es poco probable que se introduzcan fuera de zonas experimentales fuertemente valladas. Morten Lindhard, un biólogo de la Agencia Danesa de la Naturaleza, quería intentarlo, pero el zoológico de Copenhague se negó a prestarle sus elefantes. Así que recurrió a un circo ambulante. En 2008, tres elefantes que se habían retirado de los espectáculos fueron liberados durante tres días en una zona controlada con una alta densidad de abedules y enebros al oeste de Copenhague. No fue mucho, en cuanto a experimentos se refiere, pero Lindhard vio pruebas de que los elefantes habían causado perturbaciones en el hábitat, algo bueno para la biodiversidad, como hemos aprendido, y añadió: «Los animales parecían pasárselo muy bien».

El efecto dominó de la era atómica continúa hasta nuestros días. Hay unos cincuenta mil descendientes de las nutrias marinas que fueron evacuadas de Amchitka y de las islas cercanas. Eso es alrededor de una de cada tres nutrias en todo el océano Pacífico Norte. La reubicación salvó a cientos de nutrias de la explosión, puso en marcha uno de los casos de reintroducción de especies silvestres más exitosos del planeta, restauró vastos bosques de algas marinas e inició uno de los conceptos definitorios de la ecología.

Amchitka es ahora un refugio de vida silvestre. Los paisajes de criaturas no tienen por qué ser prístinos. Muchas islas remotas de los campos de pruebas del Pacífico, donde Estados Unidos probó más de veinte bombas nucleares, son ahora zonas protegidas con una fauna próspera, aunque los cráteres de las detonaciones en lugares como el atolón de Bikini todavía pueden verse desde el espacio. Al menos otro desastre nuclear parece haber beneficiado a las poblaciones de fauna silvestre. Tras el accidente de Chernóbil en abril de 1986, el peor desastre nuclear de la historia, se creó la Zona de Exclusión de Chernóbil en la frontera entre Ucrania y Bielorrusia. Aunque gran parte de la tierra abandonada estaba muy contaminada con material radiactivo, Chernóbil se ha convertido en un refugio para lobos, linces y osos pardos y en un lugar de reintroducción para el bisonte europeo y el caballo de Przewalski que está peligro crítico de extinción. Al igual que la explosión de Cannikin, el desastre de Chernóbil creó una oportunidad y la zona es un experimento natural icónico: más de 3 000 kilómetros cuadrados de tierra sin vallas en el corazón de la Europa central (parece que los humanos somos peores que la radiación para muchos animales). ¿Podemos catalizar una renaturalización generalizada sin los grandes recursos de una agencia militar o un desastre nuclear? Bueno, está esa crisis climática que es potencialmente mucho más peligrosa que cualquier bomba nuclear.

Reemplazamos nuestra huella de carbono con las huellas de los animales salvajes. Proteger y restaurar la vida silvestre puede mejorar la captura y el almacenamiento de carbono en praderas, sabanas, bosques de algas, arrecifes de coral, bosques y océanos a través de la dieta, la muerte y las heces de los animales. Os Schmitz, el tipo de los saltamontes y la zoogeoquímica, y sus colegas han estimado que la protección y restauración de los animales que fomentan el ciclo del carbono, podría provocar una absorción adicional de 6 400 millones de toneladas de dióxido de carbono cada año. Eso es aproximadamente una sexta parte de las emisiones mundiales anuales actuales.

En el mar, la protección y el retorno de peces, ballenas, nutrias marinas, tiburones, aves marinas y otros animales son el centro de las soluciones basadas en la naturaleza para combatir el cambio climático: almacenar carbono en sus cuerpos, acumularlo cuando mueren en aguas profundas, proteger los bosques de algas marinas y estimular el crecimiento del fitoplancton. En tierra, la restauración de grandes animales de pastoreo podría tener tres impactos principales en el ciclo climático: reducir el combustible para los incendios; aumentar el albedo o reflejo de la luz de vuelta al espacio al reducir la presencia de hojas oscuras; y mejorar el almacenamiento de carbono en el suelo. El regreso de los ñus al Serengueti convirtió las praderas de la sabana en un sumidero de carbono al reducir el combustible para los incendios, un cambio lo suficientemente grande como para compensar todas las emisiones anuales de combustibles fósiles de África Oriental. La restauración de los bisontes en las Grandes Llanuras podría aumentar la absorción en 600 millones de toneladas de dióxido de carbono cada año. Habrá metano. Muchos herbívoros salvajes como el bisonte, el alce y el ciervo, emiten el gas cuando digieren su comida, pero podemos compensarlo con una modesta reducción del ganado; las vacas y otros animales criados para la carne emiten casi diez veces más metano que los herbívoros salvajes. Restaurar las huellas y excrementos de los animales salvajes es una solución climática natural para reducir el calentamiento.

Podemos hacer que los animales sean tan vastos y tengan tanta relevancia como el clima, con la previsibilidad de la primavera y el drama y la sorpresa de una tormenta. Una ventosa mañana de abril, salí al jardín. Tres ardillas estaban excavando el césped. Sin duda, habrían perdido algunas bellotas que habían enterrado en otoño. Quizá un roble sobreviva más allá del borde bien cuidado del césped. Un carbonero se posó en un arce azucarero y dejó una pequeña mancha blanca en el cuello de mi chaqueta. Dos cuervos volaron por encima de mi cabeza, unos alegres carroñeros, dejando un rastro musical en el cielo.

¿Serán nuestro legado los huesos de pollo rotos? ¿O serán las ballenas, las aves marinas, los salmones, los bisontes, las cigarras y las aves de jardín la expresión duradera de lo que somos?

AGRADECIMIENTOS

La idea de este libro surgió durante una beca de investigación ártica Fulbright/Fundación Nacional de Ciencias en la Universidad de Islandia. El Instituto Gund para el Medio Ambiente de la Universidad de Vermont ha sido mi hogar intelectual durante años, proporcionándome apoyo e inspiración a medida que el proyecto pasaba de la propuesta al manuscrito. Terminé el libro durante una beca en el Instituto Radcliffe de Estudios Avanzados de Harvard, donde tuve pocas distracciones aparte de la deslumbrante estimulación creativa e intelectual de mis otros compañeros. Quiero expresar mi profundo agradecimiento al personal y a los fabulosos colegas de estas instituciones. Gracias por compartir vuestras ideas, alegría y entusiasmo conmigo durante los meses de trabajo de campo, investigación y escritura. Por su inestimable ayuda sobre el terreno, gracias a Borgthór Magnússon, Bjarni Sigurdsson y al resto del maravilloso equipo de Surtsey; Brian y Ruth Bowen, Mark Hixon y Chris Gabriele y Paul Berry en Hawái; Daniel Schindler y el Programa del Salmón de Alaska y Jan Straley en Sitka, Alaska; Dan Gruner en Maryland; Jeremy Kiszka y Álvaro Pereira en Florida; y Lauren McGarvey y Rick McIntyre en Yellowstone. Cuando parecía que toda esperanza de llegar a

Surtsey se había perdido, la guardia costera islandesa interrumpió sus estudios de pesca para llevarnos a la isla. *Takk fyrir.*

Por las conversaciones clave que aparecieron en el libro, gracias a Andrew Balmford, Karen Bjorndal, Julia Cavicchi, Charlie Crisafulli, Jerry Deppa, Chris Doughty, Jim Estes, Nick Graham, Claudio Gratton, Jim Helfield, Gordon Holtgrieve, David Hu, Matt Kauffman, Bun Lai, Kristin Laidre, Gary Lamberti, Leroy Little Bear, Mike Miller, Kim Nace, Bob Naiman, Erling Olafsson, George Pess, Jeff Pierce, Tom Quinn, Os Schmitz, Tatiana Schreiber, Victor Smetacek, Craig Smith, Amanda Subalusky, Jens Svenning, Rob Toonen, Rick Wallen, Pat Walsh, Kawika Winter, Louie Yang y Patricia Yang.

Por sus conocimientos y debates esenciales, gracias a Roo Abraham, Lars Bejder, Rahul Bhatia, Jamie Botsch, Jenny Boylan, Corey Bronstein, Joseph Bump, Scott Collins, Chris Dutton, Brodie Fischer, Brendan Fisher, Amy Gulick, Jesse Hale, Philip Hamilton, Amy Knowlton, Jamie y Sue McCarthy, Kevin Miller, Dan Monson, Sarah Morley, Taylor Ricketts, Mark Rifkin, Marie Roman, Jenny Stern, Greg Streveler, Freydís Vigfúsdóttir, Nacho Villar, Skip Wallen, Jane Watson y Taylor White. Por su ayuda y hospitalidad sobre el terreno, gracias a Chris Boatright, Ray Hilborn, Kieko Matteson, Steph Matti, Diane Sweeney y Frank Zelko.

Carolyn Savarese encontró un hogar encantador para este libro en una época tumultuosa. Gracias por cuidarme desde el primer día. Ian Straus ayudó a dar forma a este manuscrito desde sus primeras etapas hasta el capítulo final. Tracy Behar llevó con entusiasmo el libro hasta la línea de meta. Gracias a ambos y a Karen Landry y al fabuloso equipo de Little, Brown. Gracias a Alex Boersma por las hermosas ilustraciones. Tracy Roe, la Serena Williams de la edición, mejoró el libro desde la primera hasta la última página.

Emma MacKenzie, mi compañera de investigación en Radcliffe, fue creativa, entusiasta y franca y me salvó de varios errores garrafales. Emma Wetsel, de la Universidad de Vermont, me ayudó con este libro y con proyectos relacionados con la investigación de ballenas. Por leer borradores y capítulos, gracias a Mark Hixon, David Hu, Borgthór Magnússon, Bill Patrick, Heidi Pearson, George Pess, Nate Sanders y Amanda Subalusky. Por la inspiración inicial y la administración, gracias a John Eisenberg, Elizabeth Kolbert, Jim McCarthy, Kathy Robbins, Ellen Scordato y Dave Wiley. Gracias a Debora Greger por sus mil y una grandes ideas y por enviarme recortes, enlaces y libros que han llegado a estas páginas. Agradezco la amistad y los regalos de investigación de Paul y Lynn Lattanzio y Win y Alli Pescosolido.

Este libro fue un esfuerzo colectivo. Conocí animales maravillosos a lo largo del camino y, de vuelta en casa, mi familia me brindó apoyo emocional, intelectual y logístico. Laura Farrell leyó y releyó varios capítulos. Nian Farrell-Roman ayudó con los títulos y las ilustraciones. Flo Roman aportó amor y curiosidad. Zoey me sacó a pasear en las mañanas más frías y las tardes más calurosas, recordándome que cada día merece una alegría que nos haga mover el rabo y que nuestras necesidades básicas y nuestras aventuras locales marcan el ritmo de la vida. Gracias y mucho amor para todos.

BIBLIOGRAFÍA

1. INICIOS

Croft, Betty, *et al.* «Contribución del amoníaco de las colonias de aves marinas del Ártico a las partículas atmosféricas y al efecto radiactivo del albedo de las nubes». *Nature Communications* 7 (2016): 1-10.

Devred, Emmanuel, Andrea Hilborn y Cornelia den Heyer. «Enhanced Chlorophyll-a Concentration in the Wake of Sable Island, Eastern Canada, Revealed by Two Decades of Satellite Observations: A Response to Grey Seal Population Dynamics?» *Biogeosciences* 18 (2021): 6115–32.

Fridriksson, Sturla. *Surtsey: Ecosystems Formed.* Reikiavik: Universidad de Islandia, 2005.

Graham, Nicholas A. J., *et al.* «Seabirds Enhance Coral Reef Productivity and Functioning in the Absence of Invasive Rats». *Nature* 559 (2018): 250-53.

Magnússon, Borgthór, Sigurdur Magnússon y Sturla Fridriksson. «Desarrollos en la colonización y sucesión de plantas en Surtsey durante 1999-2008». *Surtsey Research* 12 (2009): 57-76.

Magnússon, Borgthór, *et al.* «Plant Colonization, Succession and Ecosystem Development on Surtsey with Reference to Neighbouring Islands». *Biogeosciences* 11 (2014): 5521-37.

Magnússon, Borgthór, *et al.* «Seabirds and Seals as Drivers of Plant Succession on Surtsey». *Surtsey Research* 14 (2020): 115-30.

Thórarinsson, Sigurdur. *Surtsey: The New Island in the North Atlantic.* Nueva York: Viking, 1964.

2. Caca profunda

Clements, Christopher F., *et al.* «Body Size Shifts and Early Warning Signals Precede the Historic Collapse of Whale Stocks». *Nature Ecology and Evolution* 1 (2017): 1-6.

Hutchinson, G. Evelyn. «The Biogeochemistry of Vertebrate Excretion». *Bulletin of the American Museum of Natural History* 96 (1950): 1-554.

Lane, Nick. *Transformer: The Deep Chemistry of Life and Death.* Nueva York: W. W. Norton, 2022.

Lavery, Trish J., *et al.* «Iron Defecation by Sperm Whales Stimulates Carbon Export in the Southern Ocean». *Proceedings of the Royal Society B* 277 (2010): 3527-31.

Pearson, Heidi C., *et al.* «Las ballenas en el ciclo del carbono: ¿puede la recuperación eliminar el dióxido de carbono?» *Trends in Ecology and Evolution* 38 (2023): 238-49. Pitman, Robert L., et al. «La piel en el juego: la muda epidérmica como impulsora de la migración de larga distancia en las ballenas». *Marine Mammal Science* 36 (2019): 565-94.

Quaggiotto, Martina, *et al.* «Pasado, presente y futuro de los servicios ecosistémicos proporcionados por los cadáveres de cetáceos». *Ecosystem Services* 54 (2022): 101406.

Roman, Joe. *Listed: Dispatches from America's Endangered Species Act.* Cambridge, MA: Harvard University Press, 2011. (Breves secciones de «Deep Doo-Doo» y «Heartland» fueron adaptadas de *Listed, Whale,* de Joe Roman, y «Deep Doo-Doo: You Can Learn a Lot About a Whale from Its Feces», *New Scientist,* 23 de diciembre de 2006).

—. *Whale.* Londres: Reaktion, 2006.

Roman, Joe, *et al.* «Whales as Marine Ecosystem Engineers». *Frontiers in Ecology and the Environment* 12 (2014): 377-85.

Schmitz, Oswald J., *et al.* «Animals and the Zoogeochemistry of the Carbon Cycle». *Science* 362 (2018): eaar3213.

Smith, Craig R., *et al.* «Whale Fall Ecosystems: Recent Insights into Ecology, Paleoecology, and Evolution». *Annual Review of Marine Science* 7 (2015): 571-96.

3. Comer, reproducirse, morir

Bouchard, Sarah S., y Karen A. Bjorndal. «Sea Turtles as Biological Transporters of Nutrients and Energy from Marine to Terrestrial Ecosystems». *Ecology* 81 (2000): 2305-13.

Helfield, James M., y Robert J. Naiman. «Effects of Salmon-Derived Nitrogen on Riparian Forest Growth and Implications for Stream Productivity». *Ecology* 82 (2001): 2403-9.

—. «Interacciones clave: salmón y oso en los bosques ribereños de Alaska». *Ecosystems* 9 (2006): 167-80.

Hilderbrand, Grant V., *et al.* «Papel de los osos pardos (*Ursus arctos*) en el flujo de nitrógeno marino hacia un ecosistema terrestre». *Oecologia* 121 (1999): 546-50.

Holtgrieve, Gordon W., y Daniel E. Schindler. «Marine-Derived Nutrients, Bioturbation, and Ecosystem Metabolism: Reconsidering the Role of Salmon in Streams». *Ecology* 92 (2011): 373-85.

McLennan, Darryl, *et al.* «Simulating Nutrient Release from Parental Carcasses Increases the Growth, Biomass, and Genetic Diversity of Juvenile Atlantic Salmon». *Journal of Applied Ecology* 56 (2019): 1937-47.

Merz, Joseph E., y Peter B. Moyle. «Salmon, Wildlife, and Wine: Marine- Derived Nutrients in Human-Dominated Ecosystems of Central California». *Ecological Applications* 16 (2006): 999–1009.

Naiman, Robert J., *et al.* «Pacific Salmon, Marine-Derived Nutrients, and the Characteristics of Aquatic and Riparian Ecosystems». *American Fisheries Society Symposium* 69 (2009): 395-425.

Quinn, Thomas P., *et al.* «Un experimento de varias décadas muestra que la fertilización por cadáveres de salmón mejora el crecimiento de los árboles en la zona ribereña». *Ecology* 99 (2018): 2433-41.

Quinn, Thomas P., *et al.* «Transportation of Pacific Salmon Carcasses from Streams to Riparian Forests by Bears». *Canadian Journal of Zoology* 87 (2009): 195-203.

Schindler, Daniel E., *et al.* «Pacific Salmon and the Ecology of Coastal Ecosystems». *Frontiers in Ecology and the Environment* 1 (2003): 31-37.

Tiegs, Scott D., *et al.* «Ecological Effects of Live Salmon Exceed Those of Carcasses During an Annual Spawning Migration». *Ecosystems* 14 (2011): 598-614.

Tonra, Christopher M., *et al.* «The Rapid Return of Marine-Derived Nutrients to a Freshwater Food Web Following Dam Removal». *Biological Conservation* 192 (2015): 130-34.

4. El corazón de la Tierra

Alerstam, Thomas, y Johan Bäckman. «Ecology of Animal Migration». *Current Biology* 28 (2018): R968-72.

Geremia, Chris, et al. «Migrating Bison Engineer the Green Wave». *Actas de la Academia Nacional de Ciencias* 116 (2019): 25707-13.

Heinrich, Bernd. *Life Everlasting: The Animal Way of Death.* Nueva York: Mariner, 2013.

Lott, Dale F. *American Bison: A Natural History.* Berkeley: University of California Press, 2002.

Mueller, Natalie G., *et al.* «Bison, Anthropogenic Fire, and the Origins of Agriculture in Eastern North America». *Anthropocene Review* 8 (2021): 141-58.

Punke, Michael. *Last Stand: George Bird Grinnell, the Battle to Save the Buffalo, and the Birth of the New West.* Nueva York: HarperCollins, 2009.

Ratajczak, Zak, *et al.* «Reintroducing Bison Results in Long-Running and Resilient Increases in Grassland Diversity». *Actas de la Academia Nacional de Ciencias* 119 (2022): e2210433119.

Subalusky, Amanda L., *et al.* «Los ahogamientos masivos anuales de la migración de los ñus del Serengeti influyen en el ciclo y almacenamiento de nutrientes en el río Mara». *Actas de la Academia Nacional de Ciencias* 114 (2017): 7647-52.

Subalusky, Amanda L., *et al.* «The Hippopotamus Conveyor Belt: Vectors of Carbon and Nutrients from Terrestrial Grasslands to Aquatic Systems in Sub-Saharan Africa». *Freshwater Biology* 60 (2015): 512–25.

Subalusky, Amanda L., y David M. Post. «Context Dependency of Animal Resource Subsidies». *Biological Reviews* 94 (2019): 517-38.

Wenger, Seth J., Amanda L. Subalusky y Mary C. Freeman. «The Missing Dead: The Lost Role of Animal Remains in Nutrient Cycling in North American Rivers». *Food Webs* 18 (2019): e00106.

5. EL PLANETA DEL POLLO

Bar-On, Yinon, Rob Phillips y Ron Milo. «The Biomass Distribution on Earth». *Actas de la Academia Nacional de Ciencias* 115 (2018): 6506-11.

Bennett, Carys E., *et al.* «The Broiler Chicken as a Signal of a Human Reconfigured Biosphere». *Royal Society Open Science* 5 (2018): 180325.

Cushman, Gregory T. *Guano and the Opening of the Pacific World: A Global Ecological History.* Cambridge: Cambridge University Press, 2013.

Doughty, Christopher E., Adam Wolf y Yadvinder Malhi. «The Legacy of the Pleistocene Megafauna Extinctions on Nutrient Availability in Amazonia». *Nature Geoscience* 6 (2013): 761-64.

Erisman, Jan W., *et al.* «Cómo un siglo de síntesis de amoníaco cambió el mundo». *Nature Geoscience* 1 (2008): 636-39.

Flojgaard, Camilla, *et al.* «Exploring a Natural Baseline for Large-Herbivore Biomass in Ecological Restoration». *Journal of Applied Ecology* 59 (2022): 18-24.

Otero, Xosé L., *et al.* «Seabird Colonies as Important Global Drivers in the Nitrogen and Phosphorus Cycles». *Nature Communications* 9 (2018): 246.

Sandom, Christopher, *et al.* «Global Late Quaternary Megafauna Extinctions Linked to Humans, Not Climate Change». *Actas de la Royal Society B* 281 (2014): 20133254.

Smith, Felisa A., Scott M. Elliott y Kathleen S. Lyons. «Methane Emissions from Extinct Megafauna». *Nature Geoscience* 3 (2010): 374-75.

Smith, Felisa A., *et al.* «Body Size Downgrading of Mammals over the Late Quaternary». *Science* 360 (2018): 310-13.

Storey, Alice A., *et al.* «Radiocarbon and DNA Evidence for a Pre-Columbian Introduction of Polynesian Chickens to Chile». *Proceedings of the National Academy of Sciences* 104 (2007): 10335-39.

Worster, Donald. *Nature's Economy: A History of Ecological Ideas.* 2.ª ed. Cambridge: Cambridge University Press, 1994.

Wulf, Andrea. *The Invention of Nature: Alexander von Humboldt's New World.* Nueva York: Knopf, 2015.

6. Todo el mundo hace caca y muere

Berendes, David M., *et al.* «Estimation of Global Recoverable Human and Animal Faecal Biomass». *Nature Sustainability* 1 (2018): 679-85.

De Frenne, Pieter, *et al.* «Nutrient Fertilization by Dogs in Peri-Urban Ecosystems». *Ecological Solutions and Evidence* 3 (2022): e12128.

Doughty, Caitlin. «If You Want to Give Something Back to Nature, Give Your Body». *New York Times,* 5 de diciembre de 2022.

Rosen, Julia. «Humanity Is Flushing Away One of Life's Essential Elements». *Atlantic*, 8 de febrero de 2021.

Wald, Chelsea. «The Urine Revolution: How Recycling Pee Could Help to Save the World». *Nature* 602 (2022): 202-6.

Yang, Patricia J., *et al.* «Duration of Urination Does Not Change with Body Size». *Actas de la Academia Nacional de Ciencias* 111 (2014): 11932-37.

Yang, Patricia J., *et al.* «Hydrodynamics of Defecation». *Soft Matter* 13 (2017): 4960-70.

7. LECTURA DE VERANO

Bahr, Keisha D., Paul L. Jokiel y Robert J. Toonen. «The Unnatural History of Kāneʻohe Bay: Coral Reef Resilience in the Face of Centuries of Anthropogenic Impacts». *PeerJ* 3 (2015): e950.

Grupstra, Carsten G. B., *et al.* «Fish Predation on Corals Promotes the Dispersal of Coral Symbionts». *Animal Microbiome* 3 (2021): 1-12.

Roman, Joe, *et al.* «Lifting Baselines to Address the Consequences of Conservation Success». *Trends in Ecology and Evolution* 30 (2015): 299-302.

8. EL ÁRBOL CANTARÍN

Kaup, Maya, Sam Trull y Erik F. Y. Hom. «On the Move: Sloths and Their Epibionts as Model Mobile Ecosystems». *Biological Reviews* 96 (2021): 2638-60.

Yang, Louie H. «Periodical Cicadas as Resource Pulses in North American Forests». *Science* 306 (2004): 1565-67.

9. NUBLADO CON POSIBILIDAD DE MOSQUITOS

Dreyer, Jamin, *et al.* «Quantifying Aquatic Insect Deposition from Lake to Land». *Ecology* 96 (2015): 499-509.

Einarsson, Rasmus, *et al.* «Crop Production and Nitrogen Use in European Cropland and Grassland 1961-2019». *Scientific Data* 8 (2021): 288.

Godfrey-Smith, Peter. *Metazoa: Animal Life and the Birth of the Mind.* Nueva York: Farrar, Straus and Giroux, 2020.

Gratton, Claudio, Jack Donaldson y M. Jake Vander Zanden. «Ecosystem Linkages Between Lakes and the Surrounding Terrestrial Landscape in Northeast Iceland». *Ecosystems* 11 (2008): 764-74.

LaBarge, Laura R., *et al.* «Pumas *Puma concolor* as Ecological Brokers: A Review of Their Biotic Relationships». *Mammal Review* 52 (2022): 360-76.

Schmitz, Oswald J. «Effects of Predator Hunting Mode on Grassland Ecosystem Function». *Science* 319 (2008): 952-54.

10. LA NUTRIA Y LA BOMBA DE HIDRÓGENO

Abraham, Andrew J., Joe Roman y Christopher E. Doughty. «The Sixth R: Revitalizing the Natural Phosphorus Pump». *Science of the Total Environment* 832 (2022): 155023.

Balmford, Andrew. «Concentrating vs. Spreading Our Footprint: How to Meet Humanity's Needs at Least Cost to Nature». *Journal of Zoology* 315 (2021): 79-109.

Bown, Stephen R. *Island of the Blue Foxes: Disaster and Triumph on the World's Greatest Scientific Expedition.* Nueva York: Da Capo Press, 2017.

Collas, Lydia, *et al.* «The Costs of Delivering Environmental Outcomes with Land Sharing and Land Sparing». *People and Nature* 5 (2023): 228-40.

Dinerstein, Eric, *et al.* «A 'Global Safety Net' to Reverse Biodiversity Loss and Stabilize Earth's Climate». *Science Advances* 6 (2020): eabb2824.

Estes, James A. *Serendipity: An Ecologist's Quest to Understand Nature.* Berkeley: University of California Press, 2016.

Estes, James A., y John F. Palmisano. «Sea Otters: Their Role in Structuring Nearshore Communities». *Science* 185 (1974): 1058-60.

Estes, James A., *et al.* «Trophic Downgrading of Planet Earth». *Science* 333 (2011): 301-6.

Gorra, Torrey R., *et al.* «Southeast Alaskan Kelp Forests: Inferences of Process from Large-Scale Patterns of Variation in Space and Time». *Actas de la Royal Society B* 289 (2022): 20211697.

Gregr, Edward J., *et al.* «Cascading Social-Ecological Costs and Benefits Triggered by a Recovering Keystone Predator». *Science* 368 (2020): 1243-47. Jones, Ryan Tucker. *Empire of Extinction: Russians and the North Pacific's Strange Beasts of the Sea, 1741–1867.* Nueva York: Oxford University Press, 2014.

Kinney, Donald J. «The Otters of Amchitka: Alaskan Nuclear Testing and the Birth of the Environmental Movement». *Polar Journal* 2 (2012): 291–311.

Kristensen, Jeppe A., *et al.* «Can Large Herbivores Enhance Ecosystem Carbon Persistence? » *Trends in Ecology and Evolution* 37 (2022): 117-28.

Malhi, Yadvinder, *et al.* «The Role of Large Wild Animals in Climate Change Mitigation and Adaptation». *Current Biology* 32 (2022): R181-96.

Perino, Andrea, *et al.* «Rewilding Complex Ecosystems». *Science* 364 (2019): eaav5570.

Ripple, William J., et al. «Rewilding the American West». *BioScience* 72 (2022): 931–35.

Schmitz, Oswald J., *et al.* «Trophic Rewilding Can Expand Natural Climate Solutions». *Nature Climate Change* (2023). doi.org/10.1038/s41558-023-01631-6.

Shin, Yunne-Jai, *et al.* «Actions to Halt Biodiversity Loss Generally Benefit the Climate». *Global Change Biology* 28 (2022): 2846–74.

Svenning, Jens-Christian, *et al.* «Science for a Wilder Anthropocene: Synthesis and Future Directions for Trophic Rewilding Research». *Actas de la Academia Nacional de Ciencias* 113 (2016): 898-906.

Este libro se terminó de imprimir
en el mes de abril de 2025
en Liberdúplex, S.L. (Barcelona).